21世纪 高职高专教育统编教材

建 筑 材 料

主　编　孙敬华　张思梅

副主编　方　崇　石云志

中国水利水电出版社
www.waterpub.com.cn

内 容 提 要

本教材是按照《建筑材料》课程的教学基本要求及最新的有关国家规范和行业标准编写的。全书共分 12 章，内容包括：建筑材料的基本性质，气硬性胶凝材料，水泥，混凝土，建筑砂浆，墙体材料，防水材料，建筑钢材，常用建筑装饰材料，合成高分子材料，绝热材料与吸声材料，主要建筑材料试验等。

本书注重理论与实际相结合，加大了实践应用力度，突出学生应用能力的培养。

本书可作为高职高专学校建筑工程技术、水利工程技术、工程监理、市政工程技术等专业的教学用书，也可供从事土建工程有关专业的技术人员与相关人员参考使用。

前　言

本书是 21 世纪高职高专教育统编教材。它是根据教育部《关于加强高职高专人才培养工作意见》和《面向 21 世纪教育振兴行动计划》文件精神，以及全国水利水电高职教研会（中国高职教研会水利行业协作委员会）建筑工程、水利工程、工程监理、道桥工程、市政工程类专业组 2007 年 5 月广西南宁会议拟定的教材编写规划的基本要求而编写的。

随着经济社会的快速发展，我国的工程建设将仍然保持高速发展的趋势。在这种新形势下，国家对建筑材料的技术标准和技术要求也越来越高，对土建类专业人才培养和培训的高职教育也提出了更高、更明确的要求。

本书是根据教育部对高职高专人才培养目标、培养规格、培养模式以及与之相适应的基本知识、关键技能和素质结构的要求；同时，也结合了编者多年从事教学、科研和参加校企合作的实践经验而进行编写的。在编写中力求做到理论联系实际，注重科学性、实用性和针对性，能及时反映建筑材料的新技术、新标准，并紧密结合工程实际，突出学生应用能力的培养。

本书由孙敬华、张思梅任主编，方崇、石云志任副主编，张思梅负责全书的统稿工作。具体编写分工：山西水利职业技术学院邵雅静编写绪论；安徽水利水电职业技术学院陈伟编写第 1 章；安徽水利水电职业技术学院慕欣编写第 2 章、第 5 章；安徽新华学院石云志编写第 3 章；安徽水利水电职业技术学院张思梅、丁友斌编写第 4 章；广西水利电力职业技术学院魏保兴编写第 6 章、第 11 章；安徽水利水电职业技术学院孙敬华编写第 7 章；广西水利电力职业技术学院方崇编写第 8 章、第 10 章；福建水利电力职业技术学院朱龙芬编写第 9 章；山西水利职业技术学院邵雅静、河南建筑职业技术学院陈连姝编写第 12 章。

全书在编写的过程中得到了中国水利水电出版社韩月平编辑及编者所在单位的大力支持，在此一并表示感谢。

限于编者水平，不足之处在所难免，敬请读者提出宝贵意见。

编　者

2008 年 4 月

目录

绪　　论

　　内容概述：主要介绍建筑材料的分类和在建筑工程中的地位及其应具备的性质；阐述了本课程的讲授与学习方法。

　　学习目标：理解建筑材料质量的标准化和技术标准；了解建筑材料的发展。

　　1. 建筑材料定义及分类

　　建筑材料是土木工程中所使用的各种材料及其制品的总称，它是一切土木工程的物质基础。建筑材料对各类建筑工程的质量、造价、技术的进步等都有着重要的影响，所以从事土木工程的各类技术人员都需要掌握建筑材料的有关知识。

　　由于建筑材料的种类繁多，性能各异，可以从不同的角度对它们进行分类，常用的分类方法可分为按化学成分和使用功能两大类。

　　（1）按材料的化学成分分类。根据建筑材料的化学成分不同，可分为无机材料、有机材料和复合材料三大类，见表 0.1。

表 0.1　　　　　　　　　　　　建筑材料按化学成分分类

分　　类			实　　例
无机材料	金属材料	黑色金属	铁、钢、合金钢、不锈钢等
		有色金属	铝、铜、锌及其合金等
	非金属材料	天然石材	砂、石及石材制品等
		烧土制品	黏土砖、瓦、陶瓷制品等
		胶凝材料及制品	石灰、石膏及制品、水泥及水泥混凝土制品、硅酸盐制品等
		玻璃	普通平板玻璃、安全玻璃、绝热玻璃等
		无机纤维材料	玻璃纤维、矿物棉、岩棉等
有机材料	植物材料		木材、竹材、植物纤维及制品等
	沥青材料		煤沥青、石油沥青及其制品等
	合成高分子材料		塑料、涂料、树脂、胶黏剂、合成橡胶等
复合材料	有机材料与无机非金属材料复合		沥青混凝土、聚合物混凝土、玻璃纤维增强塑料等
	金属与无机非金属材料复合		钢筋混凝土、钢纤维混凝土、CY 板等
	金属与有机材料复合		铝塑管、有机涂层铝合金板、塑钢等

（2）按材料的使用功能分类。按材料的使用功能不同，建筑材料可分为结构材料和功能材料两大类。

结构材料是指构成建筑物或构筑物结构所使用的材料，即主要承受荷载的材料，如梁、板、柱、承重墙、建筑物基础、框架及其他受力构件或结构等所使用的材料。对于这类材料的技术性能一般主要是要求它的强度和耐久性。功能材料是指具有某些特殊功能的非承重材料，如起防水作用的防水材料，起保温隔热作用的绝热材料，起装饰作用的装饰材料等。此外，对某一种具体材料，它可能兼有多种功能。如承重的砖墙，它既有承重的作用，同时也有一定的隔热保温的功能；又如中空玻璃，它既有保温功能又有隔声防噪功能等。随着建筑业的发展和人类生活水平的提高，功能材料将会得到更大的发展，一般来说，建筑物的安全性和耐久性，主要取决于结构材料，而建筑物的适用性，主要取决于功能材料。

2. 建筑材料在建筑工程中的作用

（1）建筑工程的物质基础。一个优秀的建筑是建筑材料和艺术、技术以最佳方式融合为一个整体的产物。建筑材料是建筑艺术和技术赖以生存的物质基础，而建筑施工和安装的全过程，实质上是按设计要求把建筑材料逐渐变成一个建筑物的过程，所以说建筑材料是建筑工程的物质基础。

（2）建筑工程质量的保证。建筑材料的质量是各类建筑工程质量优劣的关键，是工程质量得以保证的前提。只有保证了建筑物所用材料的质量，才有可能保证建筑物的质量。在材料的选择、生产、储运、使用和检验评定等各个环节中，任何一个环节的失误都会影响建筑工程的质量，所以一个合格的建筑工程技术人员只有准确、熟练掌握建筑材料的有关知识，才能正确选择和合理使用建筑材料；正确地检验和评定建筑材料的优劣，从而确保建筑的安全、适用、耐久等各项功能要求。

（3）影响建筑工程的造价。在一般建筑工程的总造价中，建筑材料费用占工程总造价的 50%～70%。现代市场经济条件下，建筑业面临着新机遇，新挑战，同时也承受着市场竞争的压力。建筑业的生产经营活动总是围绕着降低造价、优质高效而进行的。在竞争中我们要应用所学的建筑材料知识，优化选择和正确使用材料，充分利用材料的各种性能，提高材料的利用率，在满足使用要求的前提下，降低材料费用，从而降低工程造价。

（4）促进建筑工程技术的进步和建筑业的发展。在建筑工程建设过程中，建筑材料是决定建筑结构形式和施工方式的主要因素，建筑材料的品种、规格、性能及质量，对建筑结构的形式、使用年限、施工方法和工程造价有着直接的影响。结构工程师只有在掌握了建筑材料性能的基础上，才能根据工程力学计算，确定出建筑构件的尺寸，创造出先进的结构形式。目前建筑工程中普遍使用的钢筋混凝土复合材料由于其自重较大，如用它建造大跨度和高层结构则会受到一定的限制；同时，由于钢筋混凝土自重较大，对于预制板、梁，在施工中必须使用吊车来吊装，提高了施工费用，增加了工程造价。建筑工程中许多技术问题的突破，往往依赖于建筑材料问题的解决，而新的建筑材料的出现，往往会促进结构设计及施工技术的革新和发展。一个国家、地区建筑业的发展水平，都与该地区建筑材料发展情况密切相关，一种新材料的出现，会使结构设计理论大大地向前推进，使一些无法实现的构想变成现实，乃至使整个社会的生产力发生飞跃。

3. 建筑材料的发展概况

建筑材料是随着人类社会生产力的发展和科学技术水平的提高逐步发展起来的。远在新石器时期之前，人类就开始利用土、石、木、竹等天然材料开始了营造活动。据考证，我国在 4500 年前就有了木架建筑和木骨泥墙建筑，出现了木结构的雏形。随着生产力的发展，人类利用黏土烧制成砖、瓦，出现了人造建筑材料，为较大规模地建造房屋创造了基本条件，开始大量修建房屋、寺塔、防御工程等。例如我们雄伟壮观的万里长城，始建于公元前 7 世纪，应用了大量的砖、石灰等人造建筑材料，其中砖石材料达 1 亿 m^3；用黏土、石材、木材和竹料等修建的距今 2000 多年的都江堰水利工程，现在对成都平原的灌溉、排涝仍起着重要的作用；山西五台山木结构的佛光寺大殿，从建造至今已经历了 1100 多年，至今仍保存完好。

17 世纪 70 年代在工程中开始使用生铁，19 世纪初开始用熟铁建造桥梁和房屋，出现了钢结构的雏形。19 世纪中叶，冶炼出性能良好的建筑钢材，随后又生产出高强钢丝和钢索，钢结构得到了迅速发展，使建筑物和构筑物的跨度由砖石、木结构的几十米发展到几百米乃至现代建筑的上千米。19 世纪 20 年代，英国瓦匠约瑟夫·阿斯普丁发明了波特水泥。发展到 40 年代，出现了钢筋混凝土结构，利用混凝土承受压力，钢筋承受拉力，充分发挥两种材料各自的优点，使钢筋混凝土结构广泛应用于工程建设的各个领域。20 世纪 30 年代又出了预应力混凝土结构，它克服了钢筋混凝土结构抗裂性能差、刚度低的缺点，使土木工程跨入了飞速发展的新阶段。

随着社会生产力的高速发展和材料科学的形成，建筑材料在性能上不断得到改善和提高，而且品种大大增加。一些有特殊功能的新型材料不断涌现，如防火材料、绝热材料、吸声材料、防辐射材料及耐腐蚀材料等，为适应现代建筑装修的需要，铝合金、涂料、玻璃等各种新型装饰材料层出不穷。

随着社会的不断发展，人类对建筑工程的功能要求越来越高，从而对其所使用的建筑材料的性能要求也越来越高，同时随着人们对节约能源、保护环境和可持续发展意识的增强，建筑材料的发展趋势为：首先建立节约型的生产体系，做到节能、节土、节水和节约矿产资源等，如空心黏土砖代替了实心黏土砖，不仅节土、节能，还提高了隔热保温的效果；其次，建立有效的环境保护与监控管理体系，大力发展无污染、环境友好型的绿色建筑材料产品，如使用工业废料和地方性材料可以优化环境，保障供应，降低造价；再次，积极采用高科技成果推进建筑材料工业的现代化。如研制出轻质高强、耐久等高科技产品，提高劳动生产率，降低工程造价。总之，为满足不断提高的人民生活水平和建筑业发展的需要，大力发展功能型材料，提供更多更好的绿色化和智能化建筑材料是目前发展的趋势。

4. 建筑材料的检验与技术标准

建筑材料质量的优劣对工程质量起着决定性作用，对所用建筑材料进行合格性检验，是保证工程质量的基本环节。所以国家标准规定，任何无出厂合格证或没有按规定复试的原材料，不得用于工程建设；在施工现场配制的材料（如钢筋混凝土等），其原材料（钢筋、水泥、石子、砂等）应符合相应的材料标准要求，而其制成品（如钢筋混凝土构件等）的检验及使用方法应符合相应的规范和规程。

各项建筑材料的试验、检验工作是控制工程施工质量的重要手段，也是工程施工和工程质量验收必需的技术依据，所以在工程的整个施工过程中，始终贯穿着材料的试验和检验工作，它不仅是一项经常性的工作，而且是一项原则性、责任心很强的工作。

建筑材料的技术标准是生产使用单位验证产品质量是否合格的技术文件。为了保证建筑材料的质量，使现代化生产和科学管理有据可循，必须有一个统一的执行标准。其内容主要包括产品规格、分类、技术要求、检验方法、验收规则、标志、储运注意事项等方面。

世界各国对建设材料均制定了各自的标准。如我国的强制性标准"GB"、德国工业标准"DIN"、美国的材料试验协会标准"ASTM"等，另外还有在世界范围统一使用的国际标准"ISO"。

目前，我国常用的建筑材料技术标准主要有国家级、行业（或部）级、地方级和企业级四类。

（1）国家标准。是对全国经济、技术发展有重要意义而必须在全国范围内统一的标准。国家标准有强制性标准（代号 GB）和推荐性标准（代号 GB/T），强制性标准是全国范围内必须执行的技术指导文件，产品的技术指标不得低于标准中规定的要求，而推荐性标准在执行时也可采用其他相关标准的规定。

（2）行业（或部）标准。各行业（或主管部）主要是指全国性的各行业范围内统一的标准。它是由主管部门发布并报送国家标准局备案，如建材行业标准（代号 JC），建筑行业标准（代号 JG）、水利行业标准（代号 SL）等。

（3）地方标准。地方标准为地方主管部门发布的地方性技术文件（代号 DB），适宜在该地区使用。

（4）企业标准。由企业制定发布的指导本企业生产的技术文件（代号 QB），仅适用于本企业。企业标准所制定的技术要求应高于类似（或相关）产品的国家标准。

标准的一般表示方法是由标准名称、标准代号、标准编号和颁布年份等组成。例如：1999 年制定的国家强制性 12958 号复合水泥的强度要求的标准为：GB 12958—99《复合水泥的强度要求》；2001 年制定的国家推荐性 14684 号建筑用砂的颗粒级配的标准为：GB/T 14684—2001《建筑用砂的颗粒级配》；又如建设部 2000 年制定的 55 号普通混凝土配合比设计规程的行业标准为：JGJ 55—2000《普通混凝土配合比设计规程》。

5. 本课程的内容和任务

本课程是土木工程类专业的一门专业基础课，又是一门实践性很强的应用型学科。学好本课程是进一步学好建筑结构、施工技术及工程概预算等专业课的前提，同时也为今后从事工程实践和科学研究打下了良好基础。

本课程的内容除介绍了建筑材料的一些基本性质外，主要讲述了建筑工程中常用的气硬性胶凝材料、水泥、混凝土、建筑砂浆、墙体材料、防水材料、建筑钢材、建筑装饰材料、合成高分子材料、绝热材料与吸声材料，以及常用建筑材料的试验方法和质量评定方法。

本课程的学习任务分为理论课学习和试验课学习两大部分。

理论课学习任务：①掌握常用建筑材料的基本性能和特点，能够根据工程实际条件合理地选择和使用各种建筑材料；②为了进一步加深认识和理解建筑材料的性能和特点，还应了解各种材料的原料、生产、组成、工作机理等方面的知识；③掌握常用建筑材料贮藏和运输时的注意事项，从而确保建筑材料的质量，降低工程造价。

试验课学习任务：①掌握常用建筑材料的试验、检验技能，会对常用建筑材料进行质量合格性判定；②培养严谨、认真的科学态度和分析问题与解决问题的能力。

6. 本课程的特点与学习方法

建筑材料是一门实践性很强的课程。本课程中的许多公式、结论都是建立在大量的试验和实践经验的基础之上，而对各种材料性能的检验也是通过各种试验进行的，因此在学习时应注意加强动手能力和试验技能的培养。

建筑材料的性能及技术参数受外界因素影响较大，相同的材料、相同的配合比在不同的环境条件下，其性能不同。所以，在学习时除了分析材料内部因素对材料性能产生的影响外，还要注意周围环境的影响。而材料只有在同等试验条件下得出的数据才有可比性，因此建材试验应严格按照有关建材技术标准去操作。

随着新型建筑材料的发展，学习时应联系实际，充分利用参观和学习的机会，了解新材料、新技术在工程中的应用，同时还应关注新建材技术标准的颁发等发展动向。

第 1 章　建筑材料的基本性质

内容概述：本章主要介绍材料的基本物理、力学、化学性质和有关参数及计算公式。了解和掌握材料的基本性质，对于合理选用材料至关重要。

学习目标：掌握材料的密度、表观密度、堆积密度、孔隙率及空隙率的定义及计算，掌握材料与水有关的性质、与热和声有关的性质、力学性能以及耐久性和环保性，了解材料孔隙率和孔隙特征对材料性能的影响。

在建筑物或构筑物中，建筑材料要承受各种不同因素的作用。因此，要求建筑材料应具有不同的性质。例如，用于建筑结构的材料要受到各种外力的作用，选用的材料应具有所需要的力学性能。又如，根据建筑物各种不同部位的使用要求，有些材料应具有防水、绝热、吸声等性能；对于某些工业建筑，要求材料具有耐热、耐腐蚀等性能。此外，对于长期暴露在大气中的材料，要求能经受风吹、日晒、雨淋、冰冻而引起的温度变化、湿度变化以及反复冻融的破坏作用。为了保证建筑物或构筑物经久耐用，就要求在工程设计与施工中正确地选择和合理地使用材料，因此必须熟悉和掌握各种建筑材料的基本性质。

1.1　材料的基本物理性质

建筑材料在建筑物的各个部位的功能不同，均要承受各种不同的作用，因而要求建筑材料必须具有相应的基本性质。

物理性质包括密度、密实性、孔隙率、空隙率等。

1.1.1　材料与质量有关的性质

自然界的材料，因其单位体积内所含孔（空）隙程度的不同，其基本的物理性质参数即单位体积的质量也有所区别，这就带来了不同的密度概念。

1.1.1.1　材料的体积构成及含水状态

1. 材料的体积构成

块状材料在自然状态下的体积是由固体物质的体积和材料内部孔隙的体积组成的，即

$$V_0 = V + V_{孔} \tag{1.1}$$

材料内部的孔隙按孔隙特征分为连通孔隙和封闭孔隙两种，孔隙按尺寸大小又可分为微孔、细孔和大孔三种。封闭孔隙不吸水，连通孔隙与材料周围的介质相通，材料在浸水时易吸水饱和，如图 1.1 所示。

散粒材料是指在自然状态下具有一定粒径材料的堆积体，如工程中的石子、砂等。其体积构成是由固体物质体积、颗粒内部孔隙体积和固体颗粒之间的空隙体积组成的，即

$$V_0' = V + V_{孔} + V_{空} = V_0 + V_{空} \tag{1.2}$$

散粒材料体积构成的示意图如图 1.2 所示。

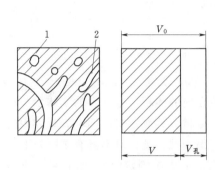

图 1.1　块状材料体积构成示意图

1—封闭孔隙；2—连通孔隙

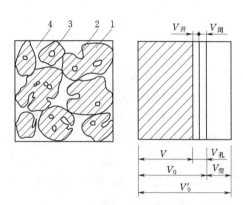

图 1.2　散粒材料体积构成示意图

1—颗粒中固体物质；2—颗粒的连通孔隙；
3—颗粒的封闭空隙；4—颗粒间的空隙

2. 材料的含水状态

材料在大气中或水中会吸附一定的水分，根据材料吸附水分的情况不同，将其含水状态分为以下四种：干燥状态、气干状态、饱和面干状态、湿润状态，如图 1.3 所示。材料的含水状态的不同会对材料的多种性质均产生一定的影响。

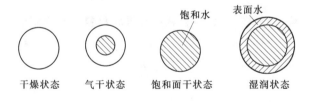

图 1.3　材料的含水状态

1.1.1.2　密度

密度是指材料在绝对密实状态下单位体积的质量。用式（1.3）计算，即

$$\rho = \frac{m}{V} \tag{1.3}$$

式中　ρ——密度，g/cm³；

　　　m——材料在干燥状态下的质量，g；

　　　V——干燥材料在绝对密实状态下的体积，或称绝对体积，cm³。

材料在绝对密实状态下的体积，即固体物质的体积，是指不包括材料孔隙在内的实体积。常用建筑材料中，除金属、玻璃、单体矿物等少数接近于绝对密实的材料外，绝大多数材料均含有一定的孔隙，如砖、石材等块状材料。测定含孔材料的密度时，应将

材料磨成细粉（粒径一般小于 0.20mm）除去孔隙，经干燥至恒重后，用李氏瓶采用排液的方法测定其实体积。材料磨得越细，所测得的体积越接近实体积，密度值也就越精确。

1.1.1.3　表观密度

表观密度是指材料在自然状态下（包含孔隙）单位体积的质量。用式（1.4）计算，即

$$\rho_0 = \frac{m}{V_0} \tag{1.4}$$

式中　ρ_0——表观密度，g/cm^3 或 kg/m^3；

m——材料的质量，g 或 kg；

V_0——材料在自然状态下的体积，也称表观体积，cm^3 或 m^3。

材料在自然状态下的体积，是指包含材料内部孔隙在内的体积，即材料的实体积与材料内所含全部孔隙体积之和。一般，对具有规则外形的材料，其测定很简便，表观体积的测定可用外形尺寸直接计算，再测得材料的质量即可算得表观密度；对不具有规则外形的材料，可在其表面涂薄蜡层密封（防止水分渗入材料内部而影响测定值），然后采用排液法测定其表观体积。

每种材料的密度是固定不变的，但当材料含有水分时，其自然状态下的质量、体积会发生变化导致表观密度也产生改变。所以测定材料的表观密度时，须注明含水状态。通常，材料的表观密度是指在气干状态下（长期在空气中存放的干燥状态）的表观密度；材料在烘干状态下测得的表观密度称为干表观密度，在潮湿状态下测得的表观密度称为湿表观密度。

1.1.1.4　堆积密度

堆积密度是指散粒材料（粉状、颗粒状或纤维状材料）在规定的装填条件下，单位体积的质量。用式（1.5）计算，即

$$\rho_0' = \frac{m}{V_0'} \tag{1.5}$$

式中　ρ_0'——堆积密度，kg/m^3；

m——材料的质量，kg；

V_0'——材料的堆积体积，m^3。

散粒材料的堆积体积，不但包括其表观体积，还包括颗粒间的空隙体积，即固体物质体积、颗粒内部孔隙体积和固体颗粒之间的空隙体积之和。散粒材料堆积密度的大小不仅取决于材料颗粒的表观密度，而且还与材料的装填条件（即堆积的密实程度）、材料的含水状态有关。

由于散粒材料堆放的紧密程度不同，可将其分为松散堆积密度、振实堆积密度、紧密堆积密度三种。

在土建工程中，计算材料用量、构件自重、配料计算，材料堆积体积或面积，以及计算运输材料的车辆时，经常要用到材料的上述状态参数。常用建筑材料的密度、表观密度、堆积密度和孔隙率，见表1.1。

表 1.1		常用建筑材料的密度、表观密度堆积密度及孔隙率		
材料名称	密度 （g/cm³）	表观密度 （kg/m³）	堆积密度 （kg/m³）	孔隙率 （%）
钢材	7.8~7.9	7850	—	0
花岗岩	2.7~3.0	2500~2900	—	0.5~3.0
石灰岩	2.4~2.6	1800~2600	1400~1700（碎石）	—
砂	2.5~2.6	—	1500~1700	—
黏土	2.5~2.7	—	1600~1800	—
水泥	2.8~3.1	—	1200~1300	—
烧结普通砖	2.6~2.7	1600~1900	—	20~40
烧结空心砖	2.5~2.7	1000~1480	—	—
红松木	1.55~1.60	400~600	—	55~75

1.1.1.5　视密度

石子、砂及水泥等散粒状材料，在测定其密度时，一般采用排液置换法测定其体积，所得体积一般包含颗粒内部的封闭孔隙体积，并非颗粒绝对密实体积。若按式（1.3）计算，结果并不是散粒材料的真实密度，故将此密度称为散粒材料视密度（ρ'）。

由于所测得的颗粒体积大于其密实体积，小于其自然体积，所以存在以下关系：密度 ρ ＞视密度 ρ' ＞颗粒表观密度 ρ_0。

1.1.1.6　孔隙率与密实度、空隙率与填充率

1. 孔隙率 P 与密实度 D

（1）孔隙率。孔隙率是指材料内部孔隙体积占材料总体积的百分率。用式（1.6）计算，即

$$P = \frac{V_0 - V}{V_0} \times 100\% = \left(1 - \frac{\rho_0}{\rho}\right) \times 100\% \tag{1.6}$$

（2）密实度。密实度是指材料体积内被固体物质充实的程度，即固体物质的体积占总体积的百分率。用式（1.7）计算，即

$$D = \frac{V}{V_0} \times 100\% = \frac{\rho_0}{\rho} \times 100\% \tag{1.7}$$

材料的孔隙率与密实度是从两个不同的方面反映材料的同一个性质。两者存在以下关系：

$$P + D = 1 \tag{1.8}$$

孔隙率和密实度的大小均反映了材料的致密程度。材料的孔隙率越小、密实度越大，则材料就越密实，强度越高，吸水率越小。此外，建筑材料的许多重要性质，如强度、耐久性、导热性、抗渗性、抗冻性等不但与孔隙率大小有关，还和孔隙的特征有关。一般，孔隙率较小且连通孔较少的材料其吸水率较小、强度较高、抗渗性和抗冻性较好，但其保温隔热、吸声隔音性能稍差。

材料连通孔隙率的计算，用式（1.9）计算，即

$$P_L = \frac{(m_2 - m_1)/\rho_w}{V_0} \times 100\% \tag{1.9}$$

式中　P_L——材料的连通孔隙率，%；

　　　m_1——材料在干燥状态的质量，g；

　　　m_2——材料在饱和面干状态下的质量，g；

　　　ρ_w——水的密度，g/cm^3；

　　　V_0——表观体积，cm^3。

材料的封闭孔隙率 P_f 为：

$$P_f = P - P_L \tag{1.10}$$

2. 空隙率 P' 与填充率 D'

空隙率是指散粒材料在某容器的堆积体积中，颗粒之间的空隙体积占其堆积总体积的百分率。用式（1.11）计算，即

$$P' = \frac{V'_0 - V_0}{V'_0} \times 100\% = \left(1 - \frac{\rho'_0}{\rho_0}\right) \times 100\% \tag{1.11}$$

填充率是指散粒材料在某堆积体积内，被其颗粒体积填充的程度。用式（1.12）计算，即

$$D' = \frac{V_0}{V'_0} \times 100\% = \frac{\rho'_0}{\rho_0} \times 100\% \tag{1.12}$$

同样
$$P' + D' = 1 \tag{1.13}$$

空隙率和填充率也是从两个不同方面反映了散粒材料的同一个性质，即散粒材料颗粒间相互填充的程度。在配制混凝土时，砂、石的空隙率可作为控制混凝土集料级配与计算砂率的重要依据。

1.1.2　材料与水有关的性质

1.1.2.1　亲水性与憎水性

材料在空气中与水接触时，被水润湿的程度不同，有些甚至不能被润湿，对于这一性质我们称为亲水性或憎水性。故根据材料能否被水润湿，将材料分为亲水性材料和憎水性材料。

当材料与水接触时，材料被水润湿的程度可用润湿角 θ 表示。在材料、空气、水三相交界处，沿水滴表面作切线，切线与水和材料的接触面之间的夹角即为 θ，称为润湿角，如图 1.4 所示。

θ 越小，润湿性越强，表明材料越易被水润湿；反之则越弱。所以水能否润湿材料，

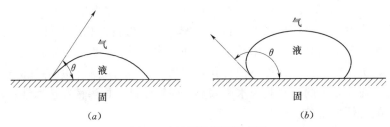

(a)　　　　　　　　　　　　　　　(b)

图 1.4　材料的湿润示意图

与 θ 角大小有关。一般认为：当 $\theta \leqslant 90°$ 时，水分子之间的内聚力小于水分子与材料分子之间的吸引力，水能在材料表面铺展、润湿，该材料则称为亲水性材料；当 θ 为零时，表示材料完全被水润湿；当 $\theta > 90°$ 时，水分子之间的内聚力大于水分子与材料分子之间的吸引力，水不能吸附在材料上，材料表面不易被水润湿，该材料则称为憎水性材料。

大多数建筑材料，如石料、砖、混凝土、木材等，都属于亲水性材料；沥青、石蜡、塑料等属于憎水性材料。亲水性材料被水润湿，并能通过毛细管作用将水吸入材料内部；憎水性材料一般不能被水润湿，并能阻止水分渗入毛细管中，从而降低其吸水性。憎水性材料可作为防水、防潮材料，并可对亲水性材料进行表面处理来降低其吸水性。

1.1.2.2　吸湿性和吸水性

1. 吸湿性

吸湿性是指材料在潮湿空气中吸收水分的性质。由于材料的亲水性及连通孔隙的存在，大多数材料具有吸水性，所以材料中常含有水分。吸湿性的大小用含水率表示，即材料中所含水的质量占材料干燥质量的百分率，用式（1.14）计算，即

$$W_h = \frac{(m_2 - m_1)}{m_1} \times 100\% \tag{1.14}$$

式中　W_h——材料的含水率，%；

　　　m_2——材料含水时的质量，g 或 kg；

　　　m_1——材料在干燥状态下的质量，g 或 kg。

材料含水率的大小，除与材料的孔隙率、孔隙特征有关外，还受周围环境的温度、湿度的影响。长期处于空气中的材料，其所含水分会与空气中的湿度达到平衡，这时材料处于气干状态。材料在气干状态下的含水率称为平衡含水率，故平衡含水率不是固定不变的，干的材料在空气中能吸收空气中的水分而变湿，湿的材料在空气中能失去水分而变干，这样达到平衡。

2. 吸水性

吸水性是指材料在水中吸收水分的性质，材料的吸水性用吸水率表示。吸水率是评定材料吸水性大小的指标，有质量吸水率和体积吸水率两种表示方法。

（1）质量吸水率。质量吸水率是指材料在吸水达饱和时，内部所吸水分的质量占材料干燥质量的百分率。用式（1.15）计算，即

$$W_m = \frac{(m_2 - m_1)}{m_1} \times 100\% \tag{1.15}$$

式中　W_m——材料的质量吸水率，%；

　　　m_1——材料在干燥状态下的质量，g 或 kg；

　　　m_2——材料吸水后的质量，g 或 kg。

（2）体积吸水率。体积吸水率是指材料在吸水达饱和时，内部所吸水分的体积占干燥材料自然体积的百分率。用式（1.16）计算，即

$$W_v = \frac{V_w}{V_0} \times 100\% = \frac{(m_2 - m_1)/\rho_w}{V_0} \times 100\% \tag{1.16}$$

式中　W_v——材料的体积吸水率，%；

V_w——材料吸水饱和时水的体积，cm^3；

V_0——干燥材料在自然状态下的体积，cm^3；

ρ_w——水的密度，g/cm^3；

其他符号意义同前。

W_m 与 W_v 之间的关系如下：

$$W_v = \frac{W_m \rho_0}{\rho_w} \tag{1.17}$$

通常，吸水率均指质量吸水率，但对某些轻质材料，由于连通且微小的孔隙很多，体积吸水率能更直观地反映材料的吸水程度。

材料的吸水性，不仅取决于其亲水性和憎水性，也与孔隙率的大小和孔隙特征有关。一般来说，孔隙率越大，吸水性越强。封闭的孔隙水分不易进入，粗大连通的孔隙又不易吸满、存留水分，所以在相同的孔隙率情况下，材料内部微小连通的孔隙越多，吸水性越强。

水对材料有很多不良的影响，它使材料的导热性增大、强度降低、体积膨胀，易受冰冻破坏，因此材料的吸湿性和吸水性均会对材料的各项性能产生不利影响。所以，有些材料在工程中应用时要注意有效的防护措施。

1.1.2.3 耐水性

耐水性是指材料抵抗水的破坏作用的能力，即材料长期处于饱和水的作用下不破坏，强度也不显著降低的性质。材料的耐水性用软化系数表示，用式（1.18）计算，即

$$K_R = \frac{f_b}{f_g} \tag{1.18}$$

式中　K_R——材料的软化系数；

f_b——材料在饱和水状态下的抗压强度，MPa；

f_g——材料在干燥状态下的抗压强度，MPa。

K_R 值的变化范围为 0～1。K_R 值的大小表明材料在吸水饱和后强度降低的程度。K_R 值越小，说明材料吸水后强度降低越多，耐水性就越差。通常 K_R 值大于 0.85 的材料称为耐水材料，适用于长期处于水中或潮湿环境的重要结构物；对于受潮较轻或次要的结构物材料的 K_R 值不得小于 0.75。一般认为金属 $K_R = 1$，黏土 $K_R = 0$。

1.1.2.4 抗渗性

抗渗性又称不透水性，是指材料抵抗压力水渗透的性质。材料的抗渗性用渗透系数表示。渗透系数的物理意义是：一定厚度的材料，在一定水压力下，在单位时间内透过单位面积的水量。用式（1.19）计算，即

$$K = \frac{Qd}{AtH} \tag{1.19}$$

式中　K——渗透系数，cm/h；

Q——渗透水量，cm^3；

d——试件厚度，cm；

A——渗水面积，cm^2；

t——渗水时间，h；

H——静水压力水头，cm。

K 值越小，表示材料渗透的水量越少，即抗渗性越好；K 值愈大，表示材料渗透的水量愈多，即抗渗性愈差。

对于防水、防潮材料，如沥青、油毡、沥青混凝土等材料常用渗透系数表示其抗渗性；对于混凝土、砂浆等材料，常用抗渗等级来表示其抗渗性。抗渗等级是以规定的试件、在标准试验方法下所能承受的最大静水压力来确定，用符号"P_n"表示，其中 n 为该材料所能承受的最大水压力的 10 倍数，如 P4、P6、P8、P10、P12 等，分别表示材料能承受 0.4MPa、0.6MPa、0.8MPa、1.0MPa、1.2MPa 的水压而不渗水。材料的抗渗等级越高，其抗渗性越强。

材料抵抗其他液体渗透的性质，也属于抗渗性。材料抗渗性的大小与材料的孔隙率和孔隙特征有密切关系。孔隙率大，且孔隙是大尺寸的连通孔隙时，材料具有较高的渗透性。

1.1.2.5 抗冻性

抗冻性是指材料在吸水饱和状态下，能经受多次冻融循环作用而不被破坏，其强度也不显著降低的性质。

冰冻对材料的破坏作用是由于材料内部连通孔隙内充满的水分结冰时，体积膨胀所引起的。材料的抗冻性用抗冻等级来表示。抗冻等级是以规定的试件、在标准试验条件下进行冻融循环试验，以试件强度降低及质量损失值不超过规定要求，且无明显损坏和剥落时所能经受的最大循环次数来确定。一般要求强度降低不超过 25%，且质量损失不超过 5% 时所能承受的最多的循环次数来表示。记作"F_n"，n 为最大冻融循环次数，如 F25、F50 等。

材料的抗冻性取决于其孔隙率、孔隙特征、充水程度。材料的变形能力大、强度高、软化系数大时其抗冻性较高。抗冻性良好的材料对抵抗气温变化、干湿交替等破坏作用的能力较强，所以抗冻性常作为考查材料耐水性的一项重要指标。

材料抗冻等级的选择，是根据结构物的种类、使用条件、气候条件等来决定的。

1.1.3 材料与热有关的性质

1.1.3.1 导热性

导热性是指材料传导热量的能力。当材料两面存在温度差时，热量就会从高温的一面传导到低温的一面。导热性的大小用导热系数表示，用式（1.20）计算，即

$$\lambda = \frac{Qd}{At\Delta T} \tag{1.20}$$

式中 λ——导热系数，W/（m·K）；

Q——通过材料传导的热量，J；

d——材料的厚度或传导的距离，m；

A——材料的传热面积，m²；

t——传递热量 Q 所需的时间，s；

ΔT——材料两侧的温度差，K。

导热系数是确定材料绝热性的重要指标。λ 值越小，则材料的绝热性越好。影响材料

导热性的因素很多，其中最主要的有材料的孔隙率、孔隙特征及含水率等。材料内微小、封闭、均匀分布的孔隙越多，则 λ 就越小，保温隔热性也就好，反之则差。

材料的导热性对建筑物的隔热和保温具有重要意义，有保温隔热要求的建筑物宜选用导热系数小的材料做围护结构。几种材料的导热系数见表 1.2。

表 1.2 几种材料的导热系数及比热

材　料	导热系数 [W/（m·K）]	比热 [×10²J/（kg·K）]	材　料		导热系数 [W/（m·K）]	比热 [×10²J/（kg·K）]
钢	58	4.6	松木	顺纹	0.35	25
花岗岩	2.80～3.49	8.5		横纹	0.17	
普通混凝土	1.50～1.86	8.8	泡沫塑料		0.03～0.04	13～17
普通黏土砖	0.42～0.63	8.4	石膏板		0.19～0.24	9～11
泡沫混凝土	0.12～0.20	11.0	水		0.55	42
普通玻璃	0.70～0.80	8.4	密闭空气		0.26	10

1.1.3.2　比热及热容量

材料具有受热时吸收热量、冷却时放出热量的性质。当材料温度升高（或降低）1K 时，所吸收（或放出）的热量，称为该材料的热容量（J/K）。1kg 材料的热容量，称为该材料的比热，用式（1.21）计算，即

$$c = \frac{Q}{m(t_2 - t_1)} \tag{1.21}$$

式中　Q——材料吸收或放出的热量，J；

　　　c——材料的比热，J/（kg·K）；

　　　m——材料的质量，kg；

　　　t_1、t_2——材料受热前后的温度，K。

材料的热容量对保持室内的温度稳定有很大的作用。热容量高的材料，能对室内温度起调节作用，使温度变化不致过快，冬季或夏季施工队材料进行加热或冷却处理时，均需考虑材料的热容量。表 1.2 列出了几种材料的比热值。

1.1.3.3　耐燃性与耐火性

1. 耐燃性

耐燃性是指材料抵抗燃烧的性质。所谓燃烧性能是指建筑材料或制品燃烧或遇火时所发生的一切物理和化学变化。耐燃性是影响建筑物防火和耐火等级的重要因素。按建筑材料的燃烧性质不同，GB 50222—1995《建筑内部装修防火设计规范》、GB 8624—1997《建筑材料燃烧性能分级方法》将其分为以下四级：

（1）A 级——不燃烧材料。

（2）B1 级——难燃烧材料。

（3）B2 级——可燃材料。

（4）B3 级——易燃材料。

2. 耐火性

耐火性是指材料长期抵抗高温或火的作用，保持其原有性质的能力。有些材料遇火或

在高温作用下易变形甚至熔融，像钢铁、玻璃等虽然是 A 级不燃烧材料，但却不是耐火材料。耐火材料按耐火度可分为：

（1）普通耐火材料，1580～1770℃。

（2）高级耐火材料，1770～2000℃。

（3）特级耐火材料，2000℃以上。

1.1.4　材料与声有关的性质

1.1.4.1　吸声性

吸声性是指声能穿透材料和被材料消耗的性质。具有吸声性的材料叫吸声材料，它是一种能在较大程度上吸收由空气传递的声波能量的建筑材料。材料吸声性能用吸声系数表示，吸声系数是指材料吸收的声能与传递给材料的入射声能的百分比。

有效地采用吸声材料，不仅可以减少环境噪声污染，而且能适当地改善音质。房间内的声音被界面不断反射并积累产生混响，不同使用要求的房间需要不同的混响效果。如在音乐厅、剧院等演奏音乐的空间，就需要混响效果使乐曲更加舒缓而愉悦；而对于电影院、录音室、教师等语言使用的空间，就需要减少混响使话语更加清晰。

1.1.4.2　隔声性

隔声性是指材料能减弱或隔断声波传递的性能。吸声性能好的材料，不能简单地就把它们作为隔声材料来使用。人们要隔绝的声音按传播的途径可分为空气声（由于空气的振动）和固体声（由于固体的撞击或振动）两种。对于隔空气声主要是取决于材料的单位面积质量，密实、沉重的材料为好，如黏土砖、钢筋混凝土等；而对于隔固体声最好是采用不连续的结构处理，即在墙壁和承重梁之间、房屋的框架和隔墙及楼板之间加弹性衬垫，如橡皮、软木、毛毡等材料，或在楼板上铺弹性地毯。

1.2　材料的基本力学性质

材料的力学性质，是指材料在外力（荷载）作用下的有关变形性质和抵抗破坏的能力。外力作用于材料，或多或少会引起材料的变形，外力增大时，变形也相应增加，直到被破坏。

1.2.1　材料的变形性质

材料在外力作用下或外力发生改变时，都会发生变形。

材料的变形性质，是指材料在荷载作用下发生形状及体积变化的有关性质。主要有弹性变形、塑性变形、徐变及应力松弛等。

1.2.1.1　弹性变形与塑性变形

材料在外力作用下产生形状、体积的改变，当外力去掉后，变形可自行消失并能恢复原有形状的性质，称为材料的弹性，这种可恢复的变形即为弹性变形。弹性变形是可逆的，其数值大小与外力成正比，其比例系数称为弹性模量 E，等于应力 σ 与应变 ε 的比值。用式（1.22）计算，即

$$E = \frac{\sigma}{\varepsilon} \tag{1.22}$$

式中　σ——材料的应力，MPa；

ε——材料的应变；

E——材料的弹性模量，MPa。

在弹性变形范围内，弹性模量的值等于应力与应变之比，是一个常数。弹性模量是衡量材料抵抗变形能力的一个指标，其值越大，材料越不易变形，亦即刚度好。弹性模量是结构设计时的重要参数。

塑性变形则是指材料在外力的作用下产生变形，但不破坏，在外力去除后，材料不能自行恢复到原来的形状，而保留变形后的形状和尺寸的性质。塑性变形也称为残余变形或永久变形。

实际上，工程材料具有完全弹性或完全塑性变形是没有的。通常一些材料在外力不大时，仅产生弹性变形，而当外力超过一定限度后，就产生塑性变形，如低碳钢；而也有一些材料受力时，弹性变形和塑性变形同时产生，当外力去掉后，弹性变形能恢复，而塑性变形则不能，如混凝土。

1.2.1.2　徐变与应力松弛

固体材料在特定外力的长期作用下，变形随时间的延长而逐渐增长的现象，称为徐变。徐变产生的原因：对于非晶体材料，是由于在外力的作用下发生了黏性流动；对于晶体材料，是由于晶格位错运动及晶体的滑移。徐变的发展与材料所受应力大小有关。当应力未超过某一极限值时，徐变的发展会随时间延长而增加，最后导致材料破坏。

材料在荷载作用下，若所产生的变形因受约束而不能发展时，则其应力将随时间延长而逐渐减小，这一现象称为应力松弛。应力松弛产生的原因是由于随着荷载作用时间延长，材料内部塑性变形逐渐增大，弹性变形逐渐减小（总变形不变）而造成的。材料所受应力水平越高，应力松弛越大。通常材料所处环境的温度越高、湿度越大时，徐变和应力松弛也越大。一般材料的徐变越大，应力松弛也越大。

1.2.2　材料的强度

1.2.2.1　强度

强度是材料在外力（荷载）的作用下抵抗破坏的能力，是材料试件按规定的试验方法，在静荷载作用下达到破坏时的极限应力值的表示。当材料承受外力作用时，内部就产生应力，外力增大时应力也随之增大，当材料不能再承受时，材料即破坏。

材料在建筑物上承受的外力主要有压、拉、弯（折）、剪等四种形式，因此在使用材料时根据外力作用的方式不同，材料的强度分为抗压强度、抗拉强度、抗弯（折）强度及抗剪强度，见表 1.3。

材料的抗压强度、抗拉强度、抗剪强度均以材料受外力破坏时单位面积上所承受的力的大小来表示，用式（1.23）计算，即

$$f = \frac{F_{\max}}{A} \tag{1.23}$$

式中　f——材料的抗压、抗拉、抗剪强度，MPa；

$F_{\max}$——材料破坏时的荷载，N；

A——材料的受力面积，mm^2。

表 1.3　　　　　　　　　材料的抗压、抗拉、抗剪、抗弯强度计算公式

强度类别	受力作用示意图	强度计算式	附　注
抗压强度 f_c （MPa）		$f_c = \dfrac{F}{A}$	
抗拉强度 f_t （MPa）		$f_t = \dfrac{F}{A}$	F—破坏荷载，N； A—受荷面积，mm²； F_{max}—材料的抗弯（折）强度，MPa； l—跨度，mm； b—断面宽度，mm； h—断面高度，mm。
抗剪强度 f_v （MPa）		$f_v = \dfrac{F}{A}$	
抗弯强度 f_{tm} （MPa）		$f_{tm} = \dfrac{3F_{max}l}{2bh^2}$	

材料的抗弯强度（也称抗折强度）与试件的几何外形及荷载施加情况有关。对于矩形截面的条形试件，当其两支点间的中间作用集中荷载时，其抗弯强度可用式（1.24）计算，即

$$f_{tm} = \frac{3F_{max}l}{2bh^2} \tag{1.24}$$

式中　f_{tm}——材料的抗弯（折）强度，MPa；

　　　F_{max}——材料受弯破坏时的荷载，N；

　　　　l——两支点间的距离，mm；

　　b、h——材料横截面的宽度、高度，mm。

材料的这些强度是通过静力试验来测定的，故总称为静力强度。材料的静力强度是通过标准试件的破坏试验而测得，是大多数材料划分等级的依据，必须严格按照国家规定的试验方法标准进行。

材料的强度除与其本身的组成与结构等内部因素有关外，还与测试条件和方法等外部因素有很大关系。下面以矿物质材料（如混凝土、石材等）的抗压强度试验为例，外界因素的影响有以下几种：试件装置情况（端部约束情况）、试件的形状和尺寸、加荷速度、试验环境的温湿度、承压面的平整度等。

在工程应用中，材料强度的大小及强度等级的划分具有重要的意义：能保证产品的质量，有利于使用者掌握性能指标，合理地选用材料，正确设计和控制工程质量。常用建筑材料的强度见表1.4。

1.2.2.2　比强度及强度等级

比强度是指材料单位质量的强度，其值等于材料强度与表观密度的比值。现代建筑材料的发展方向之一就是研制轻质高强材料。一般比强度越大的材料，轻质高强的特点越明显，可用作高层、大跨度工程的结构材料。几种主要材料的强度及比强度见表1.5。

表 1.4　　　　　　　　　　常用建筑材料的强度　　　　　　　　　　单位：MPa

材料	抗压强度	抗拉强度	抗弯强度
花岗岩	100～250	5～8	10～14
烧结普通砖	7.5～30	—	1.8～4.0
普通混凝土	7.5～60	1～4	—
松木（顺纹）	30～50	80～120	60～100
建筑钢材	235～1600	235～1600	—

表 1.5　　　　　　　　　　钢材、木材和混凝土的强度比较

材料	表观密度 ρ_0（kg/m³）	抗压强度 f_c（MPa）	比强度 f_c/ρ_0
低碳钢	7860	415	0.053
松木	500	34.3（顺纹）	0.069
普通混凝土	2400	29.4	0.012

　　为了方便设计并对工程材料进行质量评价和选用，对于以力学性质为主要性能指标的材料，通常按材料的极限强度划分为若干不同的强度等级。强度等级越高的材料，所能承受的荷载越大。一般情况下，脆性材料按抗压强度划分强度等级，韧性材料按抗拉强度划分强度等级。

1.2.3　材料的脆性与韧性

　　在规定的温度、湿度、加荷速度条件下施加外力，当外力达到一定限度，发生突然破坏且无显著塑性变形的材料称为脆性材料，这种性质称为脆性。脆性材料的抗压强度远大于抗拉强度，可高达数倍甚至数十倍，其抵抗冲击、震动荷载的能力差，所以脆性材料不能承受振动和冲击荷载，也不宜用作受拉构件，只适于用作承压构件。建筑材料中大部分无机非金属材料均为脆性材料，如天然岩石、陶瓷、玻璃、普通混凝土等。

　　在冲击或振动荷载作用下，能吸收较大的能量，产生一定的变形而不致破坏的材料称为韧性材料，这种性质称为韧性，如建筑钢材、木材等属于韧性较好的材料。材料的韧性值用冲击韧性指标 α_K 表示。冲击韧性指标系指用带缺口的试件做冲击破坏试验时，断口处单位面积所吸收的功。其用式（1.25）计算，即

$$\alpha_K = \frac{A_K}{A} \tag{1.25}$$

式中　α_K——材料的冲击韧性指标，J/mm²；

　　　A_K——试件破坏时所消耗的功，J；

　　　A——试件受力净截面积，mm。

　　韧性材料抗冲击、震动荷载的能力强，在土建工程中，常用于桥梁、吊车梁等承受冲击荷载的结构和有抗震要求的结构。但是，材料呈现脆性还是韧性，不是固定不变的，可随温湿度、加荷速度及受力情况的不同而改变，如沥青材料在常温及缓慢加荷时呈现韧性，在低温及快速加荷时，则表现为脆性。

1.2.4　材料的硬度、耐磨性

1.2.4.1　硬度

硬度是材料表面能抵抗其他较硬物体压入或刻划的能力。不同材料的硬度测定方法不同，通常采用的有刻划法、压入法和回弹法三种。刻划法常用于测定天然矿物的硬度。矿物硬度分为 10 级（莫氏硬度），其递增的顺序为：滑石 1 级；石膏 2 级；方解石 3 级；萤石 4 级；磷灰石 5 级；正长石 6 级；石英 7 级；黄玉 8 级；刚玉 9 级；金刚石 10 级。钢材、木材及混凝土等的硬度常用钢球压入法测定（布氏硬度 HB）。回弹法常用于测定混凝土构件表面的硬度，以此推算混凝土的抗压强度。

1.2.4.2　耐磨性

耐磨性是材料表面抵抗磨损的能力。材料磨损后其体积和质量均会减小，若减小仅因摩擦引起称为磨损，若由摩擦和冲击两种作用引起则称为磨耗。材料的硬度愈大，则其耐磨性愈好，强度愈高，但不易机械加工。

材料的耐磨性用磨损率 B 表示，其用式（1.26）计算，即

$$B = \frac{m_1 - m_2}{A} \tag{1.26}$$

式中　B——材料的磨损率，g/cm^2；

　　m_1、m_2——材料磨损前、后的质量，g；

　　　A——试件受磨损的面积，cm^2。

磨损率越低，表明材料的耐磨性越好。材料的耐磨性与材料的组成成分、结构、强度、硬度等有关。在建筑工程中，对于用作踏步、台阶、地面、路面等的材料，应具有较高的耐磨性。水利工程中，如大坝的溢流面、闸墩和闸底板等部位，经常受到挟砂水流的高速冲刷作用，或受水底挟带石子的冲击而遭到破坏，这些部位均应要求材料具有较高的耐磨性。一般来说，强度较高且密实、韧性好的材料，其硬度较大，耐磨性较好。

1.3　材料的耐久性

1.3.1　耐久性概念

材料的耐久性是指材料在使用过程中，能抵抗其自身及外界环境因素的破坏，长久地保持其原有使用性能且不变质、不破坏的能力。

影响材料长期使用的破坏因素往往是复杂多样的，这些破坏作用有的是内因引起的，有的是外因引起的，耐久性是材料的一种综合性质，诸如抗冻性、抗风化性、抗老化性、耐化学腐蚀性等均属耐久性的范围。此外，材料的强度、抗渗性、耐磨性等也与材料的耐久性有密切关系。

1.3.2　环境影响因素

材料在建筑物使用过程中长期受到周围环境和各种自然因素的破坏作用，一般可分为物理作用、化学作用、机械作用、生物作用等。如钢材易受氧化而锈蚀；无机金属材料常因氧化、风化、碳化、溶蚀、冻融、热应力、干湿交替作用而破坏；有机材料因腐烂、虫蛀、老化而变质。

物理作用包括材料的干湿变化、温度变化及冻融变化等。这些变化会使材料体积发生收缩与膨胀，或产生内应力，造成材料内部裂缝扩展，久而久之，使材料逐渐破坏。

化学作用包括大气和环境水中的酸、碱、盐等溶液或其他有害气体对材料产生的侵蚀作用，以及日光、紫外线等对材料的作用，使材料产生质的变化而破坏。

生物作用是昆虫、菌类等对材料所产生的蛀蚀、腐朽等破坏作用。

不同材料起主导作用的破坏因素是不同的，如砖、石、混凝土等矿物质材料，大多是由于物理作用而破坏，当其处于水中时也常会受到化学破坏作用；金属材料主要受到化学和电化学作用所引起的腐蚀；木材等纤维类物质常因生物作用而破坏（腐蚀和腐朽）；沥青及高分子合成材料，在日光、紫外线、热等的作用下会逐渐老化，使材料变脆、开裂而逐渐破坏。

在实际工程中，材料遭到破坏往往是在上述多个因素同时作用下引起的，所以材料的耐久性是一项综合性质。为提高材料的耐久性，可根据使用情况和材料特点采取相应的措施。如减轻环境的破坏作用、提高材料本身的密实性等以增强其抵抗性，或对表面采取保护措施等。

耐久性是材料的一项长期性质，对材料耐久性的判定，是对其在使用条件下进行长期的观察和测定。近年来可采用快速检验法，即在实验室模拟实际使用条件进行快速试验，根据试验结果对材料的耐久性作出判定。快速试验的项目有干湿循环、冻融循环、加湿与紫外线干燥循环、碳化、盐溶液浸渍与干燥循环、化学介质浸渍等。

复 习 思 考 题

1. 解释以下名词并写出计算公式：①密度；②表观密度；③堆积密度；④孔隙率；⑤空隙率；⑥含水率；⑦吸水率；⑧比强度。

2. 何谓材料的吸水性、吸湿性、耐水性、抗渗性和抗冻性？各用什么指标表示？

3. 简述材料的孔隙率和孔隙特征与材料的表观密度、强度、吸水性、抗渗性、抗冻性、保温隔热性能等的关系。

4. 建筑材料的亲水性和憎水性在建筑工程中有什么实际意义？

5. 何谓材料的强度？根据外力作用方式不同，各种强度如何计算？其单位如何表示？

6. 亲水性材料与憎水性材料在实际工程中有何意义？

7. 材料的质量吸水率和体积吸水率有何不同？两者存在什么关系？什么情况下采用体积吸水率或质量吸水率来反映材料的吸水性？

8. 何谓材料的耐久性？它包括哪些内容？

9. 弹性变形与塑性变形有何不同？

10. 脆性材料和韧性材料各有何特点？它们分别适合承受那种外力？

11. 软化系数是反映材料什么性质的指标？为什么要控制这个指标？

12. 建筑物的屋面、外墙、内墙、基础所使用的材料各应具备哪些性质？

13. 从室外取来质量为 2700g 的一块普通黏土砖，浸水饱和后的质量为 2850g，而绝干时的质量为 2600g，求此砖的含水率、吸水率、干表观密度、连通孔隙率（砖的外形尺寸为 240mm × 115mm × 53mm）？

14. 某石灰石的密度为 2.70g/cm³，孔隙率为 1.2%，将该石灰石破碎成石子，石子的堆积密度为 1580kg/m³，求此石子的表观密度和空隙率？

15. 某河砂试样 500g，烘干至恒重时质量为 486g，求其含水率。

16. 已知室内温度为 15℃，室外月平均最低温度为－15℃，外墙面积 100m²，每天烧煤 20kg，煤的发热量为 42×10³kJ/kg，砖的导热系数 $\lambda=0.78$W/（m·K），问外墙需要多厚？

第2章 气硬性胶凝材料

内容概述：本章主要介绍石灰、石膏与水玻璃的水化硬化过程，石灰、石膏与水玻璃的主要技术性质及应用。

学习目标：了解石灰、石膏与水玻璃的原料与生产；理解石灰、石膏与水玻璃的凝结硬化原理；掌握石灰、石膏、水玻璃等几种常用无机气硬性胶凝材料的性质和用途。

胶凝材料，准确地说是指经过自身的物理、化学变化，能由液态或膏体状态转变为固态，并能将散粒材料（砂或石子）或块状材料（砖或石块）胶结在一起形成具有一定强度材料的物质。

胶凝材料种类繁多，按化学成分可分为无机胶凝材料和有机胶凝材料两大类。

$$
胶凝材料
\begin{cases}
无机胶凝材料
\begin{cases}
气硬性胶凝材料：石灰、石膏、水玻璃、轻质胶凝材料 \\
水硬性胶凝材料：各类水泥
\end{cases} \\
有机胶凝材料：沥青、树脂、橡胶等
\end{cases}
$$

气硬性胶凝材料只能在空气中硬化，并能保持或发展其强度。水硬性胶凝材料不仅能在空气中硬化，而且能更好地在水中硬化，并能保持和发展其强度。

2.1 石 灰

石灰是一种气硬性胶凝材料，是建筑上使用最早的矿物胶凝材料之一，因原料来源广、生产工艺简单、成本低，并具有较好的胶结性能，至今仍为土木工程广泛使用。

2.1.1 石灰的原材料

石灰最主要的原材料是以碳酸钙（$CaCO_3$）成分为主的石灰石、白云石和白垩。原材料的品种和产地不同，对石灰性质影响较大，一般要求原材料中黏土杂质含量小于 8%。

某些工业副产品也可作为生产石灰的原材料或直接使用。如用碳化钙（CaC_2）制取乙炔时产生的主要成分为氢氧化钙 $[Ca(OH)_2]$ 的电石渣，可直接使用，但性能不尽理想。又如氨碱法制碱的残渣，主要成分为碳酸钙。本节主要介绍土木工程中最常用的以石灰石为原料生产的石灰。

2.1.2 石灰的生产

1. 生石灰

石灰的生产，实际上就是将石灰石在高温下煅烧，使碳酸钙分解成为 CaO 和 CO_2，CO_2 以气体逸出。反应式如下：

$$CaCO_3 \xrightarrow{900\sim1100℃} CaO + CO_2$$

生产所得的 CaO 称为生石灰,是一种白色或灰色的块状物质。生石灰的特性是遇水快速产生水化反应,体积膨胀,并放出大量热。煅烧良好的生石灰能在几秒钟内与水反应完毕,体积膨胀两倍左右。

2. 钙质石灰与镁质石灰

由于生产原料中常含有碳酸镁(MgCO_3),所以煅烧后生成物含有一定量的 MgO,根据 JC/T 479—1992《建筑生石灰》规定,将 MgO 含量不大于 5% 的称为钙质生石灰;MgO 含量大于 5% 的称为镁质生石灰。另外同等级的钙质石灰质量优于镁质石灰。

3. 欠火石灰与过火石灰

当煅烧温度过低或时间不足时,由于 CaCO_3 不能完全分解,造成生石灰中含有石灰石。这类石灰称为欠火石灰。欠火石灰的特点是产浆量低,石灰利用率不高。主要原因是 CaCO_3 不溶于水,也无胶结能力,在熟化成为石灰膏时作为残渣被废弃,所以有效利用率下降。

当煅烧温度过高或时间过长时,部分块状石灰的表层会被煅烧成十分致密的釉状物,这类石灰称为过火石灰。过火石灰的特点是颜色较深,密度较大,与水反应熟化的速度较慢,往往要在石灰固化后才开始熟化,从而产生局部体积膨胀,影响工程质量。由于过火石灰在生产中是很难避免的,所以石灰膏在使用前必须经过"陈伏"工序。

2.1.3　石灰的熟化与硬化

1. 熟化

(1) 熟化与熟石灰。生石灰 CaO 加水反应生成 Ca(OH)_2 的过程称为熟化。生成物 Ca(OH)_2 称为熟石灰。反应式熟化过程的特点如下。

1) 速度快,煅烧良好的 CaO 与水接触几秒钟内即反应完毕。

2) 体积膨胀,CaO 与水反应生成 Ca(OH)_2 时,体积增大 1.5~2.0 倍。

3) 放出大量的热,1 克分子 CaO 熟化生成 1 克分子 Ca(OH)_2 约产生 64.9kJ 热量。

(2) 石灰膏。石灰熟化时需要加入大量的水,则生成浆状石灰膏。CaO 熟化生成 Ca(OH)_2 的理论需水量只要 32.1%,实际熟化过程均加入了过量的水。这么做一方面考虑熟化时放热引起水分蒸发损失,另一方面是确保 CaO 充分熟化。工地上常在化灰池中进行石灰膏的生产,即将块状生石灰用水冲淋,通过筛网,滤去欠火石灰和杂质,流入而得。石灰膏面层必须蓄水保养,其目的是隔断与空气直接接触,防止干硬固化和碳化固结,以免影响正常使用和效果。

(3) 消石灰粉。当熟化时加入适量(通常为 60%~80%)的水,则生成粉状熟石灰。这一过程通常称为消化,其产品称为消石灰粉。工地上可通过人工分层喷淋消化,但作为产品销售的消石灰粉通常是在工厂集中生产的。

(4) 石灰的"陈伏"。前面已经提到生产过程中当煅烧温度过高或时间过长,将产生过火石灰,这在石灰煅烧中是难以避免的。由于过火石灰的表面包覆着一层玻璃釉状物,熟化很慢,若在石灰使用并硬化后再继续熟化,则产生的体积膨胀将引起局部鼓包、隆起和开裂现象。为消除上述过火石灰的危害，石灰膏使用前应在化灰池中存放 2 周或 2 周以上时间，使过火石灰充分熟化，这个过程称为"陈伏"。现场生产的消石灰粉一般也需要"陈伏"；若将生石灰磨细后使用，则不需要"陈伏"，这是因为粉磨过程使过火石灰表面积大大增加，与水熟化反应速度加快，几乎可以同步熟化，而且又均匀分散在生石灰粉中，不致引起过火石灰的种种危害。

2. 凝结硬化

石灰在空气中的凝结硬化主要包括结晶和碳化两个过程。

(1) 结晶作用指的是石灰浆中多余水分蒸发或被砌体吸收，使 $Ca(OH)_2$ 以晶体形态析出，石灰浆体逐渐失去塑性，并凝结硬化产生强度的过程。

(2) 碳化作用指的是空气中的 CO_2 遇水生成弱碳酸，再与 $Ca(OH)_2$ 发生化学反应生成 $CaCO_3$ 晶体的过程。生成的 $CaCO_3$ 自身强度较高，且填充孔隙使石灰固化体更加致密，强度进一步提高。其反应式为：

$$Ca(OH)_2 + CO_2 + nH_2O \longrightarrow CaCO_3 + (n+1) H_2O$$

石灰凝结硬化过程有如下特点。

(1) 速度慢。水分从内部迁移到表层被蒸发或被吸收的过程本身较慢，若表层 $Ca(OH)_2$ 被碳化，生成的 $CaCO_3$ 在石灰表面形成更加致密的膜层，使水分子和 CO_2 的进出更加困难。因此，石灰的凝结硬化过程极其缓慢，一般需要几周的时间。加快硬化速度的简易方法有加强通风和提高空气中 CO_2 的浓度。

(2) 体积收缩大，容易产生收缩裂缝。

2.1.4 石灰的主要技术性质

1. 保水性与可塑性好

$Ca(OH)_2$ 颗粒极细，比表面积很大，每一颗粒均吸附一层水膜，使得石灰浆具有良好的保水性和塑性。因此，土木工程中常用来改善水泥砂浆的保水性和塑性。

2. 凝结硬化慢、强度低

石灰浆凝结硬化时间一般需要数周，硬化后的强度一般小于1MPa。如 1：3 的石灰砂浆强度仅为 0.2～0.5MPa。但通过人工碳化，可使强度大幅度提高，如碳化石灰板及其制品。

3. 耐水性差

石灰浆在水中或潮湿环境中基本没有强度，在流水中还会溶解流失。因为石灰浆体硬化后的主要成分是 $Ca(OH)_2$，$Ca(OH)_2$ 微溶于水；但固化后的石灰制品经人工碳化处理后，耐水性大大提高。

4. 干燥收缩大

石灰浆体中的游离水，特别是吸附水蒸发，引起硬化时体积收缩、开裂。碳化过程也会引起体积收缩。因此，石灰一般不宜单独使用，通常掺入砂子、麻刀、纸筋等材料以减少收缩或提高抗裂能力。

5. 吸水性强

生石灰极易吸收空气中的水分熟化成熟石灰粉，所以生石灰若需长期存放应在密闭条件下做到防潮、防水。

2.1.5　石灰的技术性能与技术标准

1. 建筑生石灰技术标准

建筑生石灰根据有效 CaO 和有效 MgO 的质量分数、CO_2 质量分数、生石灰产浆量和未消化残渣的质量分数等划分为优等品、一等品和合格品，各等级的技术指标见表2.1。

表 2.1　　　　　　　　　　　生石灰的技术指标（JC/T 479—1992）

项　目		钙质生石灰			镁质生石灰		
		优等品	一等品	合格品	优等品	一等品	合格品
CaO＋MgO 含量（％），≥		90	85	80	85	80	75
未消化残渣含量 （5mm 圆孔筛筛余量，％），≤		5	10	15	5	10	15
二氧化碳（％），≤		5	7	9	6	8	10
产浆量（L/kg），≥		2.8	2.8	2.0	2.8	2.3	2.0

2. 建筑生石灰粉技术标准

建筑生石灰粉根据有效 CaO 和有效 MgO 的质量分数、CO_2 的质量分数和细度等指标，将生石灰粉分为优等品、一等品和合格品三个等级，见表2.2。

表 2.2　　　　　　　　　　　生石灰粉的技术指标（JC/T 480—1992）

项　目		钙质生石灰粉			镁质生石灰粉		
		优等品	一等品	合格品	优等品	一等品	合格品
CaO＋MgO 含量（％），≥		85	80	75	80	75	70
二氧化碳的质量分数（％），≤		7	9	11	8	10	12
细度	0.9mm 筛余量（％），≤	0.2	0.5	1.5	0.2	0.5	1.5
	0.125mm 筛余量（％），≤	7.0	12.0	18.0	7.0	12.0	18.0

3. 建筑消石灰粉技术标准

建筑消石灰粉也可根据氧化镁含量不同将消石灰粉分为钙质（MgO＜4％）、镁质（4％≤MgO＜24％）和白云石消石灰粉（24％≤MgO＜30％）三类，并根据 CaO 和MgO 的质量分数、游离水的质量分数、体积安定性和细度等指标分为优等品、一等品和合格品，见表2.3。

表 2.3　　　　　　　　　　　消石灰粉的技术指标（JC/T 481—1992）

项　目		钙质消石灰粉			镁质消石灰粉		
		优等品	一等品	合格品	优等品	一等品	合格品
CaO＋MgO 含量（％），≥		70	65	60	60	55	50
游离水质量分数（％）		0.4～2.0			0.4～2.0		
体积安定性		合格	合格	—	合格	合格	—
细度	0.9mm 筛余量（％），≤	0	0	0.5	0	0	0.5
	0.125mm 筛余量（％），≤	3	10	15	3	10	15

2.1.6　石灰的应用

1. 配制石灰砂浆和石灰乳涂料

用熟化并陈伏好的石灰膏与砂或麻刀、纸筋配制石灰砂浆、麻刀灰、纸筋灰，可广泛用作内墙、顶棚的抹面砂浆。用石灰膏和水泥、砂配制混合砂浆，通常用来砌筑墙体或作抹灰之用。由石灰膏或消石灰粉加水稀释，可得石灰乳，是一种传统的室内粉刷涂料，主要用于临时建筑的室内粉刷。

2. 拌制灰土、三合土

消石灰粉和黏土按一定比例拌和而成的混合物称为灰土，若再加入炉渣、砂、石等填料，即成三合土。灰土和三合土的应用，在我国有很久的历史，经夯实后强度高、耐水性好，且操作简单，价格低廉，广泛应用于建筑物的基础、路面或地面的垫层、地基的换土处理等。

3. 生产硅酸盐制品

以石灰（生石灰粉或消石灰粉）与硅质材料（如矿渣、粉煤灰等）为原料，加水拌和，经成型，再进行蒸养或蒸压处理等工序，而得到的建筑材料，统称为硅酸盐制品，如蒸压灰砂砖、粉煤灰砖、加气混凝土砌块等，可用作墙体材料。

4. 制作碳化石灰板

将生石灰粉、纤维填料（如短玻璃纤维）或轻质骨料（如矿渣）与水按一定比例搅拌成型，然后用 CO_2 进行 $12\sim24h$ 的人工碳化，可制得质轻的碳化石灰板。为减轻自重、提高碳化效果，多制成空心板，如石灰空心板。空心板的导热系数小，保温隔热性能良好，且易于加工，主要用于天花板、非承重内墙板等。

2.1.7　石灰的验收、储运与保管

建筑生石灰粉、消石灰粉一般采用袋装，可以采用符合标准的牛皮纸袋、塑料编织袋或复合纸袋等包装，袋上应标明生产厂家、产品名称、商标、净重、批量编号等。

石灰保管时应分类、分等级存放在干燥的仓库内，不宜长期存储。由于生石灰遇水时发生反应放出大量的热，因此生石灰不宜与易燃、易爆物品共存、共运，以免造成火灾。存放时可将石灰制成石灰膏密封或在上面覆盖砂土等方式与空气隔绝，防止硬化，以免降低石灰的胶结能力。

2.2　石　　膏

石膏是以 $CaSO_4$ 为主要成分的气硬性胶凝材料，结晶水不同时，就形成了多种性能不同的石膏。以石膏为原料，可制成多种石膏胶凝材料，建筑中使用最多的是建筑石膏，其次是高强石膏，此外还有硬石膏水泥等。近年来，随着高层建筑的发展，石膏作为轻质墙体材料和建筑装饰制品发展很快，是一种理想的高效节能新型建筑材料，其在建筑材料中的地位也将愈发重要，具有十分广阔的前景。

2.2.1　建筑石膏的生产

生产建筑石膏的原料主要是天然二水石膏（又称软石膏）或含有 $CaSO_4$ 的各种工业副产品（如化工石膏）。

将石膏原料在不同压力和温度下加热、煅烧、脱水、磨细即得石膏胶凝材料。同一种原料，在不同的加热、煅烧和压力条件下，可得到多种晶体结构、性能、用途各不相同的石膏胶凝材料。

（1）建筑石膏。在 107～170℃ 温度下加热脱水，可得建筑石膏（β 型半水石膏）。建筑石膏是白色粉末，因晶体细小，调成一定稠度的浆体时，需水量较大，制品孔隙率大、强度较低。

（2）高强石膏。在 125℃ 及 0.13MPa 蒸压条件下，可得高强石膏（α 型半水石膏）。高强石膏是白色粉末，因其晶粒粗大，比表面积小，需水量小，制品硬化后具有较高的强度和密实度。用于强度要求较高的抹灰工程、装饰制品和石膏板。掺入防水剂后，可生产高强防水石膏及制品。

（3）可溶性硬石膏。于 170～360℃ 温度下加工可生成可溶性硬石膏，其结构疏松，需水量大、凝结很快、强度低、不易直接使用。但储存一段时间（即陈伏处理），待其转变成半水石膏后，方可使用。

（4）不溶性硬石膏。在 400～750℃ 温度下生成不溶性硬石膏。它不溶于水、无凝结硬化能力，即死烧石膏，但加入适量激发剂（如石灰等）混合磨细后又能凝结硬化，成为无水石膏水泥，用于制作石膏板和其他制品等。

（5）高温煅烧石膏。当温度高于 800℃ 时，二水石膏全部脱水，并且部分石膏分解成 CaO，起碱性激发剂的作用，经水化后可硬化获得较高的强度、耐磨性和耐水性。

石膏的生产工艺如图 2.1 所示。

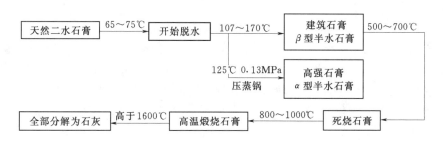

图 2.1　石膏的生产工艺示意图

2.2.2　建筑石膏的凝结硬化

建筑石膏与适量水混合后，最初为可塑的浆体，但很快失去塑性而凝结硬化，继而产生强度并发展成固体。实际上，这是建筑石膏重新水化、加热生成二水石膏的反应过程，其反应式如下：

$$CaSO_4 \cdot 0.5H_2O + 1.5H_2O \longrightarrow CaSO_4 \cdot 2H_2O$$

由于常温下二水石膏在水中的溶解度仅为 β 型石膏的 1/5，因此上述反应的水化产物二水石膏成为过饱和溶液，析出并结晶，这样又促使半水石膏继续溶解、水化。如此循环进行，直到 β 型石膏耗尽，全部变为二水石膏。随着水化的进行，水分逐渐减少，浆体稠度增大，开始失去可塑性，这称为初凝。而后，浆体继续变稠，晶体颗粒间摩擦力和黏结力增加，浆体的可塑性急剧下降，并开始产生结构强度，称为终凝。终凝后，二水石膏晶体颗粒仍逐渐长大，连生和互相交错，使浆体强度不断增长，直到内部游离水分完全蒸发后，强度才发展到最大值，即石膏的硬化。

2.2.3 建筑石膏的技术性能

建筑石膏色白质轻，密度 $2.60\sim2.75g/cm^3$，建筑石膏按强度、细度和凝结时间分为优等品、一等品和合格品三个等级，其技术指标见表 2.4。其中有一项指标不合格，石膏应重新检验级别或报废。

表 2.4　　　　　　　　　　　　建筑石膏的技术标准

技 术 指 标		优等品	一等品	合格品
强度（MPa）	抗折强度，≥	2.5	2.1	1.8
	抗压强度，≥	4.9	3.9	2.9
细度（%）	0.2mm 方孔筛筛余百分率，≤	5	10	15
凝结时间（min）	初凝时间，≥	6		
	终凝时间，≤	30		

注　指标中有一项不符合者，应予降级或报废。

2.2.4 建筑石膏的特性

1. 凝结硬化快

建筑石膏一般加水后 6min 可达到初凝，30min 可达到终凝，一星期左右完全硬化。由于凝结硬化快，在实际工程使用时往往需要掺加适量缓凝剂（如动物胶、柠檬酸或硼砂等）来满足施工操作的要求。

2. 硬化后孔隙率大、强度低、保温隔热、吸声性能好

建筑石膏水化的理论需水量仅为其质量的 18.6%，但为了满足生产制品和施工时必要的可塑性，常加入过量的水，一般达 60%～80%。多余水分蒸发后，将形成大量孔隙，使制品的孔隙率达 50%～60%。因此，石膏硬化后的抗压强度仅为 3～5MPa，具有质轻、保温隔热性能好、吸声性强等优点。

3. 耐水性、抗冻性差

建筑石膏可微溶于水，耐水性差、抗冻性差，不宜用于潮湿环境和水中。在建筑石膏中加入适量水泥、粉煤灰、磨细的粒化高炉矿渣以及各种有机防水剂，可提高制品的耐水性。

4. 硬化后体积微膨胀，装饰性及可加工性良好

建筑石膏硬化后一般会产生 0.05%～0.15% 的体积微膨胀，这种特性可使成型的制品表面光滑、轮廓清晰、干燥时不产生裂缝，有利于制造复杂图案花型的石膏装饰件。另外，石膏质地细腻、颜色洁白，因此其装饰性良好。因石膏硬化后硬度低，使得制品可锯、可刨、可钉、易于连接，具有良好的可加工性。

5. 防火性好

由于硬化的石膏中含有较多的结晶水，遇火时这些结晶水吸收热量而蒸发，形成的蒸汽幕有效地阻止火势的蔓延，同时表面生成的无水物为良好的绝缘体，可起到防火作用。

2.2.5　建筑石膏的应用

1. 室内抹灰及粉刷

建筑石膏加水、砂拌和成石膏砂浆，用于室内抹灰和粉刷。抹灰后的墙面光滑、细腻、洁白美观，给人以舒适感，具有良好的装饰效果。经石膏抹灰后的墙面、顶棚，还可以直接涂刷涂料、粘贴壁纸等。为控制建筑石膏的凝结时间，用于抹灰、粉刷时，常用建筑石膏和硬石膏混合后再掺入适量缓凝剂及附加材料制成粉刷石膏。

2. 制作各种石膏制品

建筑石膏制品种类较多，我国目前主要生产各类石膏板、石膏砌块和装饰石膏制品。石膏板主要有纸面石膏板，纤维石膏板及空心石膏板等。装饰石膏制品主要有装饰石膏板，嵌装式装饰石膏板及艺术石膏制品等。

石膏板具有质轻、保温、隔热、吸声、防火、抗震、可加工性好、成本低等优良性能，施工方便、节能，是一种有广阔发展前途的新型轻质材料之一。但石膏板具有长期徐变的性质，在潮湿环境中更严重，且强度较低又呈弱酸性，不能配加强钢筋，故不宜用于承重结构。为进一步改善其耐水性，可掺入水泥、粒化高炉矿渣、石灰、粉煤灰或有机防水剂，也可在表面采用耐水护面纸或防水高分子材料，采用面层防水保护等技术措施。

2.2.6　建筑石膏的验收与储运

建筑石膏一般采用袋装，可用具有防潮及不易破损的纸袋或其他复合袋包装；包装袋上应清楚标明产品标记、厂名、生产日期和批号、质量等级、商标等。建筑石膏易受潮吸湿，凝结硬化快，因此在储运过程中必须防潮防水。石膏储存 3 个月后，强度下降 30% 左右，因此储存时间一般不超过 3 个月，否则应重新检验并确定其等级。

2.3　水　　玻　　璃

水玻璃俗称泡花碱，是一种水溶性的碱金属硅酸盐，由碱金属氧化物和 SiO_2 组成，其化学通式为 $R_2O \cdot nSiO_2$，式中 R_2O 为碱金属氧化物；n 为水玻璃模数。

2.3.1　水玻璃的生产

硅酸钠水玻璃的主要原料是石英砂、纯碱或含碳酸钠的原料，其生产有干法生产和湿法生产两种，一般多为干法生产。

干法生产是将原料磨细，按比例配合拌匀，在玻璃熔炉中于 $1300 \sim 1400℃$ 温度下熔融，生成硅酸钠，冷却后即为固态水玻璃，其反应式如下：

$$Na_2CO_3 + nSiO_2 \xrightarrow{1300 \sim 1400℃} Na_2O \cdot nSiO_2 + CO_2 \uparrow$$

湿法生产是将石英砂和氢氧化钠水溶液在压蒸锅（$0.2 \sim 0.3MPa$）内用蒸汽加热溶解而成的水玻璃溶液。将固态水玻璃在 $0.3 \sim 0.8MPa$ 的压蒸锅里加热溶解可得无色、淡黄或青灰色透明或半透明的胶状水玻璃，即液态水玻璃。

水玻璃模数 n 一般为 $1.5 \sim 3.5$，建筑工程中常用水玻璃的模数为 $2.6 \sim 2.8$。水玻璃模数愈大，愈难溶于水；水玻璃的模数 n 愈大，其水溶液的黏结力愈大。当模数相同时，水玻璃溶液的密度愈大，则浓度愈大、黏结力愈强。

2.3.2　水玻璃的硬化

液体水玻璃在空气中吸收 CO_2，形成无定形硅酸凝胶，并逐渐干燥而硬化。而在表面覆盖一层致密的碳酸钠薄膜。其化学反应式为：

$$Na_2O \cdot nSiO_2 + CO_2 + mH_2O \longrightarrow Na_2CO_3 + nSiO_2 \cdot mH_2O$$

因空气中 CO_2 含量极少，故上述反应过程进行很慢，为加速硬化，可加热或掺入固化剂氟硅酸钠（Na_2SiF_6），促使硅酸凝胶析出速度加快。氟硅酸钠的掺加不可过多，也不能过少，其适宜掺量为水玻璃重量的 $12\% \sim 15\%$。掺量过多，会使凝结过快，给施工带来困难，而且渗透性大，强度低；掺量过少，不仅硬化速度慢、强度低，而且未反应的水玻璃易溶于水，导致耐水性差。

2.3.3　水玻璃的特性与应用

水玻璃胶结能力好，硬化时析出的硅酸凝胶可将毛细孔堵住而防止水的渗透。水玻璃硬化后形成了 SiO_2 空间网状骨架，因此具有良好的耐热性能。水玻璃耐酸性能很强，能抵抗大多数无机酸（氢氟酸除外）和有机酸的腐蚀，但不耐碱性介质的侵蚀。

由于水玻璃具有以上优良的特性，故在建筑工程中主要有下列用途。

（1）作为灌浆材料，加固地基。将模数为 $2.5 \sim 3.0$ 的液体水玻璃与 $CaCl_2$ 溶液交替灌入地基中，反应生成的硅胶起胶结作用，能包裹土粒并填充其孔隙，这不仅增加了土壤的密实度和强度，也可以增强不透水性。

（2）配制耐热砂浆、耐热混凝土或耐酸砂浆、耐酸混凝土。以水玻璃为胶凝材料，氟硅酸钠为促凝剂，耐热或耐酸粗细集料按一定比例配制而成。制成的耐酸砂浆、耐酸混凝土常用于冶金、化工、金属等行业的防腐蚀工程；配制的耐热混凝土和耐热砂浆，用于高炉基础、热工设备基础和围护结构等耐热工程。

（3）涂刷或浸渍材料，可提高材料的抗渗和抗风化能力。用浸渍法处理多孔材料，可使其强度和密实度提高；对黏土砖、硅酸盐制品和水泥混凝土等，均有良好的效果。但水玻璃不能涂刷和浸渍石膏制品，会使制品胀裂。此外，用水玻璃涂刷钢筋混凝土中的钢筋，可起到一定的阻锈作用。

（4）配制快凝防水剂，对修补裂缝、堵漏起着积极的作用。以水玻璃为基料，加入两种、三种或四种矾配制成二矾、三矾或四矾快凝防水剂，将其掺入水泥浆、砂浆或混凝土中，用于堵漏、抢修、表面处理用。

复 习 思 考 题

1. 气硬性胶凝材料和水硬性胶凝材料有何区别，怎样正确使用？

2. 什么是石灰的熟化？生石灰为何在使用前必须进行陈伏？

3. 某多层住宅楼室内采用石灰砂浆抹灰，一段时间后逐渐出现墙面普遍鼓包开裂，试分析其原因。若要避免此类事故发生，应采取什么措施？

4. 石灰有哪些技术性质，有何用途？

5. 在没有检验仪器的情况下，欲初步鉴别一批生石灰的质量优劣，可采取什么简易方法？

6. 在不同压力、温度条件下可生产出哪几类石膏，常用的建筑石膏有何特性？

7. 采用各种石膏板材作为建筑物的内隔墙材料或墙面顶棚装饰有何优缺点？

8. 何为水玻璃模数？水玻璃模数和密度对其黏结力有何影响？

9. 水玻璃的主要特性和用途有哪些？

第 3 章　水　泥

内容概述：本章主要介绍水泥的水化硬化过程，掺混合材料水泥的技术特点及应用，硅酸盐水泥的主要技术性质及应用。

学习目标：了解水泥生产基本过程，品种水泥的技术特点、应用以及水泥品种的发展；掌握硅酸盐水泥水化与硬化过程、主要技术性质及应用。

3.1　硅 酸 盐 水 泥

水泥呈粉末状，与适量水拌和成塑性浆体，经过物理化学过程后能变成坚硬的石状体（水泥石），并能将散粒状材料胶结成为整体。水泥浆体不但能在空气中硬化，还能更好地在水中硬化，并能保持和发展其强度，故水泥是一种水硬性胶凝材料。

水泥在胶凝材料中占有极其重要的地位，是最重要的建筑材料之一。它不但大量应用于工业与民用建筑工程中，还广泛地应用于农业、水利、公路、铁路、海港、石油、矿山和国防等工程中，常用来制造各种形式的混凝土、钢筋混凝土、预应力混凝土构件和建筑物，也常用于配制砂浆和用作灌浆材料等。

水泥的种类繁多，目前生产和使用的水泥品种已达 200 余种。按组成水泥的基本物质——熟料的矿物组成，一般可分为以下几种。

（1）硅酸盐系水泥。其中包括硅酸盐水泥（国外通称的波特兰水泥）、普通硅酸盐水泥、矿渣硅酸盐水泥、火山灰质硅酸盐水泥、粉煤灰硅酸盐水泥、复合硅酸盐水泥等六大常用水泥❶，以及快硬硅酸盐水泥、白色硅酸盐水泥、抗硫酸盐硅酸盐水泥等。

（2）铝酸盐系水泥。如铝酸盐自应力水泥、铝酸盐水泥等。

（3）硫铝酸盐系水泥。如快硬硫铝酸盐水泥、Ⅰ型低碱硫铝酸盐水泥等。

（4）氟铝酸盐水泥。

（5）铁铝酸盐水泥。

（6）少熟料或无熟料水泥。

---

❶ 我国现行的六大通用水泥产品标准（GB 175—1999《通用硅酸盐水泥》、GB 1344—1999《矿渣硅酸盐水泥、火山灰质硅酸盐水泥及粉煤灰硅酸盐水泥》、GB 12958—1999《复合硅酸盐水泥》）已实施多年，对水泥工业发展具有一定的推动作用。由于在 1998～1999 年修订标准的时候主要考虑强度试验方法的变化，同时行业主管部门对标准修订的时间要求很紧，因此 1999 版标准除强度检验方法外基本沿用了 1992 版的标准。经过几年的应用和实施，现行标准中存在一些问题开始显露出来。因此，国家标准化委员会下达了对六大通用水泥标准进行修订的任务，由中国建筑材料科学研究总院为主承担标准修订工作。新标准 GB 175—2007《通用硅酸盐水泥》于 2006 年 8 月 26 日通过审议，并于 2008 年 6 月 1 日正式实施。

按水泥的特性与用途划分，可分为以下几种。

（1）通用水泥，是指大量用于一般土木工程的水泥，如上述"六大"水泥。

（2）专用水泥，是指具有专门用途的水泥，如道路水泥、砌筑水泥、油井水泥等。

（3）特性水泥，是指某种性能比较突出的水泥，如快硬水泥、白色水泥、膨胀水泥、低热及中热水泥等。

本章主要以"六大水泥"为主要内容，在此基础上介绍道路硅酸盐水泥、快硬硅酸盐水泥、白色硅酸盐水泥、铝酸盐水泥、快硬硫铝酸盐水泥等品种的水泥。

3.1.1　硅酸盐系水泥概述

硅酸盐系水泥是指组成水泥的基本物质——熟料的主要成分为硅酸钙，加入一定量的混合材料和适量石膏，共同磨细而成。在所有的水泥中它品种最多、应用最广。

3.1.1.1　硅酸盐系水泥的生产

水泥生产随生料制备方法不同，可分为干法（包括半干法）与湿法（包括半湿法）两种。

（1）干法生产。将原料同时烘干并粉磨，或先烘干经粉磨成生料粉后喂入干法窑内煅烧成熟料的方法。但也有将生料粉加入适量水制成生料球，送入立波尔窑内煅烧成熟料的方法，称之为半干法，仍属干法生产之一种。

（2）湿法生产。将原料加水粉磨成生料浆后，喂入湿法窑煅烧成熟料的方法。也有将湿法制备的生料浆脱水后，制成生料块入窑煅烧成熟料的方法，称为半湿法，仍属湿法生产之一种。

干法生产的主要优点是热耗低（如带有预热器的干法窑熟料热耗为 3140～3768 J/kg)，缺点是生料成分不易均匀，车间扬尘大，电耗较高。湿法生产具有操作简单、生料成分容易控制、产品质量好、料浆输送方便、车间扬尘少等优点，缺点是热耗高（熟料热耗通常为 5234～6490J/kg）。

生产硅酸盐系水泥的原料主要是石灰石和黏土质原料两类。石灰质原料主要提供 CaO，常采用石灰石、白垩、石灰质凝灰岩等。黏土质原料主要提供 SiO_2、Al_2O_3 及 Fe_2O_3，常采用黏土、黏土质页岩、黄土等。有时两种原料化学成分不能满足要求，还需加入少量校正原料来调整，常采用黄铁矿渣等。

生产水泥时首先将原料按适当比例混合后再磨细，然后将制成的生料入窑（回转窑或立窑）进行高温煅烧；再将烧好的熟料配以适当的石膏和混合材料在磨机中磨成细粉，即得到水泥。硅酸盐系水泥的生产工艺概括起来就是"两磨一烧"。

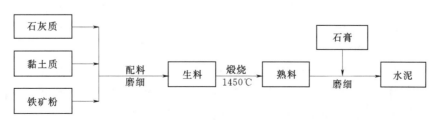

图 3.1　硅酸盐水泥生产工艺流程示意图

3.1.1.2 硅酸盐系水泥的组成

1. 硅酸盐水泥熟料

以适当成分的生料煅烧至部分熔融，所得以硅酸钙为主要成分的产物，称为硅酸盐水泥熟料。生料中的主要成分是 CaO、SiO_2、Al_2O_3、Fe_2O_3，经高温煅烧后，反应生成硅酸盐水泥熟料中的四种主要矿物：硅酸三钙（$3CaO \cdot SiO_2$，简写式 C_3S）、硅酸二钙（$2CaO \cdot SiO_2$，简写式 C_2S）、铝酸三钙（$3CaO \cdot Al_2O_3$，简写式 C_3A）和铁铝酸四钙（$4CaO \cdot Al_2O_3 \cdot Fe_2O_3$，简写式 C_4AF）。硅酸盐水泥熟料的化学成分和矿物组分含量见表 3.1。

表 3.1　　　　　　　　硅酸盐水泥熟料的化学成分及矿物成分含量

化学成分	含量（%）	矿物成分	含量（%）
CaO	62～67	$3CaO \cdot SiO_2$（简写式 C_3S）	37～60
SiO_2	19～24	$2CaO \cdot SiO_2$（简写式 C_2S）	15～37
Al_2O_3	4～7	$3CaO \cdot Al_2O_3$（简写式 C_3A）	7～15
Fe_2O_3	2～5	$4CaO \cdot Al_2O_3 \cdot Fe_2O_3$（简写式 C_4AF）	10～18

2. 石膏

石膏是硅酸盐系水泥中必不可少的组成材料，主要作用是调节水泥的凝结时间，常采用天然的或合成的二水石膏（$CaSO_4 \cdot 2H_2O$），石膏掺加量一般不宜超过水泥质量的 3.5%。

3. 混合材料

混合材料是硅酸盐系水泥生产中经常采用的组成材料，按其性能不同，可分为活性与非活性两大类。常用的混合材料有活性类的粒化高炉矿渣、火山灰质材料及粉煤灰等，非活性类混合材料主要有石灰石、石英砂、黏土、慢冷矿渣等。

3.1.2 硅酸盐水泥

在硅酸盐系水泥品种中，硅酸盐水泥和普通硅酸盐水泥的组成相差较小，性能较为接近。

3.1.2.1 硅酸盐水泥的定义

按 GB 175—1999《硅酸盐水泥、普通硅酸盐水泥》规定：凡由硅酸盐水泥熟料、0～5%石灰石或粒化高炉矿渣、适量石膏磨细制成的水硬性胶凝材料，称为硅酸盐水泥（即国外通称的波特兰水泥）。硅酸盐水泥分两种类型，不掺加石灰石和粒化高炉矿渣的称 I 型硅酸盐水泥，代号 P·I；在粉磨时掺加不超过水泥重量 5% 的石灰石或粒化高炉矿渣混合材料的称 II 型硅酸盐水泥，代号 P·II。

3.1.2.2 硅酸盐水泥的水化和凝结硬化

水泥加水拌和后，最初形成具有可塑性的浆体（称为水泥净浆），随着水泥水化反应的进行逐渐变稠失去塑性，这一过程称为凝结。此后，随着水化反应的继续，浆体逐渐变为具有一定强度的坚硬的固体水泥石，这一过程称为硬化。可见，水化是水泥产生凝结硬化的前提，而凝结硬化则是水泥水化的必然结果。

1. 硅酸盐水泥的水化

硅酸盐水泥与水拌和后，其熟料颗粒表面的四种矿物立即与水发生水化反应，生成水化产物。各矿物的水化反应如下。

（1）硅酸三钙。

$$2(3CaO \cdot SiO_2) + 6H_2O \longrightarrow 3CaO \cdot 2SiO_2 \cdot 3H_2O（水化硅酸钙凝胶）$$
$$+ 3Ca(OH)_2（氢氧化钙晶体）$$

（2）硅酸二钙。

$$2(2CaO \cdot SiO_2) + 4H_2O \longrightarrow 3CaO \cdot 2SiO_2 \cdot 3H_2O + Ca(OH)_2$$

（3）铝酸三钙。

$$3CaO \cdot Al_2O_3 + 6H_2O \longrightarrow 3CaO \cdot Al_2O_3 \cdot 6H_2O（水化铝酸钙晶体）$$

（4）铁铝酸四钙。

$$4CaO \cdot Al_2O_3 \cdot Fe_2O_3 + 7H_2O \longrightarrow 3CaO \cdot Al_2O_3 \cdot 6H_2O$$
$$+ CaO \cdot Fe_2O_3 \cdot H_2O（水化铁酸钙凝胶）$$

部分水化铝酸钙与石膏作用产生如下反应：

$$3CaO \cdot Al_2O_3 \cdot 6H_2O + 3(CaSO_4 \cdot 2H_2O) + 19H_2O \longrightarrow 3CaO \cdot Al_2O_3 \cdot 3CaSO_4 \cdot 31H_2O$$

从反应式中可以看出，硅酸盐水泥水化后，生成的主要水化产物有：水化硅酸钙（$3CaO \cdot 2SiO_2 \cdot 3H_2O$）、氢氧化钙[$Ca(OH)_2$]、水化铝酸钙（$3CaO \cdot Al_2O_3 \cdot 6H_2O$）、水化铁酸钙（$CaO \cdot Fe_2O_3 \cdot H_2O$）、水化硫铝酸钙（$3CaO \cdot Al_2O_3 \cdot 3CaSO_4 \cdot 31H_2O$，又称钙矾石）等五种。水泥完全水化后，水化硅酸钙约占 50%，氢氧化钙约占 25%，水化硫铝酸钙约占 7%。水化铝酸钙和水化硫铝酸钙及氢氧化钙为晶体。

上述熟料矿物的水化反应产物不同，它们的反应速度也相差很大。铝酸三钙的凝结速度最快，水化时的放热量也最大，其主要作用是促进水化早期（1～3d 或稍长的时间内）强度的增长，而对水泥石后期强度的贡献较小。硅酸三钙凝结硬化较快，水化时放热量也较大，在凝结硬化的前 4 周内，它是水泥石强度的主要贡献者。硅酸二钙水化反应的产物与硅酸三钙基本相同，但它水化反应速度很慢，水化放热量也小，在水泥石中大约 4 周之后才发挥其强度作用，约经 1 年左右，它对水泥石强度与硅酸三钙发挥相同的作用。铁铝酸四钙凝结硬化的速度也较快，水化时的放热量较小，目前认为它对水泥石强度的贡献居中等。

2. 硅酸盐水泥的凝结与硬化

水泥加水拌和后，水泥颗粒表面开始与水发生化学反应，逐渐形成水化物膜层，随着水化反应的持续进行，水化物增多、膜层增厚，并互相接触连接，形成疏松的空间网络。此时，水泥浆体就失去流动性和部分可塑性，但未具有强度，此即"初凝"。当水化作用不断深入并加速进行，生成较多的凝胶和晶体水化物，并互相贯穿而使网络结构不断加强，终至浆体完全失去可塑性，并具有一定的强度，此即"终凝"。以后，水化反应进一步进行，水化物也随时间的延续而增加，且不断充实毛细孔，水泥浆体网络结构更趋致密，强度大为提高并逐渐变成坚硬岩石状固体——水泥石，这一过程称为"硬化"。实际上，水泥的凝结与硬化是一个连续而复杂的物理化学变化过程，而且初凝与终凝也是对水泥水化阶段的人为规定。而上述变化过程与水泥的技术性能密切相关，其变化的结果又直接影响硬化水泥石的结构和水泥使用性能。因此，了解水泥的凝结和硬化过程，对于了解水泥的性能是很重要的。

3. 水泥石的结构

水泥浆硬化后的石状物称为水泥石。水泥石是由未水化的水泥颗粒 A，凝胶体的水化产物 B，结晶体的水化产物 C，以及未被水泥颗粒和水化产物所填满的原充水空间 D（毛细孔或毛细孔水）及凝胶体中的孔 E（凝胶孔）所组成的多孔体系（图3.2）。

4. 影响硅酸盐水泥凝结硬化的主要因素

（1）水泥细度。水泥颗粒越细，与水起反应的表面积愈大，水化作用的发展就越迅速而充分，使凝结硬化的速度加快，早期强度大。但颗粒过细的水泥硬化时产生的收缩亦越大，而且磨制水泥能耗多、成本高，一般认为，水泥颗粒小于 $40\mu m$ 才具有较高的活性，大于 $100\mu m$ 活性就很小了。

（2）石膏掺量。石膏的掺入可延缓水泥的凝结硬化速率，有试验表明，当水泥中石膏掺入量（以 SO_3 的含量百分比计）小于1.3%时，并不能阻止水泥快凝，但在掺量（以 SO_3 的含量百分比计）大于2.5%以后，水泥凝结时间的增长很少。

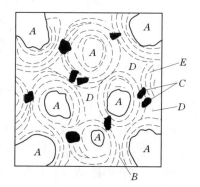

图 3.2　水泥石的结构
A—未水化水泥颗粒；B—胶体粒子
（C—S—H 等）；C—晶体粒子
[$Ca(OH)_2$ 等]；D—毛细孔
（毛细孔水）；E—凝胶孔

（3）水灰比。拌和水泥浆时，水与水泥的质量比，称为水灰比（W/C）。水灰比越大，水泥浆越稀，凝结硬化和强度发展越慢，且硬化后的水泥石中毛细孔含量越多，强度越低。反之，凝结硬化和强度发展越快，强度越高。因此，在保证成型质量的前提下，应降低水灰比，以提高水泥石的硬化速度和强度。

（4）养护时间。随着养护时间的延长，水泥的水化程度增加，凝胶体数量增加，毛细孔减少，强度不断增长。

（5）温度和湿度。温度升高，水泥水化反应加速，强度增长也快；温度降低则水化减慢，强度增长也趋缓，当温度为0℃以下时，水化停止，并可能遭受冰冻破坏。因此，冬季施工时，需要采取保温等措施。

水泥的水化及凝结硬化必须在有足够水分的条件下进行。环境湿度大，水分蒸发慢，水泥浆体可保持水泥水化所需的水分。如环境干燥，水分将很快蒸发，水泥浆体中缺乏水泥所需的水分，使水化不能正常进行，强度也不再增长。还可能使水泥石或水泥制品表面产生干缩裂纹。所以混凝土工程在浇灌后2~3周内必须加强洒水养护，以保证水化时所必需的水分，使水泥得到充分水化。

3.1.2.3　硅酸盐水泥的技术性质与技术标准

1. 技术性质

根据 GB 175—2007《普通硅酸盐水泥》，对硅酸盐水泥的主要技术性质包括以下方面。

（1）化学性质。为了保证水泥的使用质量，水泥的化学指标主要是控制水泥中有害的化学成分，要求其不超过一定的限量。若超过最大允许限量，即意味着对水泥性能和质量产生有害或潜在的影响，见表 3.2。

表 3.2　　　　　　　　　　　　水泥化学性质指标项目及其意义

性能指标	指标在使用上的意义
氧化镁	指在水泥熟料中，不与其他矿物结合的游离氧化镁，它的水化或硬化速度缓慢，且易产生体积膨胀，导致水泥石结构产生裂缝甚至破坏，是引起水泥体积安定性不良的原因之一。水泥中氧化镁一般不宜超过 5.0%。
三氧化硫	生产水泥时，为了调节凝结硬化时间而加入石膏而来的，或煅烧熟料时加入石膏矿化剂而带入熟料中。适量的石膏虽能改善水泥性能，但其量超过一定限值后，水泥性能会变坏，甚至引起硬化后水泥石体积膨胀，导致结构破坏。因此应该对水泥中三氧化硫的最大允许含量加以限制，水泥中的氧化镁不宜超过 3.5%。
不溶物	水泥在盐酸中溶解保留下来的不溶性残留物，过多的不溶性将对水泥的活性产生一定的影响。Ⅰ型硅酸盐水泥中不得大于 0.75%，Ⅱ型硅酸盐水泥不得大于 1.5%。
碱	水泥中的碱与某些活性集料发生化学反应引起混凝土产生膨胀、开裂，甚至破坏。
烧失量	水泥在一定温度、一定时间内加热后烧失的数量。水泥煅烧不佳或受潮后，均会导致烧失量增加。Ⅰ型硅酸盐水泥中不得大于 3.0%，Ⅱ型硅酸盐水泥不得大于 3.5%。

（2）物理力学性质。主要包括细度、水泥净浆标准稠度及其用水量、凝结时间、体积安定性、强度几个方面。

1）细度是指水泥颗粒的粗细程度，是鉴定水泥品质的重要项目之一。水泥颗粒愈细，与水反应的表面积愈大，水化反应的速度越快，水泥石的早期强度越高；但是，水泥细度提高，在空气中硬化收缩也越大，使水泥产生裂缝的可能性增加。因此，对水泥细度必须予以合理控制。水泥细度通常有以下两种表示方法。

筛分法：以 $80\mu m$ 方孔筛上的筛余百分率表示。GB/T 1345—2005《水泥检验方法 筛分法》规定，筛分法有负压筛法和水筛法两种。两者有争议时，以负压筛法为准。普通硅酸盐水泥、矿渣硅酸盐水泥、火山灰硅酸盐水泥和粉煤灰硅酸盐水泥在 $80\mu m$ 方孔筛上的筛余百分率一般不大于 10.0%。新规范 GB 175—2007《通用硅酸盐水泥》对水泥细度鉴定增加了选择性指标，即 $45\mu m$ 方孔筛筛余不大于 30%。

比表面积法：以每千克水泥总表面积（m^2）表示。GB 8074—1987《水泥比表面积测定方法》规定，硅酸盐水泥的比表面积不小于 $300m^2/kg$。

2）水泥净浆标准稠度是测定水泥的凝结时间、体积安定性等性能时的依据。为使其具有可比性，水泥净浆以标准方法测得达到统一规定时浆体可塑性的程度。

水泥净浆标准稠度用水量，是指拌制水泥净浆时为达到标准稠度所需的加水量，它以水与水泥质量之比的百分数表示，硅酸盐水泥的标准稠度用水量，一般为 24%～30%。GB/T 1346—2001《水泥标准稠度用水量、凝结时间、安定性检验方法》规定，水泥净浆标准稠度采用标准维卡仪测定。

3）水泥的凝结时间分初凝和终凝。自水泥开始加水拌和起至水泥浆开始失去可塑性所需的时间称为初凝时间；自水泥开始加水拌和起至水泥浆完全失去可塑性，并开始产生强度所需的时间称为终凝时间。GB/T 1345—2001《水泥标准稠度用水量、凝结时间、安定性检验方法》规定，凝结时间采用标准维卡仪测定。

水泥的凝结时间对施工有重大意义。水泥的初凝不宜过短，以便在施工时有足够的时间完成混凝土或砂浆的搅拌、运输、浇捣和砌筑等操作；终凝时间不宜过长，是为了使混凝土和砂浆在浇捣或砌筑完毕后能尽快凝结硬化，以利于下一道工序的及早进行。GB 175—2007《通用硅酸盐水泥》规定：硅酸盐水泥初凝时间不得早于45min，终凝时间不得迟于390min（6.5h）。凡初凝时间、终凝时间符合规定者为合格品，不符合规定者为不合格。

4）体积安定性是指水泥浆体硬化后体积变化的均匀性。若水泥硬化后体积变化不稳定、不均匀，即所谓的安定性不良，会导致混凝土产生膨胀破坏，造成严重的工程质量事故。GB 175—2007《通用硅酸盐水泥》规定：水泥安定性不合格应作不合格品处理。

引起水泥安定性不良的主要原因，是由于熟料中含有过量的游离氧化钙、游离氧化镁或掺入的石膏过多。它们是在高温下生成的，水化很慢，在水泥硬化后才开始或继续进行水化反应，其反应产物体积膨胀而使水泥石开裂。当石膏掺量过多时，在水泥硬化后，石膏与水化铝酸钙发生反应生成高硫型水化硫铝酸钙，体积膨胀，引起水泥石开裂。因此，GB 175—2007《通用硅酸盐水泥》规定：水泥中游离氧化镁含量不得超过5.0%，三氧化硫含量不得超过3.5%，用沸煮法检验必须合格。

GB/T 1346—2001《水泥标准稠度用水量、凝结时间、安定性检验方法》规定，水泥体积安定性的测定采用雷氏夹法（标准法）和试饼法（代用法），当两者的结果有争议时，以雷氏夹法为准。

5）水泥的强度是评定其质量的重要指标，也是划分水泥强度等级的依据。

硅酸盐水泥的强度主要决定于水泥熟料矿物的相对含量、水泥细度、水灰比大小、水化龄期和环境温度等。

GB/T 17671—1999《水泥胶砂强度检验方法（ISO法）》规定，水泥强度必须规定制作尺寸为40mm×40mm×160mm的标准试件，在标准养护条件 [（20±1）℃的水中] 下，养护至3d和28d，测定各龄期的抗折强度和抗压强度，来评定水泥的强度等级。

为了提高水泥早期强度，GB 175—1999将水泥分为普通型和早强型（或称R型）两个型号。早强型水泥的3d抗压强度可达同强度等级的普通水泥28d抗压强度的50%；早强型水泥的3d抗压强度较同强度等级的普通型水泥提高10%～24%。水泥混凝土路面用水泥，在供应条件允许时，应尽量优先选用R型水泥，以缩短混凝土的养护时间，可提前通车。

水泥强度等级按规定龄期的抗折强度和抗压强度来划分，各强度等级硅酸盐水泥各龄期的强度值不得低于表3.3中的数值。

表 3.3　　　　硅酸盐水泥各强度等级、各龄期的强度值（GB 175—2007）

品　　种	强度等级	抗压强度（MPa）		抗折强度（MPa）	
		3d	28d	3d	28d
硅酸盐水泥	42.5	17.0	42.5	3.5	6.5
	42.5R	22.0	42.5	4.0	6.5
	52.5	23.0	52.5	4.0	7.0
	52.5R	27.0	52.5	5.0	7.0
	62.5	28.0	62.5	5.0	8.0
	62.5R	32.0	62.5	5.5	8.0

2. 技术标准

硅酸盐水泥的技术标准，按我国现行 GB 175—2007 的有关规定，汇总列于表 3.4。

表 3.4　　　　　　　　　　　　　硅酸盐水泥的技术标准

技术性能	细度比表面积（m^2/kg）	凝结时间		安定性	抗压强度（MPa）	不溶物		水泥中MgO质量分数（%）	水泥中SO_2质量分数（%）	烧失量		水泥中碱的质量分数（%）
		初凝（min）	终凝（h）			Ⅰ型	Ⅱ型			Ⅰ型	Ⅱ型	
指标	>300	≥45	≤6.5	必须合格	见表3.3	≤0.75	≤1.5	5.0	≤3.5	≤3.0	≤3.5	0.60

3.1.2.4　硅酸盐水泥的腐蚀与防止

硅酸盐水泥硬化后，在通常使用条件下具有优良的耐久性。但在某些侵蚀性液体或气体等介质的作用下，水泥石结构会逐渐遭到破坏，这种现象称为水泥石的腐蚀。

1. 水泥石的几种主要侵蚀类型

导致水泥石腐蚀的因素很多，作用过程亦甚为复杂，仅介绍几种典型介质对水泥石的侵蚀作用。

（1）软水侵蚀（溶出性侵蚀）。不含或仅含少量重碳酸盐（含 HCO_3^- 的盐）的水称为软水，如雨水、蒸馏水、冷凝水及部分江水、湖水等。当水泥石长期与软水相接触时，水化产物将按其稳定存在所必需的平衡氢氧化钙（钙离子）浓度的大小，依次逐渐溶解或分解，从而造成水泥石的破坏，这就是溶出性侵蚀。

在各种水化产物中，$Ca(OH)_2$ 的溶解最大（25℃溶解 CaO 约 1.3g/L），因此首先溶出，这样不仅增加了水泥石的孔隙率，使水更容易渗入，而且由于 $Ca(OH)_2$ 浓度降低，还会使水化产物依次发生分解，如高碱性的水化硅酸钙、水化铝酸钙等分解成为低碱性的水化产物，并最终变成硅酸凝胶、氢氧化铝等无胶凝能力的物质。在静水及无压力水的情况下，由于周围的软水易为溶出的氢氧化钙所饱和，使溶出作用停止，所以对水泥石的影响不大；但在流水及压力水的作用下，水化产物的溶出将会不断地进行下去，水泥石结构的破坏将由表及里地不断进行下去。当水泥石与环境中的硬水接触时，水泥石中的氢氧化钙与重碳酸盐发生反应生成的几乎不溶于水的碳酸钙积聚在水泥石的孔隙内，形成致密的保护层，可阻止外界水的继续侵入，从而可阻止水化产物的溶出。

（2）盐类腐蚀。

1）硫酸盐腐蚀：硫酸盐腐蚀，实际上是膨胀性化学腐蚀。当水泥石受到侵蚀性介质作用后生成新的化合物，由于新生成物的体积膨胀而使水泥石破坏的现象，称为膨胀性化学腐蚀。例如，在海水、地下水及某些工业污水中常含有钠、钾、铵等的硫酸盐，它们与水泥石中的氢氧化钙反应生成硫酸钙，硫酸钙与水泥石中固态的水化铝酸钙作用，生成比原体积增加 1.5 倍以上的高硫型水化硫铝酸钙（钙矾石），由于体积膨胀而使已硬化的水泥石开裂、破坏。因高硫型水化硫铝酸钙呈针状晶体，故俗称"水泥杆菌"。其反应式为：

$$4Ca \cdot Al_2O_3 \cdot 12H_2O + 3CaSO_4 + 20H_2O \longrightarrow 3CaO \cdot Al_2O_3 \cdot 3CaSO_4 \cdot 31H_2O + Ca(OH)_2$$

2）镁盐腐蚀：在海水及地下水中常含有大量镁盐，主要是硫酸镁和氯化镁。它们与水泥石中的氢氧化钙反应，生成易溶于水的新化合物。其反应式如下：

$$MgCl_2 + Ca(OH)_2 \longrightarrow CaCl_2 + Mg(OH)_2$$

$$MgSO_4 + Ca(OH)_2 \longrightarrow CaSO_4 + Mg(OH)_2$$

反应生成的氢氧化镁〔$Mg(OH)_2$〕松软而无胶凝能力；氯化钙（$CaCl_2$）易溶解于水，生成的硫酸钙（$CaSO_4 \cdot 2H_2O$）又将产生硫酸盐腐蚀。因此，镁盐腐蚀属于双重腐蚀，腐蚀特别严重。

（3）酸类腐蚀。

1）碳酸腐蚀：工业污水、地下水中常溶解有较多的二氧化碳。水中的 CO_2 与水泥石中的 $Ca(OH)_2$ 反应，生成的碳酸钙如继续与含碳酸的水作用，则变成易溶于水的碳酸氢钙〔$Ca(HCO_3)_2$〕，由于碳酸氢钙的溶蚀以及水泥石中其他产物的分解，而使水泥石结构破坏。其化学反应如下：

$$Ca(OH)_2 + CO_2 + H_2O \longrightarrow CaCO_3 + 2H_2O$$

$$CaCO_3 + CO_2 + H_2O \longrightarrow Ca(HCO_3)_2$$

由碳酸钙转变为碳酸氢钙的反应是可逆的，只有当其中所含的碳酸超过平衡浓度（溶液中的 pH 值<7）时，则上式反应向右进行，形成碳酸腐蚀。

2）一般酸的腐蚀：工业废水、地下水中常含无机酸和有机酸；工业窑炉中烟气常含有二氧化硫，遇水后即生成亚硫酸。各种酸类对水泥石也有不同程度的腐蚀作用。它们与水泥石中氢氧化钙作用后生成的化合物，或者易溶于水，或者体积膨胀而导致水泥石破坏。对水泥石腐蚀作用最快的是无机酸中的盐酸、氢氟酸、硫酸和有机酸中的醋酸、蚁酸和乳酸。例如：盐酸与水泥石中氢氧化钙作用：

$$2HCl + Ca(OH)_2 \longrightarrow CaCl_2 + 2H_2O$$

生成的氯化钙易溶于水而导致化学腐蚀型破坏。硫酸与水泥石中的氢氧化钙作用，生成的石膏对水泥石产生硫酸盐膨胀型破坏。

除了上述三种类型外，还有一些如糖类、脂肪、强碱性物质对水泥石也有腐蚀作用。

2. 腐蚀的防止

水泥石腐蚀，实际上是一个极为复杂的物理化学作用过程，且很少为单一的腐蚀作用，常常是几种作用同时存在，互相影响。发生水泥受腐蚀的基本原因是：水泥石中存在着易受腐蚀的氢氧化钙和水化铝酸钙；水泥石本身不密实而使侵蚀性介质易于进入其内部；外界因素的影响，如腐蚀介质的存在，环境温度、湿度、介质浓度的影响等。

根据以上腐蚀原因的分析，可采取下列防腐蚀的措施。

（1）根据侵蚀环境特点，合理选用水泥品种。例如，选用水化物中氢氧化钙含量少的水泥，可以提高对软水等侵蚀作用的抵抗能力；为了抵抗硫酸盐腐蚀，可使用铝酸三钙含量低于 5% 的抗硫酸盐水泥等。

（2）提高水泥石的密实度。水泥石越密实，抗渗能力越强，侵蚀介质越难渗入内部，水泥石的抗侵蚀能力也越强。为了提高水泥混凝土的密实度，应该合理设计混凝土的配合比，尽可能采用低水灰比和选择最优施工方法。

（3）加作保护层。用耐腐蚀的石料、陶瓷、塑料、沥青等覆盖于水泥石的表面，以防止腐蚀介质与水泥石直接接触。

3.1.2.5 硅酸盐水泥的特性与应用

（1）凝结硬化快，早期强度与后期强度均高。这是因为硅酸盐水泥中硅酸盐水泥熟料多，即水泥中 C_3S 多。因此适用于现浇混凝土工程、预制混凝土工程、冬季施工混凝土工程、预应力混凝土工程、高强混凝土工程等。

（2）抗冻性好。硅酸盐水泥石具有较高的密实度，且具有对抗冻性有利的孔隙特征，因此抗冻性好，适用于严寒地区遭受反复冻融循环的混凝土工程。

（3）水化热高。硅酸盐水泥中 C_3S 和 C_3A 含量高，因此水化放热速度快、放热量大，所以适用于冬季施工，不适用于大体积混凝土工程。内外温差产生的应力和温降收缩产生的应力常使混凝土产生裂缝，因此，大体积混凝土工程不宜采用水化热较大、放热较快的水泥，如硅酸盐水泥，因为它含熟料最多。

（4）耐腐蚀性差。硅酸盐水泥石中的 $Ca(OH)_2$ 与水化铝酸钙较多，所以耐腐蚀性差，因此不适用于受流动软水和压力水作用的工程，也不宜用于受海水及其他侵蚀性介质作用的工程。

（5）耐热性差。水泥石中的水化产物在 $250\sim300℃$ 时会产生脱水，强度开始降低，当温度达到 $700\sim1000℃$ 时，水化产物分解，水泥石的结构几乎完全破坏，所以硅酸盐水泥不适用于耐热、高温要求的混凝土工程。但当温度为 $100\sim250℃$ 时，由于额外的水化作用及脱水后凝胶与部分 $Ca(OH)_2$ 的结晶对水泥石的密实作用，水泥石的强度并不降低。

（6）抗碳化性好。水泥石中 $Ca(OH)_2$ 与空气中 CO_2 的作用称为碳化。硅酸盐水泥水化后，水泥石中含有较多的 $Ca(OH)_2$，因此抗碳化性好。

（7）干缩小。硅酸盐水泥硬化时干燥收缩小，不易产生干缩裂纹，故适用于干燥环境。

3.1.3 普通硅酸盐水泥

按 GB 175—2007《通用硅酸盐水泥》规定：凡由硅酸盐水泥熟料、再加入活性混合材料（混合材料为＞5％且≤20％）、适量石膏磨细制成的水硬性胶凝材料称为硅酸盐水泥。其中允许用不超过水泥质量5％且符合标准的窑灰或不超过水泥质量8％的非活性混合材料来代替。普通硅酸盐水泥各强度等级、各龄期的强度值见表3.5。

表 3.5 普通硅酸盐水泥各强度等级、各龄期强度值（GB 175—2007）

强度等级	抗压强度（MPa）		抗折强度（MPa）	
	3d	28d	3d	28d
42.5	17.0	42.5	3.5	6.5
42.5R	22.0	42.5	4.0	6.5
52.5	23.0	52.5	4.0	7.0
52.5R	27.0	52.5	5.0	7.0

由上述定义可知，普通硅酸盐水泥与硅酸盐水泥的差别仅在于其中含有少量混合材料，而绝大部分仍是硅酸盐水泥熟料，故其特性与硅酸盐水泥基本相同；但由于掺入少量

混合材料，因此与同标号硅酸盐水泥相比，普通硅酸盐水泥早期硬化速度稍慢、3d 强度稍低、抗冻性稍差、水化热稍小、耐蚀性稍好。普通硅酸盐水泥对细度的要求为 $80\mu m$ 方孔筛筛余不得超过 10％或 $45\mu m$ 方孔筛筛余不大于 30％，终凝时间不得迟于 10h，其余技术性质要求同硅酸盐水泥。

3.2　混合材料及掺混合材料的硅酸盐水泥

3.2.1　混合材料

为了改善硅酸盐水泥的某些性能，同时达到增加产量和降低成本的目的，在硅酸盐水泥熟料中掺加适量的各种混合材料与石膏共同磨细的水硬性胶凝材料，称为掺混合材料水泥。

在生产水泥时，为了改善水泥性能、调节水泥强度等级，以及节约能耗、降低成本，而加到水泥中的人工或天然矿物材料称为混合材料。混合材料按其性能可分为活性混合材料和非活性混合材料两大类。

3.2.1.1　活性混合材料

常温下能与石灰、石膏或硅酸盐水泥一起，加水拌和后能发生水化反应，生成水硬性的水化产物的混合材料称为活性混合材料。常用的活性混合材料有粒化高炉矿渣、火山灰质混合材料及粉煤灰。

（1）粒化高炉矿渣。是高炉冶炼生铁所得以硅酸钙与铝酸钙为主要成分的熔融物，经淬冷成粒后的产品，矿渣的化学成分主要为 CaO、Al_2O_3、SiO_2，通常约占总量的 90％以上，此外尚有少量的 MgO、FeO 和一些硫化物等。矿渣的活性，不仅取决于化学成分，而且在很大程度上取决于内部结构。矿渣熔体在淬冷成粒时，阻止了熔体向结晶体结构转变，而形成玻璃体，因此具有潜在水硬性，即粒化高炉矿渣在有少量激发剂的情况下，其浆体具有水硬性。

（2）火山灰质混合材料。火山灰质混合材料是指具有火山灰性的天然或人工的矿物材料。其品种很多，天然的有火山灰、凝灰岩、浮石、浮石岩、沸石、硅藻土等；人工的有烧页岩、烧黏土、煤渣、煤矸石、硅灰等。火山灰质混合材料的活性成分也是活性 Al_2O_3 和活性 SiO_2。

（3）粉煤灰。粉煤灰是从燃煤发电厂的烟道气体中收集的粉末，又称飞灰。它以 Al_2O_3、SiO_2 为主要成分，含有少量 CaO，具有火山灰性，其活性主要取决于玻璃体的含量以及无定形 Al_2O_3 和 SiO_2 含量，同时颗粒形状及大小对其活性也有较大的影响，细小球形玻璃体含量越高，粉煤灰的活性越高。

3.2.1.2　非活性混合材料

凡常温下与石灰、石膏或硅酸盐水泥一起，加水拌和后不能发生水化反应或反应甚微，不能生成水硬性产物的混合材料称为非活性混合材料，常用的非活性混合材料主要有石灰石、石英砂及慢冷矿渣等。

3.2.2　活性混合材料的水化

磨细的活性混合材料与水调和后，本身不会硬化或硬化极其缓慢；但在饱和

$Ca(OH)_2$ 溶液中，常温下就会发生显著的水化反应。生成的水化硅酸钙和水化铝酸钙是具有水硬性的产物，与硅酸盐水泥中的水化产物相同。当有石膏存在时，水化铝酸钙还可以和石膏进一步反应生成水化硫铝酸钙。由此可见，是氢氧化钙和石膏激发了混合材料的活性，故称它们为活性混合材料的激发剂；氢氧化钙称为碱性激发剂，石膏称为硫酸盐激发剂。

掺活性混合材料的硅酸盐水泥与水拌和后，首先是水泥熟料水化，之后是水泥熟料的水化产物——$Ca(OH)_2$ 与活性混合材料中的活性 SiO_2 和活性 Al_2O_3 发生水化反应（亦称二次反应）生成水化产物，由此过程可知，掺活性混合材料的硅酸盐系水泥的水化速度较慢，故早期强度较低，而由于水泥中熟料含量相对减少，故水化热较低。

3.2.3 矿渣硅酸盐水泥、火山灰质硅酸盐水泥、粉煤灰硅酸盐水泥

3.2.3.1 定义、代号

GB 175—2007《通用硅酸盐水泥》规定：凡由硅酸盐水泥熟料和粒化高炉矿渣、适量石膏磨细制成的水硬性胶凝材料称为矿渣硅酸盐水泥（简称矿渣水泥），代号 P·S。水泥中粒化高炉矿渣掺加量按重量百分比计为"＞20％且≤70％"。A 型矿渣掺加量"＞20％且≤50％"，代号 P·S·A；B 型矿渣掺加量为"＞50％且≤70％"，代号 P·S·B。

GB 175—2007《通用硅酸盐水泥》规定：凡由硅酸盐水泥熟料和火山灰质混合材料、适量石膏磨细制成的水硬性胶凝材料称为火山灰质硅酸盐水泥（简称火山灰水泥），代号 P·P。火山灰质硅酸盐水泥中火山灰质混合材料掺量为"＞20％且≤40％"。

凡由硅酸盐水泥熟料和粉煤灰、适量石膏磨细制成的水硬性胶凝材料称为粉煤灰硅酸盐水泥（简称粉煤灰水泥），代号 P·F。水泥中粉煤灰掺加量按重量百分比计为"＞20％且≤40％"。

3.2.3.2 技术要求

GB 1344—1999《矿渣硅酸盐水泥、火山灰质硅酸盐水泥及粉煤灰硅酸盐水泥》规定的技术要求如下。

（1）氧化镁。熟料中氧化镁的含量不超过 5.0％，如果水泥经压蒸安定性试验合格，则熟料中氧化镁的含量允许放宽到 6.0％。熟料中氧化镁的含量为 5.0％～6.0％时，如矿渣水泥中混合材料总掺加量大于 40％或火山灰水泥和粉煤灰水泥中混合材料总掺加量大于 30％，制成的水泥可不作压蒸试验。

（2）三氧化硫。矿渣水泥中不得超过 4.0％；火山灰水泥、粉煤灰水泥中不得超过 3.5％。

（3）细度。80μm 方孔筛筛余不得超过 10.0％。

（4）凝结时间。初凝不得早于 45min，终凝不得迟于 10h。

（5）安定性。用沸煮法检验必须合格。

（6）强度。水泥强度等级按规定龄期的抗压强度和抗折强度划分，三种水泥各强度等级、各龄期强度不得低于表 3.6 数值。

（7）碱。水泥中碱含量按（$NaO + 0.658K_2O$）计算值来表示，若使用活性骨料需限制水泥中碱含量时由供需双方商定。

表 3.6　　　　　　　矿渣、粉煤灰和火山灰水泥各强度等级、各龄期强度值

强度等级	抗压强度（MPa）		抗折强度（MPa）	
	3d	28d	3d	28d
32.5	10	32.5	2.5	5.5
32.5R	15.0	32.5	3.5	5.5
42.5	15.0	42.5	3.5	6.5
42.5R	19.0	42.5	4.0	6.5
52.5	21.0	52.5	4.0	7.0
52.5R	23.0	52.5	4.5	7.0

3.2.3.3 特性与应用

从 P·S（P·S·A、P·S·B）、P·P、P·F 三种水泥的组成可以看出，它们的区别仅在于掺加的活性混合材料的不同，而由于三种活性混合材料的化学组成和化学活性基本相同，其水泥的水化产物及凝结硬化速度相近，因此这三种水泥的大多数性质和应用相同或相近，即这三种水泥在许多情况下可替代使用。同时，又由于这三种活性混合材料的物理性质和表面特征及水化活性等有些差异，使得这三种水泥分别具有某些特性。总之，这三种水泥与硅酸盐水泥或普通硅酸盐水泥相比，具有以下特点。

1. 三种水泥的共性

（1）早期强度低、后期强度发展高。其原因是这三种水泥的熟料含量少且二次水化反应（即活性混合材料的水化）慢，故早期（3d、7d）强度低。后期由于二次水化反应的不断进行和水泥熟料的不断水化，水化产物不断增多，强度可赶上或超过同强度等级的硅酸盐水泥或普通硅酸盐水泥。活性混合材料的掺量越多，早期强度越低，但后期强度增长越多。三种水泥不适合用于早期强度要求高的混凝土工程，如冬季施工现浇工程等。

（2）对温度敏感，适合高温养护。这三种水泥在低温下水化明显减慢，强度较低。采用高温养护可大大加速活性混合材料的水化，并可加速熟料的水化，故可大大提高早期强度，且不影响常温下后期强度的发展。

（3）耐腐蚀性好。这三种水泥的熟料数量相对较少，水化硬化后水泥石中的氢氧化钙和水化铝酸钙的数量少，且活性混合材料的二次水化反应使水泥石中氢氧化钙的数量进一步降低，因此耐腐蚀性好，适合用于有硫酸盐、镁盐、软水等侵蚀作用的环境，如水工、海港、码头等混凝土工程。但当侵蚀介质的浓度较高或耐腐蚀性要求高时，仍不宜使用。

（4）水化热小。三种水泥中的熟料含量少，因而水化放热量少，尤其是早期放热速度慢，放热量少，适合用于大体积混凝土工程。

（5）抗冻性较差。矿渣和粉煤灰易泌水形成连通孔隙，火山灰一般需水量较大，会增加内部的孔隙含量，故这三种水泥的抗冻性均较差。

（6）抗碳化性较差。由于这三种水泥在水化硬化后，水泥石中的氢氧化钙的数量少，故抵抗碳化的能力差。因而不适合用于二氧化碳浓度含量高的工业厂房，如铸造、翻砂车间等。

2. 三种水泥的特性

(1) 矿渣硅酸盐水泥。由于粒化高炉矿渣玻璃体对水的吸附能力差，即对水分的保持能力差（保水性差），与水拌和时易产生泌水造成较多的连通孔隙，因此，矿渣硅酸盐水泥的抗渗性差，且干缩较大。矿渣本身耐热性好，且矿渣硅酸盐水泥水化后氢氧化钙的含量少，故矿渣硅酸盐水泥的耐热性较好。矿渣硅酸盐水泥适合用于有耐热要求的混凝土工程，不适合用于有抗渗要求的混凝土工程。

(2) 火山灰质硅酸盐水泥。火山灰质混合材料内部含有大量的微细孔隙，故火山灰质硅酸盐水泥的保水性高；火山灰质硅酸盐水泥水化后形成较多的水化硅酸钙凝胶，使水泥石结构致密，因而其抗渗性较好；火山灰质硅酸盐水泥的干缩大，水泥石易产生微细裂纹，且空气中的二氧化碳能使水化硅酸钙凝胶分解成为碳酸钙和氧化硅的混合物，使水泥石的表面产生起粉现象。火山灰质硅酸盐水泥的耐磨性也较差。火山灰质硅酸盐水泥适合用于有抗渗性要求的混凝土工程，不宜用于干燥环境中的地上混凝土工程，也不宜用于有耐磨性要求的混凝土工程。

(3) 粉煤灰硅酸盐水泥。粉煤灰是表面致密的球形颗粒，其吸附水的能力较差，即保水性差、泌水性大，其在施工阶段易使制品表面因大量泌水产生收缩裂纹（又称失水裂纹），因而粉煤灰硅酸盐水泥抗渗性差；粉煤灰硅酸盐水泥的干缩较小，这是因为粉煤灰的比表面积小、拌和需水量小的缘故。粉煤灰硅酸盐水泥的耐磨性也较差。粉煤灰硅酸盐水泥适合用于承载较晚的混凝土工程，不宜用于有抗渗性要求的混凝土工程，且不宜用于干燥环境中的混凝土及有耐磨性要求的混凝土工程。

3.2.4 复合硅酸盐水泥

GB 175—2007《通用硅酸盐水泥》规定：凡由硅酸盐水泥熟料、两种或两种以上规定的混合材料、适量石膏磨细制成的水硬性胶凝材料，称为复合硅酸盐水泥（简称复合水泥），代号 P·C。水泥中混合材料总掺量为"＞20％且≤50％"，水泥中允许不超过8％的窑灰代替部分混合材料，掺矿渣时混合材料掺量不得与矿渣硅酸盐水泥重复。复合硅酸盐水泥有 32.5、32.5R、42.5、42.5R、52.5 与 52.5R 6 个标号，各强度等级水泥的各龄期强度不低于表 3.7 的规定，其余技术要求与火山灰质硅酸盐水泥相同。

表 3.7　　　　　　　　　　　复合水泥各强度等级、各龄期强度值

强度等级	抗压强度（MPa）		抗折强度（MPa）	
	3d	28d	3d	28d
32.5	10	32.5	2.5	5.5
32.5R	15.0	32.5	3.5	5.5
42.5	15.0	42.5	3.5	6.0
42.5R	19.0	42.5	4.0	6.5
52.5	21.0	52.5	4.0	7.0
52.5R	23.0	52.5	4.5	7.0

复合水泥由于掺入了两种或两种以上规定的混合材料，其效果不只是各类混合材料的简单混合，而是互相取长补短，产生单一混合材料不能起到的优良效果，因此，复合水泥

的性能介于普通硅酸盐水泥和三种掺混合材料的硅酸盐水泥之间。

前面所述的硅酸盐水泥、普通硅酸盐水泥、矿渣硅酸盐水泥、火山灰硅酸盐水泥、粉煤灰硅酸盐水泥及复合硅酸盐水泥是我国广泛使用的六大通用水泥，其组成、性质及适用范围见表3.8。

表 3.8　六种常用水泥的组成、性质及应用的异同点

项目	硅酸盐水泥（P·Ⅰ、P·Ⅱ）	普通硅酸盐水泥（P·O）	矿渣硅酸盐水泥（P·S）	火山灰硅酸盐水泥（P·P）	粉煤灰硅酸盐水泥（P·F）	复合硅酸盐水泥（P·C）
组成	硅酸盐水泥熟料、适量石膏					
组成	无或很少0～5%的混合材料	少量 5%～20%的混合材料	20%～70%的粒化高炉矿渣（其中A型20%～50%，B型50%～70%）	20%～40%的火山灰质	20%～40%的粉煤灰	20%～50%的两种或以上的混合材料
性质	早期、后期强度高、耐腐蚀性差、水化热大、抗碳化性好、抗冻性好、耐磨性好、耐热性差	早期强度稍低，后期强度高、耐腐蚀性稍差、水化热略小、抗碳化性好、抗冻性好、耐磨性好	早期强度低、后期强度高			早期强度较高
性质			1.对温度敏感，适合高温养护；2.耐腐蚀性好；3.水化热小；4.抗冻性较差；5.抗碳化性较差			
性质			泌水性大、抗渗性差、耐热性较好、干缩较大	保水性好、抗渗性好、耐磨性较差、干缩较大	泌水性大、抗渗性差、耐磨性较差、干缩小，抗裂性好	干缩较大
优先应用条件	早期强度要求高的混凝土，有耐磨要求的、严寒地区反复遭受冻融循环的混凝土，抗碳化性要求较高的混凝土		水下混凝土、海港混凝土、大体积混凝土、耐腐蚀性要求较高的混凝土、高温下养护的混凝土			
优先应用条件	高强混凝土	有抗渗要求的混凝土、受干湿交替的混凝土	有耐热要求的混凝土	有抗渗要求的混凝土	受载较晚的混凝土	
不宜使用条件	大体积混凝土、耐腐蚀性要求高的混凝土		早期要求高的混凝土			
不宜使用条件			抗冻性要求高的混凝土、低温或冬季施工混凝土、抗碳化要求高的混凝土			
不宜使用条件	耐热混凝土、高温养护混凝土		抗渗性要求高的混凝土	干燥环境中的混凝土、有耐磨要求的混凝土		
不宜使用条件					有抗渗要求的混凝土	

3.3　其他品种水泥

3.3.1　道路硅酸盐水泥

随着我国高等级道路的发展，水泥混凝土路面已成为主要路面类型之一。对专供公路、城市、道路和机场道面用的道路水泥，我国已制定了国家标准。

3.3.1.1　定义

以适当成分的生料烧至部分熔融，所得以硅酸钙为主要成分和较多量的铁铝酸钙的硅

酸盐熟料称为道路硅酸盐水泥熟料。由道路硅酸盐水泥熟料、0～10％活性混合材料和适量石膏磨细制成的水硬性胶凝材料，称为道路硅酸盐水泥（简称道路水泥）。

3.3.1.2 技术要求

GB 13693—1992《道路硅酸盐水泥》规定的技术要求如下。

1. 化学组成

在道路水泥或熟料中含有下列有害成分必须加以限制。

(1) 氧化镁含量。水泥中氧化镁含量不得超过 5.0％。

(2) 三氧化硫含量。水泥中三氧化硫不得超过 3.5％。

(3) 烧失量。水泥中烧失量不得大于 3.0％。

(4) 游离氧化钙含量。道路水泥熟料中游离氧化钙的含量，旋窑生产者不得大于 1.0％；立窑生产者不得大于 1.8％。

(5) 碱含量。当用户提出要求时，由供需双方商定。但按 GBJ 97—1994《水泥混凝土路面施工及验收规范》规定：水泥中碱含量不得大于 0.6％。

2. 矿物组成

(1) 铝酸三钙含量。熟料中铝酸三钙含量不得大于 5.0％。

(2) 铁铝酸四钙含量。熟料中铁铝酸四钙含量不得小于 16.0％。

(3) 铝酸三钙（C_3A）和铁铝酸四钙（C_4AF）含量按下式求得：

$$C_3A = 2.65 (Al_2O_3 - 0.64Fe_2O_3) \quad （％）$$

$$C_4AF = 3.04Fe_2O_3 \quad （％）$$

3. 物理力学性质

(1) 细度。按 GB/T 13693—2005《水泥细度检验方法》，80μm 筛的筛余量不得大于 10％。

(2) 凝结时间。按 GB/T 1346—2001《水泥标准稠度用水量、凝结时间、安定性检验方法》试验方法，初凝时间不得早于 1.5h，终凝不得迟于 10h。

(3) 安定性。按 GB/T 1346—2001《水泥标准稠度用水量、凝结时间、安定性检验方法》试验方法，安定性按沸煮法检验必须合格。

(4) 干缩性。按 JC/T 603—2004《水泥胶砂干缩试验方法》，28d 干缩率不得大于 0.10％。

(5) 耐磨性。按 JC/T 421—2004《水泥胶砂耐磨性试验方法》，28d 水泥胶砂磨损率不得大于 3.60kg/m²。

(6) 强度。道路水泥分为 32.5、42.5 和 52.5 三个强度等级，各强度等级的各龄期强度不得低于表 3.9 中的值。

表 3.9 道路水泥各强度等级、各龄期强度值

强度等级	抗压强度（MPa）		抗折强度（MPa）	
	3d	28d	3d	28d
32.5	16.0	32.5	3.5	6.5
42.5	21.0	42.5	4.0	7.0
52.5	26.0	52.5	5.0	7.5

3.3.1.3　特性与应用

道路水泥是一种强度高（特别是抗折强度高）、耐磨性好、干缩性小、抗冲击性好、抗冻性和抗硫酸性比较好的专用水泥。它适用于道路路面、机场跑道道面、城市广场等工程。由于道路水泥具有干缩性小、耐磨、抗冲击等特性，可减少水泥混凝土路面的裂缝和磨耗等病害，减少维修、延长路面使用年限。

3.3.2　快硬硅酸盐水泥

凡以硅酸盐水泥熟料和适量石膏磨细制成的，以 3d 抗压强度表示标号的水硬性胶凝材料称为快硬硅酸盐水泥（简称快硬水泥）。快硬水泥的制造方法与硅酸盐水泥基本相同，只是适当增加了熟料中硬化快的矿物，通常硅酸三钙含量为 50%～60%，铝酸三钙含量为 8%～14%，两者总量为 60%～65%，同时为加快硬化，适当增加了石膏的掺量（可达8%）和提高水泥的细度。快硬水泥的技术性质应满足 GB 199—1990《快硬硅酸盐水泥》的规定：细度为 $80\mu m$ 方孔筛筛余不大于 10%；初凝时间不得小于 45min，终凝时间不得迟于 10h；安定性（沸煮法）合格，水泥中 SO_3 含量不得超过 4.0%；快硬水泥各强度等级、各龄期强度均不得低于表 3.10 的数值。

表 3.10　　　　　　　　快硬硅酸盐水泥各强度等级、各龄期强度值

标　号	抗压强度（MPa）			抗折强度（MPa）		
	1d	3d	28d	1d	3d	28d
325	15.0	32.5	52.5	3.5	5.0	7.2
375	17.0	37.5	57.5	4.0	6.0	7.6
425	19.0	42.5	62.5	4.5	6.4	8.0

工程应用：快硬水泥具有早期强度增进率高的特点，其 3d 抗压强度可达到强度标号，后期强度仍有一定的增长，因此适用于紧急抢修工程、冬季施工工程。用于制造预应力钢筋混凝土或混凝土预制构件，可提高早期强度，缩短养护期，加快周转。不宜用于大体积工程。

3.3.3　铝酸盐水泥

凡以铝酸钙为主的铝酸盐水泥熟料，磨细制成的水硬性胶凝材料，称为铝酸盐水泥，代号 CA。

1. 铝酸盐水泥的组成、水化与硬化

铝酸盐水泥的主要化学成分是 CaO、Al_2O_3、SiO_2，生产原料是铝矾土和石灰石。铝酸盐水泥的主要矿物成分是铝酸一钙（$CaO \cdot Al_2O_3$ 简写式 CA）和二铝酸一钙（$CaO \cdot 2Al_2O_3$ 简写式 CA_2），此外还有少量的其他铝酸盐和硅酸二钙。铝酸一钙是铝酸盐水泥的最主要矿物，具有很高的活性，其特点是凝结正常、硬化迅速，是铝酸盐水泥强度的主要来源。二铝酸一钙的凝结硬化慢，早期强度低，但后期强度较高。含量过多将影响水泥的快硬性能。铝酸盐水泥的水化产物与温度密切相关，主要是十水铝酸一钙（$CaO \cdot Al_2O_3 \cdot 10H_2O$ 简写式 CAH_{10}）、八水铝酸二钙（$2CaO \cdot Al_2O_3 \cdot 8H_2O$，简写式 C_2AH_8）和铝胶（$Al_2O_3 \cdot 3H_2O$）。CAH_{10} 和 C_2AH_8 为片状或针状的晶体，它们互相交错搭接，形成坚固的结晶连生体骨架，同时生成的铝胶填充于晶体骨架的空隙中，形成致密的水泥石结构，

因此强度较高。水化 5～7d 后，水化物的数量很少增长，故铝酸盐水泥的早期强度增长很快，后期强度增进很小。

特别需要指出的是，CAH_{10} 和 C_2AH_8 都是不稳定的，会逐步转化为 C_3AH_6，温度升高转化加快，晶体转变的结果，使水泥石内析出了游离水，增大了孔隙率；同时也由于 C_2AH_6 本身强度较低，且相互搭接较差，所以水泥石的强度明显下降，后期强度可能比最高强度降低达 40% 以上。

2. 铝酸盐水泥的技术性质

GB 201—2000《铝酸盐水泥》规定的技术要求如下。

（1）化学成分。各类型水泥的化学成分要求，详见表 3.11。

表 3.11　　　　　　　　　　　　水泥的化学成分要求

化学成分（%）	Al_2O_3	SiO_2	Fe_2O_3	R_2O（$Na_2O+0.658K_2O$）	S_1（全硫）
CA－50	≤50～60	≤8.0	≤2.5	≤0.40	≤0.1
CA－60	≤60～68	≤5.0	≤2.0		
CA－70	≤50～77	≤1.0	≤0.7		
CA－80	≥77	≤0.5	≤0.5		

当用户需要时，生产厂应提供结果。

（2）细度。0.045mm 方孔筛筛余不得超过 20%，或比表面积不小于 $300m^2/kg$。

（3）凝结时间。CA－50、CA－70、CA－80 的初凝时间不得早于 30min，终凝时间不得迟于 6h，CA－60 的初凝时间不得早于 60min，终凝时间不得迟于 18h。

（4）强度。各类型水泥各龄期强度值不得低于表 3.12。

表 3.12　　　　　　　　　　　　水泥各龄期强度值

水泥类型	抗压强度（MPa）				抗折强度（MPa）			
	6h	1d	3d	28d	6h	1d	3d	28d
CA－50	20	40	50	—	3.0	5.5	6.5	—
CA－60	20	45	85			2.5	5.0	
CA－70	—	30	40			5.0	6.0	
CA－80		25	30			4.0	5.0	

3. 铝酸盐水泥的特性与应用

与硅酸盐水泥相比，铝酸盐水泥具有以下特性及相应的应用。

（1）快硬早强。1d 强度高，适用于紧急抢修工程。

（2）水化热大。放热量主要集中在早期，1d 内即可放出水化总热量的 70%～80%，因此，不宜用于大体积混凝土工程，但适用于寒冷地区冬季施工的混凝土工程。

（3）抗硫酸盐侵蚀性好。是因为铝酸盐水泥在水化后几乎不含有 $Ca(OH)_2$，且结构致密。适用于抗硫酸盐及海水侵蚀的工程。

（4）耐热性好。是因为不存在水化产物 $Ca(OH)_2$ 在较低温度下的分解，且在高温时水化产物之间发生固相反应，生成新的化合物。因此，铝酸盐水泥可作为耐热砂浆或耐热混凝土的胶结材料，能耐 1300～1400℃高温。

（5）长期强度要降低。一般降低 40％～50％，因此不宜用于长期承载结构，且不宜用于高温环境中的工程。

3.3.4　膨胀水泥

膨胀水泥是硬化过程中不产生收缩，而具有一定膨胀性能的水泥。

3.3.4.1　分类

1. 按胶凝材料分类

（1）硅酸盐型膨胀水泥。用硅酸盐熟料、铝酸盐水泥和二水石膏按适当比例共同粉磨或分别研磨再均匀混合，可制得硅酸盐膨胀水泥。由于水化后生成钙矾石、$Ca(OH)_2$ 等水化产物，并且这些水化产物生成的体积均大于原固相的体积，因而造成硬化水泥浆体的体积膨胀。

（2）铝酸盐型膨胀水泥。用高铝水泥熟料和二水石膏按适当比例，再加助磨剂经磨细，制成铝酸盐型膨胀水泥。

2. 按膨胀值分类

（1）自应力水泥。这种水泥具有较强的膨胀性能，当它用于钢筋混凝土中时，由于它的膨胀性能，使钢筋受到较大的拉应力，而混凝土则受到相应的压应力。当外界因素使混凝土产生拉应力时，就可被预先具有的压应力抵消或降低。这种靠水泥自身水化产生膨胀来张拉钢筋达到的预应力称为自应力，混凝土中所产生的压应力数值即为自应力值。

（2）收缩补偿水泥。这种水泥膨胀性能较弱，膨胀时所产生的压应力大致能抵消干缩所产生的应力，可防止混凝土产生干缩裂缝。

3.3.4.2　工程应用

在道路桥梁工程中，膨胀水泥常用于水泥混凝土路面、机场跑道或桥梁修补混凝土。此外可用于防止渗漏、修补裂缝及管道接头等工程。

3.3.5　水泥的储存与保管

水泥在运输和保管期间，不得受潮和混入杂质，不同生产厂、不同品种、不同强度等级、不同批号的水泥应分别储、运、不得混杂。散装水泥应有专用运输车，直接卸入现场特制的贮仓，分别存放。袋装水泥堆放高度一般不应超过 10 袋。存放期一般不应超过 3 个月，超过 6 个月的水泥必须经过试验才能使用。一般存放 3 个月以上的水泥，其强度约降低 10％～20％；6 个月约降低 15％～30％；一年后约降低 25％～40％。

复 习 思 考 题

1. 何谓硅酸盐水泥熟料？其主要矿物成分有哪些？各矿物有何特性？

2. 酸盐水泥熟料矿物水化产物是什么？加入石膏后起什么作用？

3. 何谓水泥混合料？常用的活性混合材料有哪些？

4. 硅酸盐水泥凝结硬化后水泥石由哪些部分构成？

5. 掺活性混合材料的水泥水化反应有何特点？对水泥的性质有什么影响？

6. 硅酸盐水泥有哪些技术性质？各有何实际意义？水泥经检验，什么叫不合格品？

7. 简述什么是水泥体积安定性？引起安定性不良的原因有哪些？如何检测？

8. 硅酸盐水泥侵蚀的类型有哪几种？为什么硅酸盐水泥（P·Ⅰ）水泥石易受侵蚀？

9. 试述通用水泥的六个品种的名称、组成、特性及应用。

10. 何谓砌筑水泥、道路水泥、快硬硅酸盐水泥？各有什么特性？

11. 什么是水泥的初凝时间和终凝时间？凝结时间对土建工程施工有何影响？

12. 何谓水泥石的腐蚀？试述腐蚀的类型、产生腐蚀的原因及防止措施？

第4章 混　凝　土

内容概述：本章主要介绍了混凝土的技术性质、组成材料、设计方法和质量控制。同时对混凝土的外加剂、其他品种混凝土等也作了简要介绍。

学习目标：掌握混凝土的主要技术性能及其影响因素、配合比设计和质量评定方法；明确混凝土的主要组成材料及其对混凝土性能的影响，了解混凝土外加剂、其他品种混凝土等内容。

4.1　概　　述

混凝土是现代土木结构中用量最大的建筑材料之一，广泛应用于建筑工程、水利工程、道路桥梁工程、地下工程和国防工程等。

4.1.1　混凝土的定义

广义上讲，凡由胶凝材料、粗细集料和水按适当比例配合、拌制而成的混合物，经一定时间硬化而成的人造石材，统称混凝土。目前，工程上使用最多的是以水泥为胶结材料，以石、砂分别为粗、细集料，加水和适量的外加剂拌制而成的普通水泥混凝土。

4.1.2　混凝土的分类

水泥混凝土可根据其组成、特性与功能等从不同角度进行分类。

1. 按表观密度分类

（1）普通混凝土。表观密度约为 $2400kg/m^3$（通常在 $2350\sim2500kg/m^3$ 之间波动），用天然（或人工）砂、石为集料配制而成的混凝土，是土建工程中最常用的混凝土，主要用作各类建筑的承重结构材料。

（2）轻混凝土。表观密度可以轻达 $1900kg/m^3$，往往采用陶粒等轻质多孔的集料，或者不使用细集料而掺入一定量的加气剂或泡沫剂，配制成多孔结构的轻混凝土。主要用作轻质结构材料和保温绝热材料。

（3）重混凝土。表观密度可达 $3200kg/m^3$，是用特别密实的集料（如钢屑、重晶石、铁矿石等）配制而成的混凝土，因其具有防辐射功能，又称防辐射混凝土。主要用作核能工程的屏蔽结构材料。

2. 按抗压强度分类

（1）低强混凝土。抗压强度小于 $30MPa$。

（2）中强混凝土。抗压强度为 $30\sim60MPa$。

（3）高强混凝土。抗压强度大于 $60MPa$。

（4）超高强混凝土。抗压强度大于 $100MPa$。

3. 按胶凝材料分类

可分为水泥混凝土、沥青混凝土、聚合物混凝土、水玻璃混凝土等。

4. 按用途分类

为改善水泥混凝土的性能，适应不同土建类工程的需要，还发展了不同功能的混凝土，如加气混凝土、防水混凝土、泵送混凝土、纤维加筋混凝土、大体积混凝土、补偿收缩混凝土、道路混凝土、水工混凝土、膨胀混凝土等。

5. 按生产和施工方法分类

可分为预拌混凝土（商品混凝土）、喷射混凝土、泵送混凝土、碾压混凝土等。

4.1.3　混凝土的特点

1. 普通水泥混凝土的优点

（1）混凝土在凝结前具有良好的塑性，可浇筑成各种形状和大小的构件或结构物。

（2）混凝土与钢筋之间具有牢固的结合力，可做成钢筋混凝土构件或结构物。

（3）混凝土硬化后具有抗压强度高和耐久性良好的特性，可作为长期使用的承重构件或结构物。

（4）其组成材料中的砂石等地方性材料的用量很大，符合就此取材和经济实惠的原则。

（5）配制较为灵活，可以通过改变材料的组成来满足工程的要求。

2. 普通水泥混凝土的缺点

（1）混凝土抗拉强度太低，不宜作为受拉构件。

（2）混凝土抵抗变形的能力较差，易开裂发生脆性破坏。

（3）混凝土的自重及体积都太大，给施工和使用均带来较大的不便。

（4）混凝土干缩性强，生产工艺复杂而易产生质量波动，容易产生裂纹、缺棱、掉角、麻面、蜂窝、露筋等常见的质量通病。

由于水泥混凝土具有以上的优点，因此它在建筑、水利、道桥、隧道工程中能得到广泛的应用。

4.2　普通水泥混凝土的组成材料

普通水泥混凝土（简称混凝土）是由水泥、水、砂、石组成。砂、石集料主要起骨架作用；水泥与水形成的水泥浆包裹在集料表面并填充其空隙，在混凝土硬化前起润滑作用，赋予混凝土拌和物一定的流动性，以便于施工；在混凝土硬化后起胶结作用，使混凝土具有一定的强度。混凝土的技术性质很大程度上是由原材料的性质及其含量决定的，要得到优质的混凝土，应正确地选用原材料。

4.2.1　水泥

水泥是混凝土的胶结材料，混凝土的性能很大程度上取决于水泥的质量，在选择水泥时应对水泥的品种和强度等级加以正确的选择。

1. 水泥品种的选择

配制混凝土用水泥通常依据工程特点、混凝土所处的环境与气候条件、工程部位以及水泥的供应情况等综合考虑。具体选择时可参照表 4.1。

表 4.1　　　　　　　　常用水泥品种的选用

混凝土工程特点或所处环境条件		优先使用	可以使用	不可使用
普通混凝土	1. 普通气候条件下的混凝土	硅酸盐水泥 普通水泥	矿渣水泥 火山灰水泥 粉煤灰水泥	
	2. 干燥环境中的混凝土	硅酸盐水泥 普通水泥	矿渣水泥	火山灰水泥 粉煤灰水泥
	3. 在高湿度环境中或长期处于水下的混凝土	矿渣水泥	普通水泥 火山灰水泥 粉煤灰水泥	
	4. 厚大体积混凝土	矿渣水泥 火山灰水泥 粉煤灰水泥	普通水泥	硅酸盐水泥
有特殊要求的混凝土	1. 快硬高强（不小于 C30）的混凝土	硅酸盐水泥 快硬硅酸盐水泥	高强度等级水泥	矿渣水泥
	2. 不小于 C50 的混凝土	高强度等级水泥	硅酸盐水泥 普通水泥 快硬硅酸盐水泥	火山灰水泥 粉煤灰水泥
	3. 严寒地区的露天混凝土，严寒地区处于水位升降范围内的混凝土	普通水泥 （强度等级≥32.5） 硅酸盐水泥	矿渣水泥 （强度等级 ≥32.5）	火山灰水泥 粉煤灰水泥
	4. 有耐磨要求的混凝土	普通水泥 （强度等级≥32.5）	矿渣水泥 （强度等级≥32.5）	火山灰水泥 粉煤灰水泥
	5. 有抗渗要求的混凝土	普通水泥 火山灰水泥	硅酸盐水泥 粉煤灰水泥	矿渣水泥
	6. 处于侵蚀性环境中的混凝土	根据侵蚀性介质的种类、浓度等具体条件按专门的规定选用		

2. 强度等级的选择

应根据混凝土的强度等级要求来确定，使水泥的强度等级与混凝土的强度等级相适应：高强度等级的混凝土应选用高强度等级的水泥；低强度等级的混凝土应选用低强度等级的水泥。经验表明，一般水泥的强度等级应为混凝土强度等级的 1.5～2.0 倍。如配制 C25 混凝土，可选用强度等级为 42.5 的水泥；如配制 C30 混凝土，可选用强度等级为 52.5 的水泥。

4.2.2　细集料（砂子）

混凝土中粒径范围一般为 0.15～4.75mm 之间的集料为细集料。砂子分为天然砂和人工砂两种。天然砂指的是由天然的岩石经风化后形成的大小不等、由不同矿物散粒组成的混合物，按其产源不同可分为河砂、湖砂、海砂、山砂等。河砂、湖砂和海砂由于长期受到水流的冲刷作用，表面光滑，比较洁净；但海砂中常含有贝壳、可溶性盐类等有害杂质较多；山砂颗粒多具棱角，且表面粗糙，泥土及有机杂质含量较多。所以一般工程上多使用河砂。人工砂则是将岩石粉碎磨细而成的，虽然富有棱角，表面也比较洁净，但其中常含有一定量的片状颗粒和石粉。故当地如果缺乏天然砂时，则可选用人工砂。

拌制混凝土要选用质量优良的细集料，对细集料的质量要求主要有以下几个方面。

1. 有害杂质含量

细集料中凡含有会降低混凝土强度和耐久性等物质统称为有害杂质。如云母、轻物质、淤泥、硫化物及硫酸盐、氯盐、有机物等。有害杂质的含量应符合表 4.2 的规定。

表 4.2　　　　　　　　　　砂中有害杂质含量的规定

项　目	不小于 C30 的混凝土	小于 C30 的混凝土	备　注
含泥量（指粒径小于 0.080mm 的尘屑、淤泥和黏土总含量）按质量计（%），≤	3	5	有抗冻、抗渗或其他特殊要求的混凝土用砂，不宜大于 3%；对不小于 C10 的混凝土用砂可酌情放宽
泥块含量按质量计（%），<	1	2	有抗冻、抗渗或其他特殊要求的混凝土用砂，不宜大于 1%；对不小于 C10 的混凝土用砂，可酌情放宽
云母含量按质量计（%），<	2		对有抗冻、抗渗要求的混凝土用砂不宜大于 1%
轻物质含量按质量计（%），<	1		
硫化物及硫酸盐含量（折算为 SO₃）按质量计（%），<	1		含有颗粒状杂质时，要经专门检验，确认能满足混凝土耐久性要求时，方能采用
有机物含量（用比色法试验）	颜色不应深于标准色		若深于标准色，则应按水泥胶砂强度试验法，所测抗压强度比不应低于 0.95

云母是表面光滑的层、片状物质，易折断且与水泥黏结性差，影响混凝土的强度和耐久性；硫化物及硫酸盐杂质对水泥有侵蚀作用，降低混凝土的耐久性；有机质影响水泥的水化硬化；氯盐杂质易引起钢筋锈蚀。因此，对预应力钢筋混凝土结构不宜采用海砂。

2. 坚固性

细集料的坚固性是指砂在气候、外力或其他物理因素作用下抵抗破碎的能力。混凝土所用细集料应具备一定的强度和坚固性，不同强度等级的混凝土应选用不同技术等级的细集料。按技术要求将细集料分为Ⅰ级、Ⅱ级、Ⅲ级，细集料技术等级与混凝土强度等级之间的关系见表 4.3。

表 4.3　　　　　　　混凝土强度等级与细集料技术等级

混凝土强度等级	≥C60	C30~C60	<C30
细集料技术等级	Ⅰ 级	Ⅱ 级	Ⅲ 级

（1）天然砂通常用硫酸钠溶液浸泡法来检验颗粒抵抗膨胀应力的能力。此法是先将集料试样浸泡于硫酸钠饱和溶液中，使溶液渗入集料的孔隙中，然后取出试样烘烤，使孔隙中的溶液结晶膨胀产生内应力，如此循环进行 5 次，其最终的质量损失应符合表 4.4 的

规定。

表 4.4　　　　　　　　　　　　　砂的坚固性指标

项　目	指　标		
	Ⅰ类	Ⅱ类	Ⅲ类
质量损失（%）	8	8	10

（2）人工砂通常采用压碎指标法进行试验，压碎指标应满足表 4.5 的规定。压碎指标试验，是将一定重量（通常 330g）在烘干状态下单粒级（0.30～0.60mm、0.60～1.18mm、1.18～2.36mm 及 2.36～4.75mm 四个粒级）的砂子装入受压钢模内，以 500N/s 的速度加荷，加荷至 25kN 时稳荷 5s 后，以同样速度卸荷。然后用该粒级的下限筛（如粒级为 1.18～2.36mm 时，则其下限筛孔径为 1.18mm 的筛）进行筛分，称出试样的筛余量 G_1 和通过量 G_2，压碎指标可用下式进行计算：

$$压碎指标 = \frac{G_2}{G_1 + G_2} \times 100\%$$　　　　　　　（4.1）

表 4.5　　　　　　　　　　　　　砂的压碎指标

项　目	指　标		
	Ⅰ类	Ⅱ类	Ⅲ类
单级最大压碎指标小于（%）	20	25	30

3. 粗细程度与颗粒级配

（1）粗细程度。砂子的粗细程度是指不同粒径的砂组合在一起的总体粗细程度，一般分为粗砂、中砂、细砂和特细砂。在砂用量一定的情况下，如砂过粗，虽然能减少水泥浆量，但混凝土拌和物的黏聚性较差，容易发生分层离析现象；如砂过细，总表面积大，消耗的水泥浆量多，不太经济。所以，混凝土用砂的粗细程度应适当。

（2）颗粒级配。砂子的颗粒级配是指粒径大小不同的砂子颗粒相互组合搭配的比例情况。级配良好的砂应该是粗大颗粒间形成的空隙被中等粒径的砂粒所填充，而中等粒径的砂粒间形成的空隙又被较细小的砂粒所填充，使砂子的空隙率达到尽可能的小。用级配良好的砂子配制混凝土，不仅可以减少水泥浆用量，而且因水泥石含量小而使得混凝土的密度得到提高，强度和耐久性也得以加强。

综上所述，混凝土用砂同时考虑砂的粗细程度和颗粒级配。当砂的颗粒较粗且级配较好时，砂的空隙率和总表面积就较小，这样不仅可节约水泥，还可提高混凝土的强度和密实度。因此，控制混凝土用砂的粗细程度和颗粒级配有很高的技术经济意义。

砂的粗细程度和颗粒级配常用筛分析的方法进行评定。筛分析法即用一套孔径为 4.75mm、2.36mm、1.18mm、0.60mm、0.30mm、0.15mm 的标准方孔筛，将预先通过孔径为 9.50mm 筛子的干砂试样（500g）由粗到细依次过筛，然后称取各筛上筛余砂样的质量（分计筛余量），则可计算出各筛上的"分计筛余百分率"（分计筛余量占砂样总质量的百分数）及"累计筛余百分率"（各筛和比该筛粗的所有分计筛余百分率之和）。砂的分计筛余量、分计筛余百分率、累计筛余百分率的关系列于表 4.6。

表 4.6   **筛余量、分计筛余百分率、累计筛余百分率的关系**

筛孔尺寸 (mm)	分计筛余		累计筛余 (%)
	质量(g)	百分率(%)	
4.75	m_1	$a_1 = \dfrac{m_1}{500} \times 100$	$A_1 = a_1$
2.36	m_2	$a_2 = \dfrac{m_2}{500} \times 100$	$A_2 = a_1 + a_2$
1.18	m_3	$a_3 = \dfrac{m_3}{500} \times 100$	$A_3 = a_1 + a_2 + a_3$
0.60	m_4	$a_4 = \dfrac{m_4}{500} \times 100$	$A_4 = a_1 + a_2 + a_3 + a_4$
0.30	m_5	$a_5 = \dfrac{m_5}{500} \times 100$	$A_5 = a_1 + a_2 + a_3 + a_4 + a_5$
0.15	m_6	$a_6 = \dfrac{m_6}{500} \times 100$	$A_6 = a_1 + a_2 + a_3 + a_4 + a_5 + a_6$

根据累计筛余百分率可计算出砂的细度模数和划分砂的级配区，以评定砂的粗细程度和颗粒级配。砂的细度模数 M_x 的计算公式为：

$$M_x = \frac{A_2 + A_3 + A_4 + A_5 + A_6 - 5A_1}{100 - A_1} \tag{4.2}$$

细度模数愈大，反映砂愈粗。砂按其细度模数分为：粗砂（$M_x = 3.7 \sim 3.1$）、中砂（$M_x = 3.0 \sim 2.3$）和细砂（$M_x = 2.2 \sim 1.6$）三级。混凝土用砂的级配范围根据 GB/T 14684—2001《建筑用砂》规定，以细度模数为 $3.7 \sim 1.6$ 的砂，按 0.6mm 筛孔的累计筛余划分为 3 个级配区，级配范围见表 4.7 和图 4.1 所示。

表 4.7   **砂的颗粒级配区范围**

累计筛余(%) 级配区 筛孔尺寸(mm)	Ⅰ区（粗砂）	Ⅱ区（中砂）	Ⅲ区（细砂）
9.50	0	0	0
4.75	10～0	10～0	10～0
2.36	35～5	25～0	15～0
1.18	65～35	50～10	25～0
0.60	85～71	70～41	40～16
0.30	95～80	92～70	85～55
0.15	100～90	100～90	100～90

注 1. 砂的实际颗粒级配与表中所列数字相比，除 4.75mm 和 0.60mm 筛孔外可以略有超出，但超出总量应不超过 5%。

     2. Ⅰ区人工砂中 0.15mm 筛孔的累计筛余可以放宽到 85%～100%，Ⅱ区人工砂中 0.15mm 筛孔的累计筛余可以放宽到 80%～100%，Ⅲ区人工砂中 0.15mm 筛孔的累计筛余可以放宽到 75%～100%。

混凝土用砂的Ⅰ区砂属粗砂范畴，拌制混凝土时其内摩阻力较大、保水性差，适宜配制水泥用量多的富混凝土或低流动性混凝土；Ⅲ区砂的细颗粒较多，拌制混凝土的黏性较

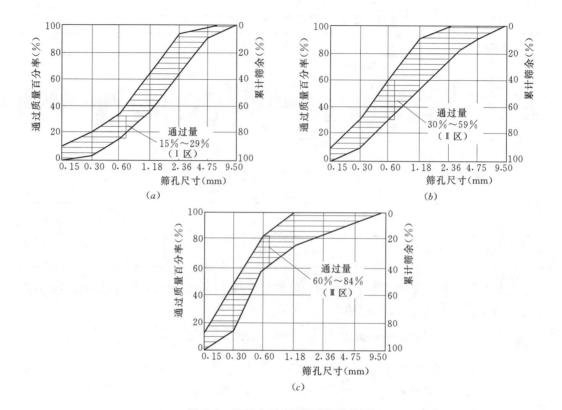

图 4.1　混凝土用砂级配范围曲线图

大、保水性好，但因其比表面积大，所消耗的水泥用量多，使用时宜适当降低砂率；Ⅱ区砂在配制不同强度等级混凝土时宜优先使用。

对要求耐磨的混凝土，小于 0.075mm 颗粒不应超过 3%，其他混凝土则不应超过 5%；当采用石屑作为细集料时，其限值分别为 5% 和 7%。

细度模数只反映全部颗粒的粗细程度，不能反映颗粒的级配情况，因为细度模数相同而级配不同的砂所配制混凝土的性质不同，所以考虑砂的颗粒分布情况时，只有同时结合细度模数与颗粒级配两项指标，才能真正反映其全部性质。

4.2.3　粗集料（石子）

混凝土中的粗集料是指粒径大于 4.75mm 的岩石颗粒，常用的有碎石和卵石两种。卵石（砾石）是由天然岩石经自然风化、水流冲刷搬运、堆积形成的，按其产源的不同可分为河卵石、海卵石及山卵石等几种，其中河卵石应用较多。卵石中有机杂质含量较多，但其表面光滑、棱角少、空隙率及表面积小、拌制的混凝土水泥浆用量少、和易性较好，但与水泥石的胶结力较差。碎石是由天然岩石或卵石经破碎、筛分而成，表面粗糙、棱角多、空隙率及表面积较大、较洁净，拌制的混凝土水泥浆用量较多，和易性较差，但与水泥石的胶结力较强。在相同条件下，碎石混凝土较卵石混凝土的强度高。

1. 强度

为了保证混凝土的强度，要求粗集料质地致密，具有足够的强度。粗集料的强度可用岩石立方体抗压强度或压碎指标来表示。

测定岩石立方体抗压强度时，应用母岩制成 50mm×50mm×50mm 的立方体（或直径与高度均为 50mm 的圆柱体）试件，在浸水饱和状态下（48h）测其极限抗压强度值。GB/T 14685—2001《建筑用卵石、碎石》中水泥混凝土用粗集料技术要求规定其立方体抗压强度与混凝土抗压强度之比不小于 1.5，且要求岩浆岩的强度不宜低于 80MPa，变质岩的强度不宜低于 60MPa，沉积岩的强度不宜低于 30MPa。

压碎指标是测定粗集料抵抗压碎能力的强弱指标。压碎指标愈小，粗集料抵抗受压破坏能力愈强。混凝土用粗集料按技术要求分为 I 级、Ⅱ 级、Ⅲ 级。不同等级的混凝土应选用不同等级的粗集料见表 4.8。

表 4.8　　　　　　　　　　混凝土强度等级与碎石、卵石技术等级

混凝土强度等级	≥C30	C30～C60	<C60
碎石、卵石技术等级	I 级	Ⅱ 级	Ⅲ 级

粗集料的压碎指标试验，是将一定质量气干状态粒级 9.5～19.0mm 的石子装入一标准圆筒内，放在压力机上以 1kN/s 的速度均匀加荷至 200kN 时稳荷 5s 后，然后卸荷。用孔径 2.36mm 的方孔筛筛除被压碎的细粒，再称出留在筛上的试样质量，压碎指标可用下式进行计算：

$$Q_e = \frac{G_1 - G_2}{G_1} \times 100\% \qquad (4.3)$$

式中　Q_e——压碎指标值，%；

　　　G_1——压碎试验前的试样质量，g；

　　　G_2——压碎试验后留在筛上的试样质量，g。

2. 坚固性

粗集料的坚固性是指其在气候、环境变化或其他物理因素作用下抵抗破坏的能力。为保证混凝土的耐久性，混凝土用粗集料应具有很强的坚固性，以抵抗冻融和自然因素的风化作用。粗集料的坚固性测定是用硫酸钠溶液浸泡粗集料试样经 5 次循环后的质量损失来检验的，其坚固性指标按质量损失（GB/T 14684—2001）规定分为三类，见表 4.9。

表 4.9　　　　　　　　　　水泥混凝土用粗集料的坚固性指标

项　　目	指　　标		
	I 类	Ⅱ 类	Ⅲ 类
质量损失（%）	<5	<8	<12

3. 颗粒形状及表面特征

为提高混凝土强度和减小集料间的空隙，粗集料较理想的颗粒形状是三维长度相近或相等的立方体或球形颗粒。粗集料中常含有针状（颗粒长度大于该颗粒所属粒级的平均粒径的 2.4 倍）和片状（厚度小于平均粒径的 0.4 倍）的颗粒，它会使粗集料的空隙率增大，且受力后易被折断。故针、片状颗粒含量过多，会降低混凝土强度，其含量应符合表 4.10 的相关要求。

表 4.10　　　　　　　　　水泥混凝土用粗集料的针、片状颗粒含量

项　目	指　　标		
	Ⅰ类	Ⅱ类	Ⅲ类
针、片状颗粒（按质量计）（%）	<5	<15	<25

4. 最大粒径与颗粒级配

（1）最大粒径的选择。粗集料公称粒级的上限称为该粒级的最大粒径，如采用4.75～37.5mm 的粗集料时，则其最大粒径为 37.5mm。最大粒径的大小表示粗集料的粗细程度，最大粒径增大时，单位体积集料的总表面积减小，因而可使水泥浆用量减少，这不仅能够节约水泥，而且有助于提高混凝土的密实度，减少发热量及混凝土的体积收缩，因此在条件允许的情况下，当配制中等强度等级以下的混凝土时，应尽量采用最大粒径较大的粗集料。但最大粒径的确定，还要受到结构截面尺寸、钢筋净距及施工条件等方面的限制。GB 50204—2002《混凝土结构工程施工及验收规范》规定，粗集料最大粒径不得超过结构截面最小尺寸的 1/4，并不得大于钢筋最小净距的 3/4；对混凝土实心板，其最大粒径不得超过板厚的 1/3，并不得大于 40mm。对于泵送混凝土，碎石最大粒径与输送管内径之比不大于 1∶3，卵石最大粒径与输送管内径之比不大于 1∶2.5。

（2）颗粒级配。粗集料的级配原理与细集料基本相同，即将大粒径石子与小粒径石子适当掺配，使粗集料的空隙率及表面积都比较小，这样拌制的混凝土水泥用量少，质量也较好。因此粗集料级配的选定，是保证混凝土质量的重要一环。粗集料的级配也可通过筛分析来确定，所用标准筛的孔径为 2.36mm、4.75mm、9.50mm、16.0mm、19.0mm、26.5mm、31.5mm、37.5mm、53.0mm、63.0mm、75.0mm、90.0mm 等 12 个。各筛分计筛余百分率及累计筛余百分率的计算方法与细集料相同。根据《普通混凝土用碎石或卵石质量标准及检验方法》的规定，混凝土用粗集料的级配范围见表 4.11。粗集料级配有

表 4.11　　　　　　　碎石或卵石的颗粒级配范围（GB/T 16485—2001）

级配情况	累计筛余（%）／筛孔尺寸（mm）／公称粒径（mm）	2.36	4.75	9.50	16.0	19.0	26.5	31.5	37.5	53.0	63.0	75.0	90.0
连续粒级	4.75～9.50	95～100	80～100	0～15	0	—	—	—	—	—	—	—	—
	4.75～16	95～100	85～100	30～60	0～10	0	—	—	—	—	—	—	—
	4.75～19	95～100	90～100	40～80	—	0～10	0	—	—	—	—	—	—
	4.75～26.5	95～100	90～100	—	30～70	—	0～5	0	—	—	—	—	—
	4.75～31.5	95～100	90～100	70～90	—	15～45	—	0～5	0	—	—	—	—
	4.75～37.5	—	95～100	75～90	—	30～65	—	—	0～5	0	—	—	—
单粒粒级	9.5～19	—	95～100	85～100	—	0～15	0	—	—	—	—	—	—
	16～31.5	—	95～100	—	85～100	—	—	0～10	—	—	—	—	—
	19～37.5	—	—	95～100	—	80～100	—	—	0～10	0	—	—	—
	31.5～63	—	—	—	95～100	—	—	75～100	45～75	—	0～10	0	—
	37.5～75.0	—	—	—	—	95～100	—	—	70～100	—	30～60	0～10	0

连续级配和间断级配两种。连续级配是从最大粒径开始，由大到小各粒级相连，每一粒级都占有一定的比例，这种级配可以最大限度地发挥集料的骨架支撑与稳定作用，减少水泥用量，在实际工程中被广泛采用。间断级配是由单粒级组成的颗粒级配，它是用小颗粒的粒级直接和大颗粒的粒级相互搭配组成的粗集料，由于缺少中间粒级而成为不连续的级配，间断级配能减小集料的空隙率，故能节约水泥，但却容易使混凝土拌和物产生离析现象，所以工程中较少采用。

5. 有害杂质含量

粗集料中的有害杂质主要有黏土、淤泥与细屑、硫化物与硫酸盐、有机质、蛋白石及含有活性 SiO_2 的岩石颗粒等。为保证混凝土的强度及耐久性，对这些有害杂质的含量必须认真检查，其含量不得超过表 4.12 所列指标。

表 4.12　　　　　　　　水泥混凝土用粗集料的有害物质含量现值

项　目	指　标		
	Ⅰ 类	Ⅱ 类	Ⅲ 类
含泥量（质量分数，%），<	0.5	1.0	1.5
泥块含量（质量分数，%），<	0	0.5	0.7
有机物（比色法）	合格	合格	合格
硫化物及硫酸盐（SO_3 质量分数，%）	0.5	1.0	1.0
针、片状颗粒（质量分数，%），<	5	15	25

6. 集料的含水状态

因存放条件及外界环境的变化，集料的含水率是经常变化的，即使在同一料场的不同部位，集料的含水状态也不同。其一般呈如图 4.2 所示的四种状态，即干燥状态、气干状态、饱和面干状态、湿润状态。

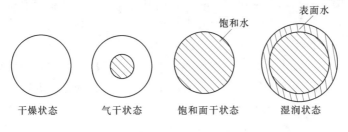

图 4.2　砂的含水状态

干燥状态的集料含水率接近于或等于零；气干状态的集料含水率与大气湿度相平衡，但未达到饱和状态；饱和面干状态的集料其内部孔隙含水达饱和而其表面干燥；湿润状态的集料不仅内部孔隙含水达饱和，且表面还附有一层自由水。一般工业与民用建筑工程习惯用干燥状态的集料来设计混凝土配合比；而一些大型水利工程常以饱和面干状态的集料来设计混凝土配合比。

4.2.4　混凝土拌和用水

水是混凝土的主要组成材料之一，拌和用水的水质不符合要求，可能产生多种有害作用，最常见的有：①影响混凝土的工作性和凝结硬化；②有损于混凝土强度的发展；③降低混凝土的耐久性、加快钢筋的腐蚀和导致预应力钢筋的脆断；④使混凝土表面出现污斑等。因此，为保证混凝土的质量和耐久性，必须使用合格的水拌制混凝土。

凡可饮用之水，皆可用于拌制和养护混凝土。而未经处理的工业及生活废水、污水、沼泽水以及 pH 值小于 4 的酸性水等均不能使用。

若对水质有怀疑时，应进行砂浆强度对比试验。即如用该水拌制的砂浆抗压强度低于用饮用水拌制的砂浆抗压强度的 90％时，则这种水就不宜用来拌制和养护混凝土。

4.3 混凝土的主要技术性质

普通水泥混凝土的主要技术性质包括新拌混凝土的和易性，硬化后混凝土的力学性能和耐久性。

4.3.1 新拌水泥混凝土的和易性

将粗集料、细集料、水泥和水等组分按适当比例配合，并经均匀搅拌而成且尚未凝结硬化的混合材料称为混凝土拌和物。新拌水泥混凝土是不同粒径的矿质集料粒子的分散相在水泥浆体的分散介质中的一种复杂分散体系，它具有弹、黏、塑性质。目前在生产实践中，一般主要用和易性来表示混凝土的特性。

1. 和易性的含义

和易性通常包括流动性、黏聚性和保水性这三方面的含义。优质的新拌混凝土应该具备：满足输送和浇捣要求的流动性；外力作用下不产生脆断的可塑性；不产生分层、泌水的稳定性；易于浇捣致密的密实性。

（1）流动性。是指新拌混凝土在自重或机械振捣力的作用下，能产生流动并均匀密实地充满模板、包围钢筋的性能。流动性的大小，在外观上表现为新拌混凝土的稀稠，直接影响其浇捣施工的难易和成型的质量。若新拌混凝土太干稠，则难以成型与捣实，且容易造成内部或表面孔洞等缺陷；若新拌混凝土过稀，经振捣后易出现水泥浆和水上浮而石子等颗粒下沉的分层离析现象，影响混凝土的质量均匀性。

（2）黏聚性。指混凝土拌和物各组成部分之间有一定的黏聚力，使得混凝土保持整体均匀完整的性能，在运输和浇筑过程中不会产生分层、离析现象。若混凝土拌和物黏聚性差，则会影响混凝土的成型和浇筑质量，造成混凝土的强度与耐久性下降。

（3）保水性。是指混凝土拌和物具有一定的保持水分的能力，不易产生泌水的性能。保水性差的拌和物在浇筑过程中由于部分水分从混凝土内析出，形成渗水通道；浮在表面的水分，使混凝土上、下浇筑层之间形成薄弱的夹层；部分水分还会停留在石子及钢筋的下面形成水隙，一方面会降低水泥浆与石子之间的胶结力，另一方面还会加快钢筋的腐蚀。这些都将影响混凝土的密实性，从而降低混凝土的强度和耐久性。

和易性好的新拌混凝土，易于搅拌均匀；运输和浇筑中不易产生分层离析和泌水现象；捣实时，因流动性好，易于充满模板各部分，容易振捣密实；所制成的混凝土内部质地均匀致密，强度和耐久性均能保证。因此，和易性是混凝土的重要性质之一。

2. 新拌混凝土和易性的测定及评定方法

到目前为止，国际上还没有一种能够全面表征新拌混凝土和易性的测定方法，按《普通混凝土拌和物性能试验方法》规定，混凝土拌和物的稠度试验方法有坍落度法与维勃稠度法。

（1）坍落度试验。新拌混凝土拌和物坍落度的测定是将混凝土拌和物按规定的方法装入标准截头圆锥筒内，将筒垂直提起后，拌和物在自身质量作用下会产生坍落现象，如图 4.3 所示，坍落的高度（以 mm 计）称为坍落度。坍落度愈大，表明流动性愈大。按坍落度大小，将混凝土拌和物分为：干硬性混凝土（坍落度小于 10mm）、塑性混凝土（坍落度为 10～100mm）、流动性混凝土（坍落度为 100～150mm）、大流动性混凝土（坍落度不小于 160mm）。本方法适用于集料最大粒径不大于 40mm、坍落度为 10～100mm 的塑性混凝土拌和物稠度测定；进行坍落度试验的同时，应观察混凝土拌和物的黏聚性、保水性和含砂情况等，以便综合地评价新拌混凝土的和易性。黏聚性的检查方法是用捣棒在已坍塌的拌和物锥体一侧轻打，若轻打时锥体渐渐下沉，表示黏聚性良好；如果锥体突然倒塌、部分崩裂或发生石子离析，则表示黏聚性不好。保水性以混凝土拌和物中稀浆析出的程度评定，提起坍落度筒后，如有较多稀浆从底部析出，拌和物锥体因失浆而集料外露，表示拌和物的保水性不好；如提起坍落度筒后，无稀浆析出或仅有少量稀浆的底部析出，则表示混凝土拌和物保水性良好。

（2）维勃稠度试验。将混凝土拌和物按标准方法装入维勃稠度测定仪容量桶的坍落度筒内；缓慢垂直提起坍落度筒，将透明圆盘置于拌和物锥体顶面；启动振动台，用秒表测出拌和物受振摊平、振实、透明圆盘的底面完全为水泥浆所布满所经历的时间（以 s 计），即为维勃稠度，也称工作度，如图 4.4 所示。维勃稠度代表拌和物振实所需的能量，时间越短，表明拌和物越易被振实。它能较好地反映混凝土拌和物在振动作用下便于施工的性能。

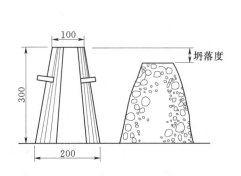

图 4.3 坍落度示意图（单位：mm）

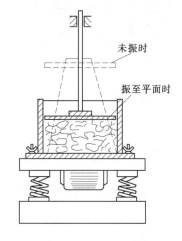

图 4.4 维勃稠度仪

3. 影响混凝土和易性的主要因素

（1）水泥浆含量的影响。在水灰比保持不变的情况下，单位体积混凝土内水泥浆含量越多，拌和物的流动性越大；但若水泥浆过多，集料不能将水泥浆很好地保持在拌和物内，混凝土拌和物将会出现流浆、泌水现象，使拌和物的黏聚性及保水性变差，这不仅增加水泥用量，而且还会对混凝土强度及耐久性产生不利影响。若水泥浆过少，则无法很好包裹集料表面及填充集料间的空隙，使得流动性变差。因此，混凝土内水泥浆的含量，以使混凝土拌和物达到要求的流动性为准，不应任意加大，同时应保证黏聚性和保水性符合要求。

（2）水泥浆稀稠的影响。在水泥品种一定的条件下，水泥浆的稀稠取决于水灰比的大小，水灰比是指混凝土中用水量与水泥用量的比值。当水灰比较小时，水泥浆较稠，拌和物的黏聚性较好，泌水较少，但流动性较小；相反，水灰比较大时，拌和物流动性较大但黏聚性较差，泌水较多。当水灰比小至某一极限值以下时，拌和物过于干稠，在一般施工方法下混凝土不能被浇筑密实；当水灰比大于某一极限值时，拌和物将产生严重的离析、泌水现象，影响混凝土质量。因此，为了使混凝土拌和物能够成型密实，所采用的水灰比值不能过小，为了保证混凝土拌和物黏聚性良好，所采用的水灰比值又不能过大。普通混凝土常用水灰比一般在 0.40～0.75 范围内。

（3）砂率的影响。砂率是指砂的质量占砂、石总质量的百分数。混凝土中的砂浆应包裹石子颗粒并填满石子空隙。砂率过小，砂浆量不足，不能在石子周围形成足够的砂浆润滑层，将降低拌和物的流动性。更主要的是严重影响混凝土拌和物的黏聚性及保水性，使石子分离、水泥浆流失，甚至出现溃散现象。砂率过大，石子含量相对过少，集料的空隙及总表面积都较大，在水灰比及水泥用量一定的条件下，混凝土拌和物显得干稠，流动性显著降低，如图 4.5 所示。在保持混凝土流动性不变的条件下，会使混凝土的水泥浆用量显著增大，如图 4.6 所示。因此，混凝土含砂率不能过小，也不能过大，应取合理砂率。合理砂率是在水灰比及水泥用量一定的条件下，使混凝土拌和物保持良好的黏聚性和保水性并获得最大流动性的含砂率。也即当混凝土拌和物达到要求的流动性，而且具有良好的黏聚性及保水性时，水泥用量最少的含砂率，即最佳砂率。

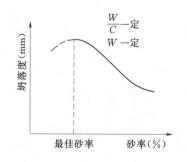

图 4.5　砂率与坍落度的关系曲线

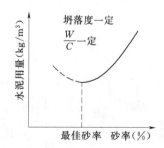

图 4.6　砂率与水泥用量的关系曲线

（4）环境温度与湿度的影响。环境温度上升，水泥的水化速度加快，从而使混凝土凝结硬化加快，降低混凝土的流动性；环境空气湿度小，拌和物水分蒸发加快，将降低混凝土的流动性。

（5）其他因素的影响。除上述影响因素外，拌和物的和易性还受水泥品种、掺合料品种及掺量、集料种类、粒形及级配、混凝土外加剂以及混凝土搅拌工艺等条件的影响。

1）水泥需水量大者，拌和物流动性较小。使用矿渣水泥时，混凝土保水性较差；使用火山灰水泥时，混凝土黏聚性较好，但流动性较小。

2）掺合料的品质及掺量对拌和物的和易性有很大影响，当掺入优质粉煤灰时，可改善拌和物的和易性；掺入质量较差的粉煤灰时，往往使拌和物流动性降低。

3）粗集料的颗粒较大、粒形较圆、表面光滑、级配较好时，拌和物流动性较大。使用粗砂时，拌和物黏聚性及保水性较差；使用细砂及特细砂时，混凝土流动性较小。混凝土中掺入某些外加剂，可显著改善拌和物的和易性。

4）拌和物的流动性还受搅拌工艺以及搅拌后拌和物停置时间的长短等施工条件影响。对于掺用外加剂及掺合料的混凝土，这些施工因素的影响更为显著。

4. 混凝土拌和物和易性的选择

工程中选择新拌混凝土和易性时，应根据施工方法、结构构件断面尺寸、配筋疏密等条件，并参考有关资料及经验等确定。对结构构件断面尺寸较小、配筋复杂的构件，或采用人工插捣时，应选择坍落度较大的混凝土拌和物；反之，对无筋厚大结构、钢筋配置稀疏易于施工的结构，尽可能选择坍落度较小的混凝土拌和物，以降低水泥浆用量。根据GB 50204《混凝土结构工程施工及验收规范》规定，混凝土浇筑时的坍落度，宜参照表4.13 选用。

表 4.13　　　　　不同结构对新拌混凝土拌和物坍落度的要求

项　目	结　构　种　类	坍落度（mm）
1	基础或地面等的垫层，无筋的厚大结构（挡土墙、基础等）或配筋稀疏的构件	10～30
2	板、梁和大型及中型截面的柱子等	30～50
3	配筋密列的结构（薄壁、斗仓、筒仓、细柱等）	50～70
4	配筋特密的结构	70～90

注　表中的数值是采用机械振捣混凝土时的坍落度，当采用人工捣实时应适当提高坍落度值。

正确选择新拌混凝土的坍落度，对于保证混凝土的施工质量及节约水泥具有重要意义。在选择坍落度时，原则上应在不妨碍施工操作并能保证振捣密实的条件下，尽可能采用较小的坍落度，以节约水泥并获得质量较好的混凝土。

4.3.2　混凝土的强度

强度是混凝土硬化后的主要力学性质，按照我国现行 GB/T 50081—2002《普通混凝土力学性能试验方法标准》规定，混凝土的强度有立方体抗压强度、轴心抗压强度、圆柱体抗压强度、劈裂抗拉强度、抗剪强度等，其中以混凝土的抗压强度最大，抗拉强度最小。

1. 混凝土的抗压强度标准值与强度等级

（1）立方体抗压强度 f_{cu}。按照国家标准 GB/T 50081—2002《普通混凝土力学性能试验方法标准》，制作边长为 150mm 的立方体试件，在标准养护［温度（20±2）℃、相对湿度 95％以上］条件下，养护至 28d 龄期，用标准试验方法测得的抗压强度值，称为混凝土标准立方体抗压强度。

$$f_{cu} = \frac{F}{A} \tag{4.4}$$

式中 f_{cu}——立方体抗压强度，MPa；

F——试件破坏荷载，N；

A——试件承压面积，mm^2。

以 3 个试件为一组，取 3 个试件强度的算术平均值作为每组试件的强度代表值。如按非标准尺寸试件测得的立方体抗压强度，应乘以换算系数（表 4.14），折算后的强度值作为标准试件的立方体抗压强度。

表 4.14   试件尺寸换算系数

试件尺寸 （长×宽×高，mm×mm×mm)	100×100×100	150×150×150	200×200×200
换算系数	0.95	1.0	1.05

（2）立方体抗压强度标准值 $f_{cu,k}$。按 GB 50010—2002《混凝土结构设计规程》的规定，按照标准方法制作和养护的边长为 150mm 的立方体试件，在 28d 龄期用标准试验方法检测其抗压强度，在抗压强度总体分布中，具有 95％强度保证率的立方体试件抗压强度，称为混凝土立方体抗压强度标准值，以 MPa 计。

（3）强度等级。混凝土强度等级试根据其立方体抗压强度标准值来确定的。强度等级用符号"C"和"立方体抗压强度标准值"表示。如"C20"表示混凝土立方体抗压强度标准值为 $f_{cu,k} = 20MPa$。

GB 50010—2002《混凝土结构设计规范》规定，普通混凝土立方体抗压强度标准值分为 C7.5、C10、C15、C20、C25、C30、C35、C40、C45、C50、C55、C60、C65、C70、C75、C80 等 16 个等级。

2. 混凝土的轴心抗压强度 f_{cp}

确定混凝土强度等级时采用的是立方体试件，但实际工程中钢筋混凝土结构形式大部分是棱柱体和圆柱体型。为使测得的混凝土强度接近混凝土结构的实际情况，在钢筋混凝土的结构计算中，计算轴心受压构件时，都是采用混凝土的轴心抗压强度作为依据。

按棱柱体抗压强度的标准试验方法规定，采用 150mm×150mm×300mm 的棱柱体作为标准试件来测定轴心抗压强度。

$$f_{cp} = \frac{F}{A} \tag{4.5}$$

式中 f_{cp}——混凝土的轴心抗压强度，MPa；

F——试件破坏荷载，N；

A——试件承压面积，mm^2。

3. 混凝土的劈裂抗拉强度 f_{ts}

混凝土在直接受拉时，很小的变形就会开裂，且断裂时没有残余变形，是一种脆性破坏。混凝土的抗拉强度只有抗压强度的 $1/20 \sim 1/10$，且随着混凝土抗压强度的提高，比值有所下降。因此，混凝土在工作时一般不依靠其抗拉强度，但抗拉强度对于防止开裂具有重要的意义。在结构设计中，抗拉强度是确定混凝土抗裂度指标的重要依据。混凝土的劈裂抗拉强度按式（4.6）计算：

$$f_{ts} = \frac{2F}{\pi A} = 0.637\frac{F}{A} \qquad (4.6)$$

式中　f_{ts}——混凝土立方体试件劈裂抗拉强度，MPa；

　　　F——试件破坏荷载，N；

　　　A——试件劈裂面面积，mm^2。

4. 影响混凝土强度的主要因素

影响混凝土抗压强度的因素很多，包括原材料的质量、材料用量之间的比例关系、施工方法（拌和、运输、浇筑、养护）以及试验条件（龄期、试件形状与尺寸、试验方法、温度及湿度）等。

（1）水泥强度等级和水灰比。水泥是混凝土中的活性组成，其强度的大小直接影响着混凝土强度的高低。在配合比相同的条件下，所用的水泥强度等级越高，配制的混凝土强度也越高。当用同一种水泥（品种及强度等级相同）时，混凝土的强度主要取决于水灰比，水灰比愈大，混凝土的强度愈低。这是因为水泥水化时所需的化学结合水，一般只占水泥质量的 23% 左右，但在实际拌制混凝土时，为了获得必要的流动性，常需要加入较多的水（占水泥质量的 40%～70%）。多余的水分残留在混凝土中形成水泡，蒸发后形成气孔，使混凝土密实度降低，强度下降。水灰比大，则水泥浆稀，硬化后的水泥石与集料黏结力差，混凝土的强度也愈低。但是，如果水灰比过小，拌和物过于干硬，在一定的捣实成型条件下，无法保证浇筑质量，混凝土中将出现较多的蜂窝、孔洞，强度也将下降。根据混凝土试验研究和工程实践经验，水泥的强度、水灰比、混凝土强度之间的线性关系可用以下经验公式（强度公式）表示：

$$f_{cu} = Af_{ce}\left(\frac{C}{W} - B\right) \qquad (4.7)$$

式中　f_{cu}——混凝土 28d 立方体抗压强度，MPa；

　　　f_{ce}——水泥 28d 抗压强度实测值，MPa；

　　C/W——灰水比；

　　A、B——回归系数，与集料品种、水泥品种等因素有关。按 JGJ 55—2000《普通混凝土配合比设计规程》规定，混凝土强度公式的回归系数见表 4.15。

一般水泥厂为了保证水泥的出厂强度等级，其实际强度往往比其强度等级要高。当无法取得水泥 28d 抗压强度实测值时，可用下式估算：

$$f_{ce} = \gamma_c f_{ce,k} \qquad (4.8)$$

式中　$f_{ce,k}$——水泥强度等级值，MPa；

　　　γ_c——水泥强度等级值的富余系数，可按实际统计资料确定，无资料时可取 1.0～1.13；

　　　f_{ce}——水泥实际强度值，MPa。

强度公式可解决两个问题：一是混凝土

表 4.15　混凝土强度公式的回归系数 A、B（JGJ 55—2000）

集料类别	回归系数	
	A	B
碎石	0.46	0.07
卵石	0.48	0.33

配合比设计时，估算应采用的 W/C 值；二是混凝土质量控制过程中，估算混凝土 28d 可以达到的抗压强度。

（2）养护温度与湿度。混凝土拌和物浇筑成型后，必须保持适当的温度与湿度，使水泥充分水化，以保证混凝土强度不断提高。所处的环境温度，对混凝土的强度影响很大。混凝土的硬化，在于水泥的水化作用，周围温度升高，水泥水化速度加快，混凝土强度发展也就加快。反之，温度降低时，水泥水化速度降低，混凝土强度发展将相应迟缓。当温度降至冰点以下时，混凝土的强度停止发展，并且由于孔隙内水分结冰而引起膨胀，使混凝土的内部结构遭受破坏。混凝土早期强度低，更容易冻坏。所处的环境湿度适当时，水泥水化能顺利进行，混凝土强度得到充分发展。如果湿度不够，会影响水泥水化作用的正常进行，甚至停止水化。这不仅严重降低混凝土的强度，而且水化作用未能完成，使混凝土结构疏松，渗水性增大，或形成干缩裂缝，从而影响其耐久性。因此，混凝土成型后一定时间内必须保持周围环境有一定的温度和湿度，使水泥充分水化，以保证获得较好质量的混凝土。

（3）硬化龄期。混凝土在正常养护条件下，其强度将随着龄期的增长而增长。最初 7～14d 内，强度增长较快，28d 达到设计强度，以后增长缓慢，但若保持足够的温度和湿度，强度的增长将延续几十年。普通水泥制成的混凝土，在标准条件下，混凝土强度的发展大致与其龄期的对数成正比关系（龄期不小于 3d），如下式所示：

$$f_{cu,n} = f_{28} \frac{\lg n}{\lg 28} \tag{4.9}$$

式中　$f_{cu,n}$——$n(n \geqslant 3)$ d 龄期混凝土的抗压强度，MPa；

　　　f_{28}——28d 龄期混凝土的抗压强度，MPa。

（4）集料的种类与级配。集料中有害杂质过多且品质低劣时，将降低混凝土的强度。集料表面粗糙，则与水泥石黏结力较大，混凝土强度高。集料级配好、砂率适当，能组成密实的骨架，混凝土强度也较高。

（5）施工工艺。混凝土的施工工艺包括配料、拌和、运输、浇筑、振捣、养护等工序，每一道工序对其质量都有影响。若配料不准确，误差过大，搅拌不均匀，拌和物运输过程中产生离析，振捣不密实，养护不充分等均会降低混凝土强度。因此，在施工过程中，一定要严格遵守施工规范，确保混凝土的强度。

5. 提高混凝土强度的措施

（1）采用高强度等级水泥或早强型水泥。为了提高混凝土强度可采用高强度等级水泥，对于紧急抢修工程、严寒条件下的施工以及其他要求早期强度高的结构物，则可采用早强型水泥配制混凝土。

（2）采用低水灰比和浆集比。采用低水灰比混凝土拌和物，可以减少混凝土中的游离水，从而减少混凝土中的孔隙，提高混凝土的密实度和强度。降低浆集比，减小水泥浆层的厚度，充分发挥集料的骨架作用，对提高混凝土的强度也有一定的作用。

（3）采用蒸汽养护和蒸压养护。蒸汽养护是将混凝土放在低于 100℃ 的常压蒸汽中养护，一般混凝土经过 16～20h 蒸汽养护后，其强度可达正常养护条件下养护 28d 强度的 70%～80%。蒸汽养护最适宜的温度随水泥的品种而异。用普通水泥时，最适宜的养护温度为 80℃左右，而采用矿渣和火山灰水泥时，则为 90℃左右。蒸压养护是将浇筑完的混凝土构件静停 8～10h 后，放入蒸压釜内，通入高压（不小于 8 个大气压）、高温（不低于175℃）饱和蒸汽中进行养护。在高温高压蒸汽下，水泥水化时析出的氢氧化钙不仅能充分与活性的氧化硅结合，而且能与结晶状态的氧化硅结合而生成含水硅酸盐结晶，从而加速水泥的水化与硬化，提高混凝土的强度。

（4）采用机械搅拌和振捣。混凝土拌和物在强力搅拌和振捣作用下，水泥浆的凝聚结构暂时受到破坏，从而降低了水泥浆的黏度及集料间的摩擦阻力，使拌和物能更好地充满模型并均匀密实，使混凝土的强度得到提高。

（5）掺加外加剂。在混凝土中掺加早强剂，可提高混凝土的早期强度；掺加减水剂，可在不改变混凝土流动性的条件下减小水灰比，从而提高混凝土的强度。

4.3.3　混凝土的变形

混凝土在硬化后和使用过程中，受各种因素影响而产生变形，包括在非荷载作用下的化学变形、干湿变形、温度变形以及荷载作用下的弹－塑性变形和徐变。这些变形是使混凝土产生裂缝的重要原因之一，直接影响混凝土的强度和耐久性。

（1）化学收缩（水化收缩）。混凝土在硬化过程中，水泥水化产物的体积，小于水化前反应物的体积，致使混凝土产生收缩，这种收缩称为化学收缩。收缩量随混凝土硬化龄期的延长而增加，一般在 40d 后渐趋稳定。化学收缩是不能恢复的，一般对结构没有什么影响。

（2）干湿变形。这种变形主要表现为湿胀干缩。当混凝土在水中或潮湿条件下养护时，会引起微小膨胀。当混凝土在干燥空气中硬化时，会引起干缩。混凝土的收缩值较膨胀值大，当混凝土产生干缩后即使长期再置于水中，仍有残余变形，残余收缩约为收缩量的 30%～60%。在一般工程设计中，通常采用混凝土的线收缩值为 $1.5 \times 10^{-2} \sim 2.0 \times 10^{-2}$ m/m。湿胀变形量很小，一般无破坏作用。但干缩变形对混凝土的危害较大，它可使混凝土表面出现较大拉应力而导致开裂，使混凝土的耐久性严重降低。因此，应通过调节集料级配、增大粗集料的粒径和弹性模量，减少水泥浆用量，选择适当的水泥品种，以及采用振动捣实、早期养护等措施来减小混凝土的干缩变形。

（3）温度变形。温度变形是指混凝土在温度升高时体积膨胀与温度降低时体积收缩的现象。混凝土与其他材料一样具有热胀冷缩现象，它的温度膨胀系数约为 1.0×10^{-5} m/（m·℃），即温度升高 1℃，1m 膨胀 0.01mm。温度变化引起的热胀冷缩对大体积混凝土工程极为不利。大体积混凝土在硬化初期放出大量热量，加之混凝土又是热的不良导体，散热很慢，致使混凝土内部温度可达 50～70℃ 而产生明显膨胀。外部混凝土温度则同大气温度一样比较低，这样就形成了内外较大的温度差，由于内部膨胀与外部收缩同时进行，便产生了很大的温度应力，而导致混凝土产生裂缝。因此，对大体积混凝土工程，应设法降低混凝土的发热量，如采用低热水泥、减少水泥用量、采用人工降温等措施。对于纵长的钢筋混凝土结构物，应每隔一段长度设置伸缩缝，在结构物内配置温度钢筋。

（4）荷载作用下的变形。

1）弹塑性变形和弹性模量：混凝土是一种非均匀材料，属弹塑性体。在持续荷载作用下，既产生可以恢复的弹性变形 ε_t，又产生不可恢复的塑性变形 ε_s，其应力与应变的关

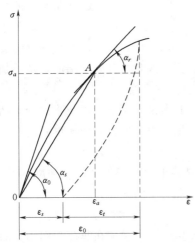

图 4.7　混凝土应力—应变曲线

ε_0—全部变形；ε_t—弹性变形；ε_s—塑性变形

系如图 4.7 所示。

在应力—应变曲线上任一点的应力 σ 与应变 ε 的比值即为混凝土在该应力下的弹性模量。但混凝土在短期荷载作用下应力与应变并非线性关系，故混凝土的弹性模量有三种表示方法：①初始弹性模量，即 $\tan\alpha_0$，此值不易测准，实用意义不大；②切线弹性模量，即 $\tan\alpha_r$，它仅适用于很小的荷载范围；③割线弹性模量，即 $\tan\alpha_s$，在应力小于极限抗压强度的 30%～40%时，应力—应变曲线接近于直线。在计算混凝土构件的变形、裂缝以及大体积混凝土的温度应力时，都需要用到混凝土的弹性模量。

2）徐变：混凝土在持续荷载作用下，随时间延长而增加的变形称为徐变。混凝土的变形与荷载作用时间的关系如图 4.8 所示。混凝土受荷后即产生瞬时变形，随着荷载持续作用时间的延长，又产生徐变变形。徐变变形初期增长较快，然后逐渐减慢，一般要延续 2～3 年才逐渐趋于稳定。徐变变形的极限值可达瞬时变形的 2～4 倍。在持荷一定时间后，若卸除荷载，部分变形可瞬时恢复，也有少部分变形在若干天内逐渐恢复，称徐变恢复，最后留下不能恢复的变形为残余变形（即永久变形）。

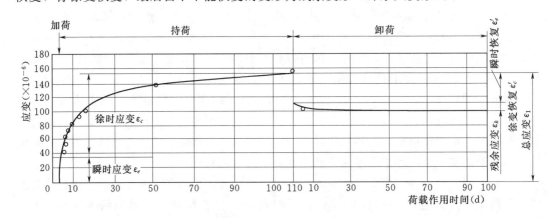

图 4.8　混凝土的变形与荷载作用时间的关系

混凝土无论是受压、受拉或受弯时，均有徐变现象。在预应力钢筋混凝土结构中，混凝土的徐变将使钢筋的预加应力受到损失。但是，徐变可消除钢筋混凝土内的应力集中，使应力较均匀地重新分布；对大体积混凝土，徐变能消除一部分由于温度变形所产生的破坏应力。

混凝土的徐变，一般认为是由于水泥石中凝胶体在持续荷载作用下的黏性流动，并向毛细孔中移动的结果。集料能阻碍水泥石的变形，起减小混凝土徐变的作用。由此可得如下关系：水灰比较大时，徐变也较大；水灰比相同，用水量较大（即水泥浆量较多）的混凝土，徐变较大；集料级配好，最大粒径大，弹性模量也较大时，混凝土徐变较小；当混凝土在较早龄期受荷时，产生的徐变较大。

4.3.4　混凝土的耐久性

混凝土的耐久性是指混凝土材料抵抗其自身和环境因素的长期破坏作用的能力。在土建工程中，硬化后的混凝土除了要求具有足够的强度来安全地承受荷载外，还应具有与所处环境相适应的耐久性来延长工程的使用寿命。提高混凝土耐久性、延长工程使用寿命的目的，是为了节约工程材料和投资，从而得到更高的工程效益。

混凝土的耐久性是一项综合性概念，包括抗渗性、抗冻性、抗磨性、抗侵蚀性、抗碳化反应、抗碱—集料膨胀反应等性能。

1. 混凝土的抗渗性

抗渗性是指混凝土抵抗有压介质（水、油等）渗透的性能。抗渗性是混凝土耐久性的一项重要指标，直接影响混凝土的抗冻性和抗侵蚀性。当混凝土的抗渗性较差时，不仅周围的有压水容易渗入，当有冰冻作用或环境水中有侵蚀性介质时，混凝土则易受到冰冻或破坏作用，对钢筋混凝土结构还可能引起钢筋的锈蚀和保护层的剥落与开裂。所以，对于受水压作用的工程，如地下建筑、水塔、水池、水利工程等，都应要求混凝土具有一定的抗渗性。

混凝土的抗渗性用抗渗等级（P）表示，抗渗等级是以 28d 龄期的标准混凝土抗渗试件，按标准试验方法进行试验。以 1 组 6 个标准试件，4 个试件未出现渗水时的最大水压力（MPa）来表示，共有 P2、P4、P6、P8、P10、P12 等六个等级，相应表示混凝土抗渗试验时承受的最大水压力分别为 0.2MPa、0.4MPa、0.6MPa、0.8MPa、1.0MPa、1.2MPa。

混凝土的抗渗性主要与其密实程度、内部孔隙的大小及构造有关，混凝土内部连通的孔隙、毛细管和混凝土浇筑中形成的孔洞和蜂窝等，都将引起混凝土渗水。

提高混凝土抗渗性能的措施主要有：提高混凝土的密实度，改善孔隙构造，减少渗水通道；减小水灰比；掺加引气剂；选用适当品种的水泥；加强振捣密实、保证养护条件等。

2. 混凝土的抗冻性

混凝土的抗冻性是指混凝土在含水饱和状态下能经受多次冻融循环而不破坏，同时强度也不严重降低的性能。在寒冷地区，特别是长期接触有水且受冻的环境下的混凝土，要求具有较高的抗冻性。

混凝土的抗冻性用抗冻等级（F）来表示，抗冻等级是以 28d 龄期的混凝土标准试件，在饱水后进行反复冻融循环，以抗压强度损失不超过 25%，且质量损失不超过 5% 时，所能承受的最大冻融循环次数来确定。用快冻试验方法测定，分为 F50、F100、F150、F200、F300、F400 等六个等级，相应表示混凝土抗冻性试验能经受 50 次、100 次、150 次、200 次、300 次、400 次的冻融循环。

影响混凝土抗冻性能的因素主要有水泥品种与强度等级、水灰比、集料的品质等。提高混凝土抗冻性的最主要的措施是：合理选用水泥品种；提高混凝土密实度；降低水灰比；掺加外加剂；严格控制施工质量，加强振捣与养护等。

3. 混凝土的抗侵蚀性

混凝土在环境侵蚀性介质（软水，酸、盐等）作用下，结构受到破坏、强度降低的现象称为混凝土的侵蚀。混凝土侵蚀的原因主要是外界侵蚀性介质对水泥石中的某些成分（氢氧化钙、水化铝酸钙等）产生破坏作用所致。

随着混凝土在地下工程、海港工程等恶劣环境中的应用，对混凝土的抗侵蚀性提出了更高的要求。提高混凝土抗侵蚀性的主要措施有：合理选用水泥品种；降低水灰比；提高混凝土密实度；改善混凝土孔隙结构。

4. 混凝土的抗磨性

磨损冲击是水工建筑物常见的病害之一。当高速水流中挟带砂、石等磨损介质时，这种现象更为严重。因此，水利工程要有较高的抗磨性。

提高混凝土抗磨性的主要方法有：合理选择水泥品种；选用坚固耐磨的集料；掺入适量的外加剂以及适量的钢纤维；控制和处理建筑物表面的不平整度等。

5. 混凝土的碳化

混凝土的碳化作用是空气中 CO_2 与水泥石中的 $Ca(OH)_2$ 作用，生成 $CaCO_3$ 和 H_2O 的过程，又称混凝土的中性化。碳化过程是 CO_2 由表及里向混凝土内部逐渐扩散的过程。

混凝土的碳化对混凝土性能有不利的影响。首先是碱度降低，减弱了对钢筋的保护作用。这是因为混凝土中水泥水化生成大量的 $Ca(OH)_2$，使钢筋处于碱性环境中而在表面生成一层钝化膜保护钢筋不易腐蚀。混凝土的碳化深度随时间的延长而增加，当碳化深度穿透混凝土保护层而达到钢筋表面时，钢筋的钝化膜被破坏而发生锈蚀，致使混凝土保护层产生开裂，加剧了碳化的进行和钢筋的锈蚀。其次，碳化作用会增加混凝土的收缩，引起混凝土表面产生拉应力而出现微细裂缝，从而降低了混凝土的抗拉、抗弯强度与抗渗能力。碳化作用对混凝土也能产生一些有利的影响，即碳化过程中放出的 H_2O 有助于未水化水泥的水化作用，同时形成的 $CaCO_3$ 减少了水泥石内部的孔隙，从而可提高碳化层的密实度和混凝土的强度。

影响混凝土碳化速度的主要因素有环境中 CO_2 的浓度、水泥品种、水灰比、环境湿度等。CO_2 浓度高，碳化速度快；在相对湿度为 $50\% \sim 75\%$ 时，碳化速度最快，当相对湿度小于 25% 或达 100% 时，碳化作用将停止；在常用水泥中，普通硅酸盐水泥碳化速度最慢，火山灰硅酸盐水泥碳化速度最快。

提高混凝土抗碳化能力的主要方法有：合理选择水泥品种；降低水灰比；掺入减水剂或引气剂；保证混凝土保护层的质量及厚度；充分湿养护等。

6. 混凝土的碱—集料反应

混凝土的碱—集料反应，是指水泥中的碱（Na_2O 和 K_2O）与集料中的活性 SiO_2 发生反应，使混凝土发生不均匀膨胀，造成裂缝、强度下降甚至破坏等不良现象，这种反应称为碱—集料反应。

碱—集料反应常见的有两种类型：①碱—硅反应是指碱与集料中的活性 SiO_2 发生反应；②碱—碳酸盐反应是碱与集料中活性碳酸盐反应。

碱—集料反应机理甚为复杂，而且影响因素较多，但是发生碱—集料反应必须具备三个条件：①混凝土中的集料具有活性；②混凝土中含有可溶性碱；③有一定的湿度。

为防止碱—硅反应的危害，按现行规范规定：①应使用碱含量小于 0.6% 的水泥或采用抑制碱—集料反应的掺合料；②当使用 K^+、Na^+ 外加剂时，必须专门试验。

7. 提高混凝土耐久性的主要方法

混凝土的耐久性主要取决于组成材料的品种和质量、混凝土的密实程度、施工质量、孔隙率和孔隙特征等，但主要的是取决于混凝土的密实度。提高混凝土耐久性的主要方法有以下几种。

（1）合理选用水泥品种。

（2）严格控制水灰比和水泥用量，这是保证混凝土密实度、提高耐久性的重要措施。JGJ 55—2000《普通混凝土配合比设计规程》规定了工业与民用建筑所用混凝土的最大水灰比和最小水泥用量，见表 4.16。

表 4.16　　　　　　　　　　　混凝土的最大水灰比和最小水泥用量

环境条件		结构物类别	最大水灰比			最小水泥用量（kg）		
			素混凝土	钢筋混凝土	预应力混凝土	素混凝土	钢筋混凝土	预应力混凝土
干燥环境		正常的居住或办公用房屋内部件	不作规定	0.65	0.60	200	260	300
潮湿环境	无冻害	高湿度的室内部件、室外部件，在非侵蚀性土和（或）水中的部件	0.70	0.60	0.60	225	280	300
	有冻害	经受冻害的室外部件，在非侵蚀性土和（或）水中且经受冻害的部件，高湿度且经受冻害的室内部件	0.55	0.55	0.55	250	280	300
有冻害和除水剂环境		经受冻害和除冰剂作用的室内与室外部件	0.50	0.50	0.50	300	300	300

注　1. 当用活性掺合料取代部分水泥时，表中的最大水灰比及最小水泥用量即为替代前的水灰比和水泥用量。
　　2. 配制 C15 及以下等级的混凝土，可不受本表限制。

（3）选择质量和级配较好的砂、石集料。

（4）掺入一定量的外加剂（如减水剂、引气剂等）。

（5）保证混凝土的施工质量。在混凝土施工中，应做到均匀搅拌和浇筑、密实振捣、加强养护，以保证混凝土的耐久性。

4.4　混凝土的外加剂

在拌制混凝土过程中掺入的不超过水泥质量的 5%（特殊情况除外），且能使混凝土按需要改变性质的物质，称为混凝土外加剂。

外加剂的使用是混凝土技术的重大突破。随着混凝土工程技术的发展，对混凝土性能提出了许多新的要求。如冬季施工要求高的早期强度，高层建筑要求高强度，泵送混凝土要求高流动性等。这些性能的实现，需要应用高性能的外加剂。

4.4.1　外加剂的分类

混凝土外加剂的种类繁多，按照其主要功能归纳起来可分为下列几类。

（1）改善混凝土拌和物流动性能的外加剂，包括各种减水剂、引气剂和泵送剂等。

（2）改善混凝土耐久性的外加剂，包括引气剂、防水剂和阻锈剂等。

（3）调节混凝土凝结时间、硬化性能的外加剂，包括缓凝剂、早强剂和速凝剂。

（4）改善混凝土其他性能的外加剂，包括加气剂、防冻剂、膨胀剂、抑碱—集料膨胀反应剂、着色剂等。

4.4.2　常用混凝土外加剂

4.4.2.1　减水剂

减水剂是指在混凝土坍落度基本相同的条件下，能减少拌和用水量的外加剂。按减水能力及其兼有的功能有普通减水剂、高效减水剂、早强减水剂及引气减水剂等。减水剂多为亲水性表面活性剂。

1. 减水剂的作用机理及使用效果

水泥加水拌和后，会形成絮凝结构，流动性很低。掺有减水剂时，减水剂分子吸附在水泥颗粒表面，其亲水基团携带大量水分子，在水泥颗粒周围形成一定厚度的吸附水层，增大了水泥颗粒间的滑动性。当减水剂为离子型表面活性剂时，还能使水泥颗粒表面带上同性电荷，在电性斥力作用下，促使絮凝结构分散解体，从而将其中的游离水释放出来，而大大增加了拌和物的流动性。减水剂还使溶液的表面张力降低，在机械搅拌作用下使浆体内引入部分气泡。这些微细气泡有利于水泥浆流动性的提高。此外，减水剂对水泥颗粒的润湿作用，可使水泥颗粒的早期水化作用比较充分。

总之，减水剂在混凝土中改变了水泥浆体流动性能，进而改变了水泥混凝土结构，起到了改善混凝土性能的作用。

根据使用条件不同，混凝土掺用减水剂后可以产生以下方面的效果。

（1）在配合比不变的情况下，可增大混凝土拌和物的流动性，且不致降低混凝土的强度。

（2）在保持流动性及水灰比不变的条件下，可以减少用水量及水泥用量，以节约水泥。

（3）在保持流动性及水泥用量不变的条件下，可以减少用水量，从而降低水灰比，使混凝土的强度与耐久性得到提高。

（4）水泥水化放热速度减缓，防止因混凝土内外的温差而引起裂缝。

（5）混凝土的离析、泌水现象可得到改善。

2. 常用减水剂种类

减水剂是使用最广泛和效果最显著的一种外加剂。其种类繁多，常用减水剂有木质素系、萘磺酸盐（简称萘系）、树脂系、糖蜜系及腐殖酸系等，这些减水剂的性能见表4.17。此外还有脂肪酸类、氨基苯酸类、丙烯酸类减水剂。

3. 减水剂的使用

混凝土减水剂的掺加方法，有"同掺法"、"后掺法"及"滞水掺入法"等。

表 4.17　　　　　　　　　　　　　　　常用减水剂品种及性能

种　类	木质素系	萘系	树脂系	糖蜜系	腐殖酸系
减水效果类别	普通型	高效型	高效型	普通型	普通型
主要品种	木质素磺酸钙（木钙粉、M 剂、木钠、木镁）	NNO，NF，NUF，FDN，JN，MF，建 1，NHJ，DH 等	SM，CRS 等	3FG，TF，ST	腐殖酸
主要成分	木质素磺酸钙、木质素碘酸钠、木质素磺酸镁	芳香族磺酸盐、甲醛缩合物	三聚氢胺树脂磺酸钠（SM）、古玛隆—茚树脂磺酸钠（GRS）	糖渣、废蜜经石灰水中和而成	磺化胡敏酸
适宜掺量（占水泥质量的百分比，%）	0.2～0.3	0.2～1.0	0.5～2.0	0.2	0.3
早强效果	—	明显	显著	—	有早强型、缓凝型两种
缓凝效果	1～3h	—	—	3h 以上	
引气效果	1%～2%	一般为非引气型，部分品种引气小于 2%	<2%		

（1）同掺法。即是将减水剂溶解于拌和用水，并与拌和用水一起加入到混凝土拌和物中。

（2）后掺法。就是在混凝土拌和物运到浇筑地点后，再掺入减水剂或再补充部分减水剂，并再次搅拌后进行浇筑。

（3）滞水掺入法。是在混凝土拌和物已经加水搅拌 1～3min 后，再加入减水剂，并继续搅拌到规定的拌和时间。

混凝土拌和物的流动性一般随停放时间的延长而降低，这种现象称为坍落度损失。掺有减水剂的混凝土坍落度损失往往更为突出。采用后掺法或滞水掺入法，可减小坍落度损失，也可减少外加剂掺用量，提高经济效益。

4.4.2.2　引气剂

引气剂是在混凝土中经搅拌能引入大量独立的、均匀分布、稳定而封闭小气泡的外加剂。按其化学成分分为松香树脂类、烷基苯磺酸类及脂肪醇磺酸类等三大类，其中以松香树脂类应用最广，主要有松香热聚物和松香皂两种。

引气剂属于憎水性表面活性剂，其活性作用主要发生在水—气界面上。溶于水中的引气剂掺入新拌混凝土后，能显著降低水的表面张力，使水在搅拌作用下，容易引入空气形成许多微小的气泡。由于引气剂分子定向在气泡表面排列而形成了一层保护膜，且因该膜能够牢固地吸附着水泥水化物而增加了膜层的厚度和强度，使气泡膜壁不易破裂。

掺入引气剂，混凝土中产生的气泡大小均匀，直径在 $20～1000\mu m$ 之间，大多在 $200\mu m$ 以下。大量微细气泡的存在，对混凝土性能产生很大影响，主要体现在以下几个方面。

(1) 有效改善新拌混凝土的和易性。在新拌混凝土中引入的大量微小气泡，相对增加了水泥浆体积，而气泡本身起到了轴承滚珠的作用，使颗粒间摩擦阻力减小，从而提高了新拌混凝土的流动性。同时，由于某种原因水分被均匀地吸附在气泡表面，使其自由流动或聚集趋势受到阻碍，从而使新拌混凝土的泌水率显著降低，粘聚性和保水性明显改善。

(2) 显著提高混凝土的抗渗性和抗冻性。混凝土中大量微小气泡的存在，不仅可堵塞或隔断混凝土中的毛细管渗水通道，而且由于保水性的提高，也减少了混凝土内水分聚集造成的水囊孔隙，因此，可显著提高混凝土的抗渗性。此外，由于大量均匀分布的气泡具有较高的弹性变形能力，它可有效地缓冲孔隙中水分结冰时产生的膨胀应力，从而显著提高混凝土的抗冻性。

(3) 变形能力增大，但强度及耐磨性有所降低。掺入引气剂后，混凝土中大量气泡的存在，可使其弹性模量略有降低，弹性变形能力有所增大，这对提高其抗裂性是有利的。但是，也会使其变形有所增加。

由于混凝土中大量气泡的存在，使其孔隙率增大和有效面积减小，强度及耐磨性有所降低。通常，混凝土中含气量每增加 1%，其抗压强度可降低 4%～6%，抗折强度可降低 2%～3%。为防止混凝土强度的显著下降，应严格控制引气剂的掺量，以保证混凝土的含气量不致过大。

4.4.2.3　缓凝剂

能延缓混凝土凝结时间，并对混凝土后期强度发展无不利影响的外加剂，称为缓凝剂。

我国使用最多的缓凝剂是糖钙、木钙，它具有缓凝及减水作用。其次有羟基羟酸及其盐类，有柠檬酸、酒石酸钾钠等。无机盐类有锌盐、硼酸盐。此外，还有胺盐及其衍生物、纤维素醚等。

缓凝剂适用于要求延缓时间的施工中，如在气温高、运距长的情况下，可防止混凝土拌和物坍落度发生过早损失；又如分层浇筑的混凝土，为防止出现冷缝，也常加入缓凝剂。另外，在大体积混凝土中为了延长放热时间，也可掺入缓凝剂。

4.4.2.4　早强剂

早强剂指能提高混凝土的早期强度并对后期强度无明显影响的外加剂。

早强剂对水泥中的 C_3S 和 C_2S 等矿物成分的水化有催化作用，能加速水泥的水化和硬化，具有早强作用。常用早强剂有如下几类。

1. 氯盐类早强剂

有氯化钙，以及钠、铁、铝、钾等的氯化物。以氯化钙应用最为广泛，是最早使用的早强剂。

氯化钙的早强作用是，氯化钙能与水中的 C_3A 作用生成不溶性的水化氯铝酸钙（$C_3A \cdot CaCl_2 \cdot 10H_2O$），氯化钙还与 C_3S 水化生成的 $Ca(OH)_2$ 作用生成不溶于氯化钙溶液的氧氯化钙 [$CaCl_2 \cdot 3Ca(OH)_2 \cdot 12H_2O$]，这些复盐的生成，增加了水泥浆中固相的含量，形成坚固的骨架，促进混凝土强度增长，同时，由于上述反应的进行，降低了液相中的碱度，使 C_3S 的水化反应加快，也可提高混凝土的早期强度。

氯化钙不仅具有早强与促凝作用，还能产生防冻效果。氯化钙掺量为 $0.5\% \sim 2\%$，可使 1d 强度提高 $70\% \sim 140\%$，3d 强度提高 $40\% \sim 70\%$，28d 以后便无差别。

由于氯离子能促使钢筋锈蚀，故掺用量必须严格限制，在钢筋混凝土中氯化钙的掺量不得超过水泥质量的 1%；在无筋混凝土中的掺量不得超过 3%；在使用冷拉和冷拔低碳钢丝的混凝土结构及预应力混凝土结构中，不允许掺用氯化钙。

2. 硫酸盐类早强剂

包括硫酸钠、硫代硫酸钠、硫酸钙等，应用最广的是硫酸钠（Na_2SO_4），亦称元明粉，是缓凝型早强剂。掺入混凝土拌和物后，会迅速与水泥水化生成物氢氧化钙发生反应：

$$Na_2SO_4 + Ca(OH)_2 + 2H_2O \Longrightarrow CaSO_4 \cdot 2H_2O + 2NaOH$$

生成的二水石膏具有高度的分散性，均匀分布于水泥浆中，它与 C_3A 的反应要比外掺二水石膏更为迅速，因而很快生成钙矾石，提高了水泥浆中固相的比例，加速了混凝土的硬化过程，从而起到早强作用。

硫酸钠的掺量为 $0.5\% \sim 2\%$，3d 强度可提高 $20\% \sim 40\%$。一般多与氯化钠、亚硝酸钠、二水石膏、三乙醇胺、重铬酸盐等复合使用，效果更好。

硫酸钠对钢筋无锈蚀作用，但它与氢氧化钙作用会生成碱 $NaOH$。为防止碱—集料反应，所用集料不得含有蛋白石等矿物。

3. 三乙醇胺早强剂

三乙醇胺 $[N(C_2H_4OH)_3]$ 是呈淡黄色的油状液体，属非离子型表面活性剂。

三乙醇胺不改变水泥的水化生成物，但能促进 C_3A 与石膏之间生成钙矾石的反应。当与无机盐类材料复合使用时，不但能催化水泥本身的水化，而且可在无机盐类与水泥反应中起催化作用，所以，在硬化早期，含有三乙醇胺的复合早强剂，其早强效果大于不含三乙醇胺的复合早强剂。

三乙醇胺的掺量为 $0.02\% \sim 0.05\%$。一般不单独使用，多与其他外加剂组成复合早强剂。如三乙醇胺—二水石膏—亚硝酸钠复合早强剂，早强效果较好，3d 强度可提高 50%，适用于禁用氯盐的钢筋混凝土结构中。

混凝土中掺入了早强剂，可缩短混凝土的凝结时间，提高早期强度，常用于混凝土的快速施工。但掺入了氯化钙早强剂，会加速钢筋的锈蚀，为此对的氯化钙的掺入量应加以限制，通常对于配筋混凝土不得超过 1%；无筋混凝土掺入量也不宜超过 3%。为了防止氯化钙对钢筋的锈蚀，氯化钙早强剂一般与阻锈剂复合使用。

4.4.2.5　其他外加剂

1. 速凝剂

掺入混凝土中能促进混凝土迅速凝结硬化的外加剂称为速凝剂。通常，速凝剂的主要成分是铝酸钠或碳酸钠等盐类。当混凝土中加入速凝剂后，其中的铝酸钠、碳酸钠等盐类在碱性溶液中迅速与水泥中的石膏反应生成硫酸钠，并使石膏丧失原有的缓凝作用，导致水泥中的 C_3A 迅速水化，促进溶液中水化物晶体的快速析出，从而使混凝土中水泥浆迅速凝固。

目前工程中常用的速凝剂主要是无机盐类，其主要品种有"红星一型"和"711 型"。

其中，红星一型是由铝氧熟料、碳酸钠、生石灰等按一定比例配制而成的一种粉状物；711型速凝剂是由铝氧熟料与无水石膏按3：1的质量比配合粉磨而成的混合物，它们在矿山、隧道、地铁等工程的喷射混凝土施工中最为常用。

2. 防冻剂

防冻剂是掺入混凝土后，能使其在负温下正常水化硬化，并在规定时间内硬化到一定程度，且不会产生冻害的外加剂。

利用不同成分的综合作用可以获得更好的混凝土抗冻性，因此工程中常用的混凝土防冻剂往往采用多组分复合而成的防冻剂。其中防冻组分为氯盐类（如 $CaCl_2$、$NaCl$ 等）、氯盐阻锈类（氯盐与亚硝酸钠、铬酸盐、磷酸盐等阻锈剂复合而成）、无氯盐类（硝酸盐、亚硝酸盐、碳酸盐、尿素、乙酸等）。减水、引气、早强等组分则分别采用与减水剂、引气剂和早强剂相近的成分。

值得提出的是，防冻剂的作用效果主要体现在对混凝土早期抗冻性的改善，其使用应慎重，特别应确保其对混凝土后期性能不会产生显著的不利影响。

3. 阻锈剂

又称缓蚀剂，是减缓混凝土中的钢筋锈蚀的外加剂。工程中常用的阻锈剂是亚硝酸钠（$NaNO_2$）。当外加剂中含有氯盐时，常掺入阻锈剂，以保护钢筋。

4. 膨胀剂

掺入混凝土中后能使其产生补偿收缩或膨胀的外加剂称为膨胀剂。

我们知道，普通水泥混凝土硬化过程中的特点之一就是体积收缩，这种收缩会使其物理力学性能受到明显的影响，因此，通过化学的方法使其本身在硬化过程中产生体积膨胀，可以弥补其收缩的影响，从而改善混凝土的综合性能。

工程建设中常用的膨胀剂种类有硫铝酸钙类（如明矾石、UEA 膨胀剂等）、氧化钙类及氧化硫铝钙类等。

硫铝酸钙类膨胀剂加入混凝土中以后，其中的无水硫铝酸可产生水化并能与水泥水化产生反应，生成三硫型水化硫铝酸钙（钙矾石），使水泥石结构固相体积明显增加而导致宏观体积膨胀。氧化钙类膨胀剂的膨胀作用，主要是利用 CaO 水化生成 $Ca(OH)_2$ 晶体过程中体积增大的效果，而使混凝土产生结构密实或产生宏观体积膨胀。

4.4.3　外加剂的储运和保管

混凝土外加剂大多为表面活性物质或电解质盐类，具有较强的反应能力，对混凝土的性能影响很大，所以在储存和运输中应加强管理。不合格的、失效的、长期存放的、质量未经明确的外加剂禁止使用；不同品种类的外加剂应分别储存和运输；应注意防潮、防水，避免受潮后影响功效；有毒性的外加剂必须单独存放，专人管理；有强氧化性的外加剂必须进行密封储存，同时还必须注意储存期不得超过外加剂的有效期。

4.5　普通混凝土的配合比设计

混凝土配合比是指混凝土中各组成材料（水泥、水、砂、石）用量之间的比例关系。常用的表示方法有两种。

（1）以 $1m^3$ 混凝土中各项材料的质量来表示，如 $1m^3$ 混凝土中水泥 300kg、水 180kg、砂子 720kg、石子 1200kg。

（2）以各项材料相互间的质量比来表示。将上例换算成质量比为水泥：砂子：石子＝1：2.4：4，水灰比为 0.60。

设计混凝土配合比的任务，就是要根据原材料的技术性能及施工条件，确定出能满足工程所要求的各项技术指标并符合经济原则的各项组成材料的用量。

4.5.1　混凝土配合比设计的基本要求

（1）满足混凝土结构设计所要求的强度等级。

（2）满足施工所要求的混凝土拌和物的施工和易性。

（3）满足混凝土的耐久性。

（4）在满足各项技术性质的前提下，使各组材料经济合理，尽量做到节约水泥和降低混凝土成本。

4.5.2　混凝土配合比设计的技术资料

（1）设计要求的混凝土强度等级，承担施工单位的管理水平。

（2）工程所处的环境和设计对混凝土耐久性的要求。

（3）混凝土所处的部位、结构构造情况、施工条件等。

（4）原材料的品质及技术性能指标，如水泥品种及强度等级、密度等；砂的细度模数及级配；石子种类、最大粒径及级配；是否掺用外加剂及掺合料等。

4.5.3　混凝土配合比设计的三大参数

由水泥、水、粗集料、细集料组成的普通水泥混凝土配合比设计，实际上就是确定水泥、水、砂、石这四种基本组成材料的用量。其中可用水灰比、砂率、单位用水量三个重要参数来反应四种材料之间的相互关系。

（1）水灰比（W/C）。水灰比是混凝土中水与水泥质量的比值，是影响混凝土强度和耐久性的主要因素。其确定原则是在满足强度和耐久性的前提下，尽量选择较大值，以节约水泥。

（2）砂率（β_s）。砂率是指砂子质量占砂石总质量的百分率。砂率是影响混凝土拌和物和易性的重要指标。砂率的确定原则是在保证混凝土拌和物黏聚性和保水性要求的前提下，尽量取小值。

（3）单位用水量（m_{w0}）。单位用水量是指 $1m^3$ 混凝土的用水量，反映混凝土中水泥浆与集料之间的比例关系。在混凝土拌和物中，水泥浆的多少显著影响混凝土的和易性，同时也影响其强度和耐久性。其确定原则是在达到流动性要求的前提下取较小值。

4.5.4　混凝土配合比设计的基本原理

（1）绝对体积法。该法是假定混凝土拌和物的体积等于各组成材料绝对体积及拌和物中所含空气的体积之和。

（2）假定表观密度法。如果原材料比较稳定，可先假设混凝土的表观密度为一定值，混凝土拌和物各组成材料的单位用量之和，即为表观密度。通常普通水泥混凝土的表观密度为 $2350 \sim 2450 kg/m^3$。

4.5.5　混凝土配合比设计的方法与步骤

4.5.5.1　计算混凝土初步配合比

1. 确定混凝土配制强度 $f_{cu,o}$

为使所配制的混凝土具有必要的强度保证率（即 $P=95\%$），混凝土的强度必须大于其标准值，即

$$f_{cu,o} = f_{cu,k} + 1.645\sigma \tag{4.10}$$

式中　$f_{cu,o}$——混凝土的配制强度，MPa；

　　　$f_{cu,k}$——设计要求的混凝土强度等级，MPa；

　　　　σ——由施工单位管理水平确定的混凝土强度标准差，MPa。

当施工单位具有近期的同一品种混凝土强度资料时，其混凝土强度标准差为：

$$\sigma = \sqrt{\frac{\sum_{i=1}^{n}(f_{cu,i} - \overline{f}_{cu})^2}{n-1}} \tag{4.11}$$

式中　n——统计周期内相同等级的试件组数，$n \geqslant 25$ 组；

　　$f_{cu,i}$——第 i 组试件的立方体抗压强度值，MPa；

　　$\overline{f}_{cu}$——n 组混凝土试件立方体抗压强度平均值，MPa。

混凝土强度标准差 σ 取决于混凝土生产过程中的质量管理水平，它应根据施工单位历史资料计算得出，当施工单位若无统计资料时，可根据要求的混凝土强度等级参考表4.18 取值。

表 4.18　　　　　　　　　　混凝土标准差 σ 值表

混凝土强度等级 （MPa）	<C20	C20～C35	>C35
标准差 σ（MPa）	4.0	5.0	6.0

注　采用本表时，施工单位可根据实际情况，对 σ 值作适当调整。

2. 计算水灰比（W/C）

（1）按强度要求计算水灰比。根据已测定的水泥实际强度 f_{ce}（或选用的水泥强度等级 $f_{ce,g}$）、粗集料种类及所要求的混凝土配制强度 $f_{cu,o}$，按混凝土强度经验公式计算水灰比，则有：

$$f_{cu,o} = Af_{ce}\left(\frac{C}{W} - B\right) \tag{4.12}$$

式中　$f_{cu,o}$——混凝土的配制强度，MPa；

　　　f_{ce}——水泥实际强度值，MPa；

　　C/W——灰水比；

　　A、B——回归系数，与集料品种、水泥品种等因素有关，可按表4.15选用。

由式（4.12）得：

$$\frac{W}{C} = \frac{Af_{ce}}{f_{cu,o} + ABf_{ce}} \tag{4.13}$$

（2）按耐久性要求进行水灰比校核。按式（4.13）计算所得的水灰比是按强度要求计算得到的结果，在确定水灰比时，还应根据混凝土所处的环境条件、耐久性要求的允许最大水灰比（表 4.16）进行校核。如按强度计算的水灰比小于耐久性要求的水灰比时，则采用按强度计算的水灰比；反之，则采用按耐久性要求的允许最大水灰比。

3. 确定单位用水量（m_{w0}）

根据粗集料的品种、数量、最大粒径及施工要求的混凝土拌和物的坍落度或维勃稠度值选择 1m³ 混凝土拌和物的用水量。一般可根据施工单位对所用材料的经验选定。如使用经验不足，可参照表 4.19 选取。

表 4.19　　　　　　　　　混凝土的用水量选用表　　　　　　　　单位：kg/m³

项目	指标	卵石最大粒径（mm）				碎石最大粒径（mm）			
		9.5	19.0	31.5	37.5	16	19.0	31.5	37.5
坍落度（mm）	10～30	190	170	160	150	200	185	175	165
	35～50	200	180	170	160	210	195	185	175
	55～70	210	190	180	170	220	205	195	185
	75～90	215	195	185	175	230	215	205	195
维勃稠度（s）	16～20	175	160	150	145	180	170	160	155
	11～15	180	165	155	150	185	175	165	160
	5～10	185	170	160	155	190	180	170	165

注　1. 本表用水量是采用中砂时的平均值，采用细砂时，1m³ 混凝土用水量可增加 5～10kg，采用粗砂时则可减少 5～10kg。

2. 掺用外加剂或掺合料时，用水量应作相应调整。

3. 本表不适于水灰比小于 0.4 或大于 0.8 时的混凝土。

4. 计算单位水泥用量 m_{c0}

首先根据已选定的单位用水量（m_{w0}）和水灰比（W/C）值，可由式（4.14）求出水泥用量：

$$m_{c0} = \frac{m_{w0}}{W/C} \tag{4.14}$$

再根据结构使用环境条件和耐久性要求，查表 4.16，确定混凝土最小的水泥用量，最后取两值中大者作为 1m³ 混凝土的水泥用量。

5. 确定合理砂率（β_s）

确定砂率的原则应是砂的体积填满粗集料的空隙体积，并略有富余。由于砂率对混凝土拌和物的工作性影响很大，对于大型混凝土工程应通过现场试验确定合理砂率。一般可根据粗集料的品种与最大粒径以及混凝土的水灰比参照表 4.20 选取。

表 4.20 混凝土的砂率选用表

砂率（%）最大粒径（mm）水灰比	卵 石			碎 石		
	9.5	19.5	37.5	16	19.0	37.5
0.40	26～32	25～31	24～30	30～35	29～34	27～32
0.50	30～35	29～34	28～33	33～38	32～37	30～35
0.60	33～38	32～37	31～36	36～41	35～40	33～38
0.70	36～41	35～40	34～39	39～44	38～43	36～41

注 1. 本表数值是中砂的选用砂率，对细砂或粗砂，可相应地减少或增大砂率。

2. 本表适用于坍落度为 10～60mm 的混凝土。对坍落度大于 60mm 的混凝土，应在本表的基础上，按坍落度每增大 20mm、砂率增大 1% 的幅度予以调整。

3. 只用一个单粒级粗集料配制混凝土，砂率应适当增大。

4. 对薄壁构件砂率取偏大值。

5. 掺有各种外加剂或掺合料时，其合理砂率应经试验或参照其他有关规定确定。

6. 计算粗、细集料单位用量（m_{so}、m_{go}）

在已知砂率的情况下，粗、细集料用量可用质量法或体积法求得。

（1）质量法。又称假定表观密度法，假定混凝土拌和物的表观密度为固定值，混凝土拌和物各组成材料的单位用量之和即为其表观密度。粗、细集料单位用量可按式（4.15）计算：

$$\begin{cases} m_{co} + m_{so} + m_{go} + m_{wo} = \rho_{cp} \times 1\text{m}^3 \\ \dfrac{m_{so}}{m_{so} + m_{go}} \times 100\% = \beta_s \end{cases} \tag{4.15}$$

式中 ρ_{cp}——混凝土拌和物的假定表观密度，kg/m^3，其值可根据施工单位积累的试验资料确定（如缺乏资料时，可根据集料的表观密度、最大粒径以及混凝土强度等级在 $2260\sim2450\ \text{kg/m}^3$ 范围内选定），也可参考表 4.21 选取；

     m_{co}——1m³ 混凝土水泥的质量，kg；

     m_{so}——1m³ 混凝土砂的质量，kg；

     m_{go}——1m³ 混凝土石子的质量，kg；

     m_{wo}——1m³ 混凝土水的质量，kg。

表 4.21 混凝土假定湿表观密度参考表

混凝土强度等级	C15	C20～C30	>C35
混凝土假定湿表观密度（kg/m³）	2300～2350	2350～2400	2450

（2）体积法。又称绝对体积法。假定混凝土拌和物的体积等于各组成材料绝对体积及拌和物中所含空气的体积之和，粗、细集料单位用量可按式（4.16）计算：

$$\begin{cases} \dfrac{m_{so}}{m_{so} + m_{go}} \times 100\% = \beta_s \\ \dfrac{m_{co}}{\rho_c} + \dfrac{m_{wo}}{\rho_w} + \dfrac{m_{go}}{\rho_g} + \dfrac{m_{so}}{\rho_s} + 0.01a = 1 \end{cases} \tag{4.16}$$

式中　ρ_c、ρ_w——水泥、水的密度，kg/m^3；

ρ_s'、ρ_g'——砂、石的堆积密度，kg/m^3；

a——混凝土含气量百分数，在不使用引气剂外加剂时，可选取 $a=1$。

通过以上六个步骤计算，可将水泥、水、粗集料、细集料的用量全部求出，得到初步配合比，而以上各项计算结果多数利用经验公式或经验资料获得，因此配合比所值得的混凝土不一定符合实际要求，因此应对配合比进行试配、调整和确定。

4.5.5.2　试拌调整提出基准配合比

采用工程中实际采用的原材料及搅拌方法，按初步配合比计算出配制 15～30L 混凝土的材料用量，拌制成混凝土拌和物。首先通过试验测定坍落度，同时观察黏聚性和保水性。若不符合要求，应进行调整。调整原则如下：若流动性太大，可在砂率不变的条件下，适当增加砂、石用量；若流动性太小，应在保持水灰比不变的条件下，增加适量的水和水泥；黏聚性和保水性不良时，实质上是混凝土拌和物中砂浆不足或砂浆过多，可适当增大砂率或适当降低砂率，调整到和易性满足要求时为止。当试拌调整工作完成后，应测出混凝土拌和物的表观密度（ρ_{cp}），重新计算出 1m^3 混凝土的各项材料用量，即为供混凝土强度试验用的基准配合比。

设调整和易性后试配 15～30L 混凝土的材料用量为水 m_{wb}、水泥 m_{cb}、砂 m_{sb}、石子 m_{gb}，则基准配合比为：

$$m_{wJ} = \frac{\rho_{cp} \times 1m^3}{m_{wb} + m_{cb} + m_{sb} + m_{gb}} m_{wb}$$

$$m_{cJ} = \frac{\rho_{cp} \times 1m^3}{m_{wb} + m_{cb} + m_{sb} + m_{gb}} m_{cb}$$

$$m_{sJ} = \frac{\rho_{cp} \times 1m^3}{m_{wb} + m_{cb} + m_{sb} + m_{gb}} m_{sb}$$　　　　(4.17)

$$m_{gJ} = \frac{\rho_{cp} \times 1m^3}{m_{wb} + m_{cb} + m_{sb} + m_{gb}} m_{gb}$$

式中　m_{wJ}——基准配合比混凝土 1m^3 的用水量，kg；

m_{cJ}——基准配合比混凝土 1m^3 的水泥用量，kg；

m_{sJ}——基准配合比混凝土 1m^3 的细集料用量，kg；

m_{gJ}——基准配合比混凝土 1m^3 的粗集料用量，kg；

ρ_{cp}——混凝土拌和物表观密度实测值，kg/m^3。

经过和易性调整试验得出的混凝土基准配合比，满足了和易性的要求，但其水灰比不一定选用恰当，混凝土的强度不一定符合要求，故应对混凝土强度进行复核。

4.5.5.3　检验强度，确定试验室配合比

采用三个不同水灰比的配合比，其中一个是基准配合比，另两个配合比的水灰比则分别比基准配合比增加及减少 0.05，其用水量与基准配合比相同，砂率值可分别增加或减少 1%。每种配合比至少制作一组（3 块）试件，每一组都应检验相应配合比拌和物的和易性及测定表观密度，其结果代表这一配合比的混凝土拌和物的性能，将试件标准养护至 28d 时，进行强度试验。

由试验所测得的混凝土强度与相应的灰水比作图或计算，求出与混凝土配制强度（$f_{cu,o}$）相对应的灰水比。最后按以下原则确定 $1m^3$ 混凝土拌和物的各材料用量，即为试验室配合比。

（1）用水量。取基准配合比中用水量，并根据制作强度试件时测得的坍落度或维勃稠度值，进行调整确定。

（2）水泥用量。以用水量乘以通过试验确定的与配制强度相对应的灰水比值。

（3）粗、细集料用量。取基准配合比中的粗、细集料用量，并按定出的水灰比作适当调整。

（4）强度复核之后的配合比，还应根据实测的混凝土拌和物的表观密度（ρ_{cp}）作校正，以确定 $1m^3$ 混凝土的各材料用量。其步骤如下。

1）计算出混凝土拌和物的计算表观密度 $\rho_{c,c}$：

$$\rho_{c,c} = m_c + m_w + m_s + m_g \tag{4.18}$$

2）计算出校正系数 δ：

$$\delta = \frac{\rho_{cp}}{\rho_{c,c}} \tag{4.19}$$

当混凝土表观密度计算值与实测值之差的绝对值不超过计算的 2% 时，按以上原则确定的配合比即为确定的试验室配合比；当两者之差超过 2% 时，应将配合比中各项材料用量乘以 δ，即为确定的试验室配合比。

4.5.5.4　考虑现场实际情况，确定混凝土施工配合比

混凝土的试验室配合比所用粗、细集料是以干燥状态为标准计量的，但施工现场的粗、细集料是露天堆放的，都含有一定的水分。所以，施工现场应根据集料的实际含水率情况进行调整，将实验室配合比换算为施工配合比。

假定工地测出砂的表面含水率为 a，石子的表面含水率为 b，设施工配合比 $1m^3$ 混凝土各材料用量为 m'_c、m'_s、m'_g、m'_w（kg），则

$$\begin{cases} m'_c = m_{c,sh} \\ m'_s = m_{s,sh}(1+a) \\ m'_g = m_{g,sh}(1+b) \\ m'_w = m_{w,sh} - m_{s,sh}a - m_{g,sh}b \end{cases} \tag{4.20}$$

4.5.6　普通混凝土的配合比设计实例

试设计某钢筋混凝土 T 形梁混凝土配合比设计组成（使用以抗压强度为指标的设计方法）。

【原始资料】

（1）已知混凝土设计强度等级为 C30，无历史统计资料为 4.0MPa，要求混凝土拌和物坍落度为 30～50mm，结构所在地区为寒冷地区。

（2）组成材料：强度等级为 32.5 级的普通硅酸盐水泥，密度 $\rho_c = 3.1g/cm^3$，富余系数为 1.13；砂为当地河砂，细度模数 $M_X = 2.7$，堆积密度 $\rho'_s = 2650kg/m^3$，工地实测含水率为 3%；碎石的最大粒径为 19.0mm，堆积密度 $\rho'_g = 2700kg/m^3$，工地实测含水率为 1%。

【设计要求】

（1）按题设资料计算出初始配合比。

（2）按初始配合比在试验室进行试拌，调整得出试验室配合比。

（3）根据工地实测含水率，计算施工配合比。

【设计步骤】

1. 计算初步配合比

（1）确定混凝土配制强度 $f_{cu,o}$。按题设条件：设计要求混凝土强度等级 $f_{cu,k}=$ 30MPa，无历史统计资料，查表 4.21 得其强度标准差 $\sigma=5.0$MPa，按式（4.10）计算混凝土的配制强度：

$$f_{cu,o}=f_{cu,k}+1.645\sigma=30+1.645\times5.0=38.2(MPa)$$

（2）计算水灰比 W/C。

1）按强度要求计算水灰比。

a. 计算水泥的实际强度。由题意已知采用强度等级为 32.5 级的硅酸盐水泥，则 $f_{ce,k}$ =32.5 MPa，水泥富余系数 $\gamma_c=1.13$，则可计算水泥的实际强度：

$$f_{ce}=\gamma_c f_{ce,k}=1.13\times32.5=36.7(MPa)$$

b. 计算水灰比。由表 3.12，碎石 $A=0.46$，$B=0.07$，按式（4.13）计算水灰比：

$$\frac{W}{C}=\frac{Af_{ce}}{f_{cu,o}+ABf_{ce}}=\frac{0.46\times36.7}{38.2+0.46\times0.07\times36.7}=0.43$$

2）按耐久性要求校核水灰比。结构处于寒冷地区，查表 4.16 得允许的最大水灰比为 0.55，按强度计算的水灰比符合耐久性要求，则采用水灰比为 0.43。

（3）确定单位用水量 m_{wo}。由题意知，要求混凝土拌和物的坍落度为 30～50mm，碎石的最大粒径为 19.0mm，查表 4.19 确定 1m³ 混凝土单位用水量为：

$$m_{wo}=195kg/m^3$$

（4）计算单位水泥用量 m_{co}。

1）按强度要求计算单位水泥用量。已知混凝土单位用水量 $m_{wo}=195kg/m^3$，水灰比 $W/C=0.43$，按式（4.14）计算混凝土单位水泥用量为：

$$m_{co}=\frac{m_{wo}}{W/C}=\frac{195}{0.43}=453(kg/m^3)$$

2）按耐久性校核单位水泥用量。因钢筋混凝土工程处于寒冷地区，查表 4.16 得满足耐久性要求的最小水泥用量为 280 kg/m³，故采用单位水泥用量 $m_{co}=453$ kg/m³。

（5）确定砂率 β_s。根据碎石最大粒径为 19.0mm，水灰比为 0.43，查表 4.20，选定混凝土的砂率为 $\beta_s=32.4\%$。

（6）计算粗、细集料单位用量 m_{so}、m_{go}。

1）采用体积法。由式（4.16）：

$$\begin{cases} \dfrac{m_{so}}{m_{so}+m_{go}}\times100\%=\beta_s \\[2ex] \dfrac{m_{co}}{\rho_c}+\dfrac{m_{wo}}{\rho_w}+\dfrac{m_{go}}{\rho_g}+\dfrac{m_{so}}{\rho_s}+0.01a=1 \end{cases}$$

得

$$\begin{cases} \dfrac{m_{so}}{m_{so}+m_{go}}=0.324 \\[2mm] \dfrac{453}{3100}+\dfrac{195}{1000}+\dfrac{m_{go}}{2700}+\dfrac{m_{so}}{2650}+0.01=1 \end{cases}$$

解得：$m_{so}=565$ kg/m³，$m_{go}=1176$kg/m³。

按体积法得混凝土初步配合比为：

$$m_{co} : m_{so} : m_{go}=1 : 1.25 : 2.60，W/C=0.43$$

2）采用质量法。由式（4.15）：

$$\begin{cases} m_{co}+m_{so}+m_{go}+m_{wo}=\rho_{cp}\times 1\mathrm{m^3} \\[2mm] \dfrac{m_{so}}{m_{so}+m_{go}}\times 100\%=\beta_s \end{cases}$$

混凝土表观密度选用 $\rho_{cp}=2400$kg/m³，代入上式得：

$$\begin{cases} 453+m_{so}+m_{go}+195=2400 \\[2mm] \dfrac{m_{so}}{m_{so}+m_{go}}=0.324 \end{cases}$$

解得：$m_{so}=567$kg/m³，$m_{go}=1185$kg/m³。

按质量法得混凝土初步配合比为：

$$m_{co} : m_{so} : m_{go}=1 : 1.25 : 2.62，W/C=0.43$$

2. 试拌调整，确定基准配合比

（1）计算试拌材料用量。按计算初步配合比（以绝对体积法计算结果为例）试拌 15L 混凝土拌和物，各种材料用量为：水 2.93kg；水泥 6.80kg；砂 8.48kg；石 17.6kg。

（2）检验、调整和易性，确定基准配合比。按计算材料用量拌制混凝土拌和物，测定其坍落度为 60mm，超出题设给的施工坍落度为 30～50mm 的要求。为此，保持水灰比不变，减少 2％的水泥浆，重新拌和，测得坍落度为 45mm，且黏聚性和保水性良好，满足施工和易性的要求。经调整后，满足施工和易性要求的各项材料的实际用量为：

$$m_{wb}=2.93\times(1-2\%)=2.87(\mathrm{kg})$$

$$m_{cb}=6.80\times(1-2\%)=6.66(\mathrm{kg})$$

$$m_{sb}=8.48(\mathrm{kg})$$

$$m_{gb}=17.6(\mathrm{kg})$$

同时，测得混凝土拌和物的表观密度为 2400kg/m³，则其基准配合比为：

$$m_{cJ}=\frac{\rho_{cp}\times 1\mathrm{m^3}}{m_{wb}+m_{cb}+m_{sb}+m_{gb}}m_{cb}=\frac{2400}{2.87+6.66+8.48+17.6}\times 6.66=449(\mathrm{kg})$$

$$m_{wJ}=\frac{\rho_{cp}\times 1\mathrm{m^3}}{m_{wb}+m_{cb}+m_{sb}+m_{gb}}m_{wb}=\frac{2400}{2.87+6.66+8.48+17.6}\times 2.87=193(\mathrm{kg})$$

$$m_{sJ}=\frac{\rho_{cp}\times 1\mathrm{m^3}}{m_{wb}+m_{cb}+m_{sb}+m_{gb}}m_{sb}=\frac{2400}{2.87+6.66+8.48+17.6}\times 8.48=572(\mathrm{kg})$$

$$m_{gJ}=\frac{\rho_{cp}\times 1\mathrm{m^3}}{m_{wb}+m_{cb}+m_{sb}+m_{gb}}m_{gb}=\frac{2400}{2.87+6.66+8.48+17.6}\times 17.6=1186(\mathrm{kg})$$

即

$$m_{cJ} : m_{sJ} : m_{gJ}=1 : 1.27 : 2.64，W/C=0.43$$

3. 检验强度，确定试验室配合比

(1) 检验强度。采用水灰比分别为 0.38、0.43、0.48，拌制三组混凝土拌和物。其各组材料称量为：砂、石用量不变，水用量不变，分别为 8.48kg、17.6kg、2.87kg；水泥根据水灰比的不同而异，计算用量分别为 7.55kg、6.66kg、5.98kg。除基准配合比外，其他两组检验工作性合格。由三组配合比分别制作试件，养护 28d 后测其抗压强度分别为：$W/C=0.38$ 时，抗压强度为 41MPa；$W/C=0.43$ 时，抗压强度为 35MPa；$W/C=0.48$ 时，抗压强度为 32MPa。

根据试验结果绘制混凝土强度与灰水比关系曲线如图 4.9 所示。由图 4.9 可知，相应于混凝土配制强度 38.2MPa 的灰水比值为 2.55，即相应的水灰比为 0.39。

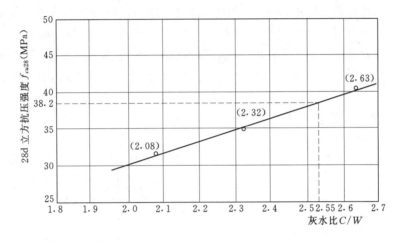

图 4.9　混凝土 28d 抗压强度与灰水比关系曲线

(2) 确定试验室配合比。

1) 按强度试验结果计算配合比。符合强度要求的配合比为：用水量 $m_w = m_{wJ} = 193$kg，水泥用量 $m_c = m_w/0.39 = 193/0.39 = 495$kg，按混凝土拌和物表观密度 2400 kg/m³ 重新计算砂石用量（质量法），得砂用量 $m_s = 556$kg，石子用量 $m_g = 1159$kg。

2) 根据实测拌和物表观密度修正配合比。

计算表观密度：　　$\rho_{c,c} = m_w + m_c + m_s + m_g = 2403 \, (\text{kg/m}^3)$

校正系数：　　$$K = \frac{\rho_{cp}}{\rho_{c,c}} = \frac{2400}{2403} = 1.00$$

两者之差不超过计算值的 2%，故可不再进行调整。

试验室配合比为：

$$\begin{cases} m_{c,sh} = 495\text{kg} \\ m_{w,sh} = 193\text{kg} \\ m_{s,sh} = 556\text{kg} \\ m_{g,sh} = 1159\text{kg} \end{cases}$$

4. 换算施工配合比

根据工地实测，砂的含水率为 3%，石子的含水率为 1%，计算施工配合比为：

$$\begin{cases} m'_c = m_{c,sh} = 495\text{kg} \\ m'_s = m_{s,sh}(1+a) = 556 \times (1+3\%) = 573\text{kg} \\ m'_g = m_{g,sh}(1+b) = 1159 \times (1+1\%) = 1171\text{kg} \\ m'_w = m_{w,sh} - m_{s,sh}a - m_{g,sh}b = 193 - 556 \times 3\% - 1159 \times 1\% = 165\text{kg} \end{cases}$$

4.6 混凝土的质量控制与强度评定

质量合格的混凝土，应能满足设计要求的技术性质，具有较好的均匀性，且达到规定的保证率。但由于多种因素的影响，混凝土的质量是不均匀的、波动的。评价混凝土质量的一个重要技术指标是混凝土强度（主要是指抗压强度），因为它能较综合地反映混凝土的各项质量指标。混凝土强度受多种因素的影响，每种组成材料的性能及其配合比、搅拌、运输、成型和养护等工艺条件的变化，都将引起混凝土强度的波动，且其波动一般呈正态分布。通常用混凝土强度的平均值、强度标准差、强度变异系数来评定混凝土质量的好坏。

4.6.1 混凝土强度的统计方法

1. 混凝土强度的波动规律——正态分布

试验表明，混凝土强度的波动规律是符合正态分布的（图4.10）。即在施工条件相同的情况下，对同一种混凝土进行系统取样，测定其强度，以强度为横坐标，以某一强度出现的概率为纵坐标，可绘出强度概率正态分布曲线。正态分布曲线的特点为：以强度平均值为对称轴，左右两面边的曲线是对称的，距离对称轴愈远的值，出现的概率愈小，并逐渐趋近于零；曲线和横坐标之间的面积为概率的总和，等于100%；对称轴两边，出现的概率相

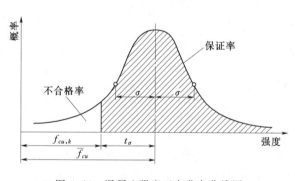

图4.10 混凝土强度正态分布曲线图

等，在对称轴两侧的曲线上各有一个拐点，拐点距强度平均值的距离即为标准差。

2. 统计参数

(1) 强度平均值 $\overline{f}_{cu}$。它代表混凝土强度总体的平均水平，其值按式（4.21）计算：

$$\overline{f}_{cu} = \frac{1}{n}\sum_{i=1}^{n} f_{cu,i} \tag{4.21}$$

式中　n——试验组数，$n \geqslant 25$；

　　　$f_{cu,i}$——第 i 组试件的立方体强度值，MPa。

平均强度反映混凝土总体强度的平均值，但并不能反映混凝土强度的波动情况。

(2) 强度标准差（σ）。也称均方差，能反映混凝土强度的离散程度。σ 值越大，强度分布曲线变得矮而宽，离散程度越大，则混凝土质量越不稳定；反之，混凝土的质量越稳定。σ 值是评定混凝土质量均匀性的重要指标，可按式（4.22）计算：

$$\sigma = \sqrt{\dfrac{\sum\limits_{i=1}^{n}(f_{cu,i} - \overline{f}_{cu})^2}{n-1}} \tag{4.22}$$

式中　　n——试验组数，$n \geq 25$；

　　　$f_{cu,i}$——第 i 组试件的立方体强度值，MPa；

　　　$\overline{f}_{cu}$——n 组试件抗压强度的算术平均值，MPa；

　　　σ——n 组试件抗压强度的标准差，MPa。

（3）强度变异系数（C_v）。又称离差系数，也能说明混凝土质量均匀性的指标。对平均强度水平不同的混凝土之间质量稳定性的比较，可考虑相对波动的大小，用变异系数 C_v 来表示，C_v 值越小，说明该混凝土质量越稳定。C_v 可按式（4.23）计算：

$$C_v = \frac{\sigma}{f_{cu}} \tag{4.23}$$

3. 强度保证率

强度保证率是指混凝土强度总体中，大于或等于设计强度所占的概率，以正态分布曲线上的阴影部分面积表示，如图 4.10 所示。其计算方法如下：

先根据混凝土设计要求的强度等级（$f_{cu,k}$）、混凝土的强度平均值（$\overline{f}_{cu}$）、标准差（σ）或变异系数（C_v），计算出概率度 t：

$$t = \frac{f_{cu,k} - \overline{f}_{cu}}{\sigma} \quad 或 \quad t = \frac{f_{cu,k} - \overline{f}_{cu}}{C_v \overline{f}_{cu}} \tag{4.24}$$

式中　　t——概率度；

其他字母解释同上。

再根据 t 值，由表 4.22 查得保证率 P（%）。

表 4.22　　　　　　　　　不同的强度保证率 P 对应的概率度 t 值选用表

P（%）	50.0	69.2	78.8	80.0	84.1	85.1	88.5	90.0	91.9	93.3	94.5
t	0.00	-0.50	-0.80	-0.84	-1.00	-1.04	-1.20	-1.28	-1.40	-1.50	-1.60
P（%）	95.0	95.5	96.0	96.5	97.0	97.5	97.7	98.0	99.0	99.4	99.9
t	-1.645	1.70	-1.75	-1.81	-1.88	-1.96	-2.00	-2.05	2.33	-2.50	-3.00

注　若技术资料无明确要求时，保证率 P 一般可按 95% 考虑。

工程中 P（%）值可根据统计周期内，混凝土试件强度不得低于要求强度等级标准值的组数与试件总数之比求得，即

$$P = \frac{N_0}{N} \times 100\% \tag{4.25}$$

式中　　N_0——统计周期内，同批混凝土试件强度大于等于设计强度等级值的组数；

　　　N——统计周期内，同批混凝土试件总组数，$N \geq 25$。

我国 GBJ 107—1987《混凝土强度检验评定标准》及 GB 50010—2002《混凝土结构设计规范》规定，同批试件的统计强度保证率不得小于 95%。根据强度标准差的大小，将现场集中搅拌混凝土的质量管理水平划分为"优良"、"一般"及"差"三等。衡量混凝土生产质量水平以现场试件 28d 龄期抗压标准差 σ 值表示，其评定标准见表 4.23。

表 4.23 现场集中搅拌混凝土的生产质量水平

生产质量水平	优良		一般		差	
混凝土强度等级	<C20	≥C20	<C20	≥C20	<C20	≥C20
混凝土强度标准差 σ（MPa）	≤3.5	≤4.0	≤4.5	≤5.5	>4.5	>5.5
强度大于等于混凝土强度等级值的百分率 P（%）	≥95		>85		≤85	

4. 混凝土施工配制强度

由于混凝土施工过程中原材料性能及生产因素的差异，会出现混凝土质量的不稳定，如果按设计的强度等级（$f_{cu,k}$）配制混凝土，则在施工中将有一半的混凝土达不到设计强度等级，即强度保证率只有 50%。为使混凝土强度保证率满足规定的要求，在设计混凝土配合比时，为了使混凝土具有要求的保证率，必须使配制强度（$f_{cu,o}$）高于设计要求的强度等级（$f_{cu,k}$）。令配制强度 $f_{cu,o}$ 等于总体强度平均值 $\overline{f}_{cu}$，代入式（4.24）可得：

$$f_{cu,o} = f_{cu,k} - t\sigma \tag{4.26}$$

由式（4.26）可知，配制强度 $f_{cu,o}$ 高出设计要求的强度等级 $f_{cu,k}$ 的多少，决定于设计要求的保证率 P（定出 t 值）及施工质量水平（σ 或 C_v 的大小）。设计要求的保证率越大，配制强度越高；施工质量水平越差，配制强度应提高。

我国 GBJ 107—1987《混凝土强度检验评定标准》及 GB 50010—2002《混凝土结构设计规范》规定，同批试件的统计强度保证率不得小于 95%。由表 4.22 可查出当 $P=95\%$ 时，$t=-1.645$，代入式（4.26）可得：

$$f_{cu,o} = f_{cu,k} + 1.645\sigma \tag{4.27}$$

4.6.2 混凝土的质量评定

混凝土的质量一般以抗压强度来评定，为此必须有足够数量的混凝土试验值来反映混凝土总体的质量。为使抽取的混凝土试样更具代表性，混凝土试样应在浇筑地点随机地抽取。当经试验证明搅拌机卸料口和浇筑地点混凝土的强度无显著差异时，混凝土试样也可在卸料口随机抽取。

混凝土强度应分批进行检验评定，一个验收批的混凝土应由强度等级相同、龄期相同、生产工艺条件和配合比基本相同的混凝土组成。对于施工现场集中搅拌的混凝土，其强度检验评定按统计方法进行。对零星生产的预制构件中混凝土或现场搅拌的批量不大的混凝土，不能获得统计方法所必需的试件组数时，可按非统计方法检验评定混凝土强度。

4.6.3 混凝土强度的评价方法

1. 统计方法（已知强度标准差方法）

当混凝土生产条件在较长时间内能保持一致，且同一品种混凝土强度变异性能保持稳定时，应由连续的三组试件代表一个验收批。其强度应同时符合式（4.28）、式（4.29）和式（4.30）或式（4.31）的要求。

$$m_{f_{cu}} \geqslant f_{cu,k} + 0.7\sigma_0 \tag{4.28}$$

$$f_{cu,min} \geqslant f_{cu,k} - 0.7\sigma_0 \tag{4.29}$$

当混凝土强度等级不高于 C20 时，其强度最小值尚应满足式（4.30）的要求：

$$f_{cu,min} \geqslant 0.85 f_{cu,k} \tag{4.30}$$

当混凝土强度等级高于 C20 时，其强度最小值尚应满足式（4.31）的要求：

$$f_{cu,min} \geqslant 0.90 f_{cu,k} \tag{4.31}$$

式中　　$m_{f_{cu}}$——同一验收批混凝土强度的平均值，MPa；

　　　　$f_{cu,k}$——设计的混凝土强度标准值，MPa；

　　　　$f_{cu,min}$——同一验收批混凝土强度的最小值，MPa；

　　　　σ_0——验收批混凝土强度的标准差，MPa。

验收批混凝土强度标准差 σ_0，应根据前一个检验期（不超过 3 个月）内同一品种混凝土试件强度资料，按式（4.32）确定：

$$\sigma_0 = \frac{0.59}{m} \sum_{i=1}^{m} \Delta f_{cu,i} \tag{4.32}$$

式中　　$\Delta f_{cu,i}$——前一检验期内第 i 验收批混凝土试件中强度最大值与最小值之差，MPa；

　　　　m——前一检验期内验收批的总批数（$m \geqslant 15$）。

【例 4.1】　某混凝土预制厂生产的构件，混凝土强度等级为 C30，统计前期 16 批的 8 组强度批极差见表 4.24。试按标准差已知法，评定现生产各批混凝土强度（表 4.25）是否合格。

表 4.24　　　　　　　　　　　　前期各批混凝土强度极差值

$\Delta f_{cu,i}$（MPa）							
3.5	6.2	8.0	4.5	5.5	7.6	3.8	4.6
5.2	6.2	5.0	3.8	9.6	6.0	4.8	5.0

注　$M=16$，$\sum=89.3$。

解：（1）由表 4.24，按式（4.32）计算验收批混凝土强度标准差：

$$\sigma_0 = \frac{0.59}{m} \sum_{i=1}^{m} \Delta f_{cu,i} = 3.3 (\text{MPa})$$

（2）计算验收批强度平均值 $m_{f_{cu}}$ 和最小值 $f_{cu,min}$ 的验收界限：

$$[m_{f_{cu}}] = f_{cu,k} + 0.7\sigma_0 = 30 + 0.7 \times 3.3 = 32.3 (\text{MPa})$$

$$[f_{cu,min}] = \begin{cases} f_{cu,k} - 0.7\sigma_0 = 27.7 (\text{MPa}) \\ 0.9 f_{cu,k} = 27.0 (\text{MPa}) \end{cases}$$

（3）对现生产各批强度进行评定，评定结果见表 4.25。

表 4.25　　　　　　　　　　　　现生产各批强度和评定结果

批号	$f_{cu,i}$			$m_{f_{cu}}$	评定结果	批号	$f_{cu,i}$			$m_{f_{cu}}$	评定结果
	1	2	3				1	2	3		
1	38.6	38.4	34.2	37.4	+	4	38.2	36.0	25.0①	33.1	—
2	35.2	30.8	28.8	31.6①	—	⋮	⋮	⋮	⋮	⋮	⋮
3	39.4	38.2	38.0	38.5	+	15	30.2	33.2	36.4	33.2	+

①　表示不合格数据。

2. 统计方法（未知标准差方法）

当混凝土生产条件不能满足前述规定，或在一个检验期内的同一品种混凝土没有足够的数据用以确定验收批混凝土强度的标准差时，应由不少于 10 组的试件代表一个验收批，其强度应同时符合式（4.33）和式（4.34）的要求，即

$$m_{f_{cu}} - \lambda_1 S_{f_{cu}} \geqslant 0.9 f_{cu,k} \tag{4.33}$$

$$f_{cu,\min} \geqslant \lambda_2 f_{cu,k} \tag{4.34}$$

式中　λ_1、λ_2——合格判定系数，按表 4.26 取用；

　　　　$S_{f_{cu}}$——验收混凝土强度的标准差，MPa。

表 4.26　　　　　　　　　　　　混凝土强度的合格判定系数

试件组数	10~14	15~24	>25	试件组数	10~14	15~24	>25
λ_1	1.70	1.65	1.60	λ_2	0.90	0.85	

当 $S_{f_{cu}}$ 的计算值小于 $0.06 f_{cu,k}$ 时，取 $S_{f_{cu}} = 0.06 f_{cu,k}$。

验收批混凝土强度的标准差 $f_{cu,k}$ 可按式（4.35）计算：

$$S_{f_{cu}} = \sqrt{\dfrac{\sum\limits_{i=1}^{n} f_{cu,i}^2 - n m_{f_{cu}}^2}{n-1}} \tag{4.35}$$

式中　$f_{cu,i}$——验收批第 i 组混凝土试件的强度值，MPa；

　　　　n——验收批混凝土试件的总组数。

【例 4.2】　现场集中搅拌混凝土，强度等级为 C30，其同批强度见表 4.27，试评定该批混凝土是否合格。

表 4.27　　　　　　　　　　　　混 凝 土 批 强 度

$f_{cu,i}$（MPa）									
36.5	38.4	33.6	40.2	33.8	37.2	38.2	39.4	40.2	38.4
38.6	32.4	35.8	35.6	40.8	30.6	32.4	38.6	30.4	38.8

注　$n=20$，$n_{f_{cu}}=36.5$。

解：（1）按式（4.35）计算该批混凝土强度标准差：

$$S_{f_{cu}} = \sqrt{\dfrac{26839.33 - 20 \times 1332.25}{20-1}} = 3.2 > 0.06 f_{cu,k}$$

（2）按式（4.33）和式（4.34）计算验收界限：

$$[m_{f_{cu}}] = (1.65 \times 3.2 + 0.9 \times 30) = 32.3 (MPa)$$

$$[m_{f_{cu,\min}}] = 0.85 \times 30 = 25.5 (MPa)$$

（3）评定该批混凝土强度：

因　　　　　　　　　　$m_{f_{cu}} > [m_{f_{cu}}] = 32.3 MPa$

且　　　　$m_{f_{cu,\min}} = 30.4 MPa > [m_{f_{cu,\min}}] = 0.85 \times 30 MPa = 25.5 (MPa)$

所以该批混凝土应评为合格。

3. 非统计方法

按非统计方法评定混凝土强度时，其所保留强度应同时满足式（4.36）和式（4.37）的要求：

$$m_{f_{cu}} \geqslant 1.15 f_{cu,k} \tag{4.36}$$

$$f_{cu,\min} \geqslant 0.95 f_{cu,k} \tag{4.37}$$

4.7　其他混凝土

在土建工程中，除了普通混凝土材料外，高强混凝土、轻集料混凝土、碾压混凝土、流态混凝土、纤维增强混凝土等也都有了很大的发展，现将这几种混凝土简述如下。

4.7.1　高强混凝土

强度等级不低于 C50 的混凝土称为高强混凝土。高强混凝土的特点是强度高、耐久性好、变形小，能适应现代工程结构向大跨度、重载发展和承受恶劣环境条件的需要。

为了保证混凝土达到应有的强度，通常采用下列几方面的综合措施。

（1）选用优质高强的水泥，水泥矿物成分中 C_3S 和 C_2S 应较高，特别是 C_3S 含量要高。集料应选用高强、有棱角、致密而无孔隙和软弱夹杂物的材料，并且要求有最佳级配；高强混凝土均需采用减水剂或其他外加剂，应选用优质高效的 NNO 和 MF 等减水剂来提高混凝土强度。

（2）采用增加水泥中早强和高强的矿物成分含量，提高水泥的磨细度和采用蒸压养护的方法，来改善水泥的水化条件以达到高强度。

（3）掺加各种高聚物，增强集料和水泥的粘附性，采用纤维增强等措施来提高混凝土强度，而得到高强混凝土。

（4）采用加压脱水成形法及掺减水剂的方法来提高混凝土的密实度，而使混凝土的强度得到提高。

4.7.2　轻集料混凝土

用轻粗、细集料和水泥配制而成的、表观密度不大于 1900kg/m³ 的混凝土，称为轻混凝土。

轻集料混凝土种类较多，常以轻集料的种类来命名，如粉煤灰陶粒混凝土、黏土陶粒混凝土、浮石混凝土、页岩陶粒混凝土等。

4.7.2.1　轻集料的种类和性质

1. 轻集料的种类

凡粒径在 4.75mm 以上、松装堆积密度小于 1000kg/m³ 者，称为轻粗集料。粒径小于 4.75mm、松装堆积密度小于 1100kg/m³ 者，称为轻细集料（又称轻砂）。

轻集料按原料来源分为以下三类。

（1）工业废渣轻集料。以工业废渣为原料，经加工而成的轻质集料，如煤矸石陶粒、粉煤灰陶粒、煤渣、膨胀矿渣等。

（2）天然轻集料。以天然形成的多孔岩石经加工而成的轻质集料，如浮石、火山渣等。

（3）人工轻集料。以地方材料为原料，经加工而成的轻质集料，如页岩陶粒、黏土陶粒等。

2. 轻集料的技术性质

轻集料混凝土的性质很大程度上取决于轻集料的性质。轻集料的技术性质要求如下。

（1）最大粒径与颗粒级配。保温及结构保温轻集料混凝土用的轻集料，其最大粒径不宜大于 40mm；结构轻集料混凝土的轻集料，不宜大于 20mm。轻集料混凝土的粗集料级配，按现行规范只控制最大、最小和中间粒径的含量及含水率。各种轻集料级配要求见表4.28。自然级配的空隙率应不大于 50%。

表 4.28　　　　　　　　　　　　　轻粗集料的级配

筛孔尺寸		d_{min}	$d_{max}/2$	d_{max}	$2d_{max}$
圆球型的及单一粒径级配	累计筛余（按质量计，%）	≥90	不规定	≤10	0
普通型的混合级配		≥90	30~70	≤10	0
碎石型的混合级配		≥90	40~60	≤10	0

（2）筒压强度和强度标号。轻集料混凝土破坏与普通混凝土不同，它不是沿着砂、石与水泥石结构面破坏，而是由于轻集料本身强度较低首先破坏，因此轻集料强度对混凝土强度有很大影响。轻集料强度的测定方法有两种：一种是筒压法，其指标是筒压强度；另一种是通过混凝土和相应砂浆的强度试验，求得轻集料强度，其指标是强度标号。

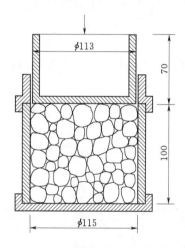

图 4.11　筒压强度试验示意图

1）筒压强度通常采用"筒压法"来测定。它是将 10~20mm 粒级轻粗集料按要求装入 ϕ115mm×100mm 的带底圆筒内，上面加 ϕ113mm×70mm 的冲压模（图4.11），取冲压模压入深度为 20mm 的压力值，除以承压面积，即为轻粗集料的筒压强度值。筒压强度是间接反映轻粗集料颗粒强度的一项指标，对相同品种的轻粗集料，筒压强度与轻粗集料的松散表观密度呈线型关系。但轻粗集料在圆筒内受力状态是点接触，多向挤压破坏，筒压强度只是相对强度，不能反应轻集料在混凝土中的真实强度。

2）强度标号用测定规定配合比的轻砂混凝土和其砂浆组分的抗压强度的方法来求得混凝土中轻粗集料的真实强度，并以"混凝土合理强度值"作为轻粗集料强度标号。不同密度等级轻粗集料的筒压强度和强度标号应不小于表 4.29 的规定值。

表 4.29　　　　　　　　　　　轻粗集料的筒压强度与强度标号

密度等级	筒压强度 f_a（MPa）		强度标号 f_{ak}（MPa）	
	碎石型	普通型和圆球型	普通型	圆球型
300	0.2/0.3	0.3	3.5	3.5
400	0.4/0.5	0.5	5.0	5.0

续表

密度等级	筒压强度 f_a（MPa）		强度标号 f_{ak}（MPa）	
	碎石型	普通型和圆球型	普通型	圆球型
500	0.6/1.0	1.0	7.5	7.5
600	0.8/1.5	2.0	10	15
700	1.0/2.0	3.0	15	20
800	1.2/2.5	4.0	20	25
900	1.5/3.0	5.0	25	30
1000	1.8/4.0	6.5	30	40

注 碎石型天然轻粗集料取斜线以左值；其他碎石型轻粗集料取斜线以右值。

（3）吸水率。轻集料的吸水率一般比普通集料大，且开始 1h 内吸水极快，24h 后几乎不再吸水。国家标准对轻集料 1h 吸水率的规定是：粉煤灰陶粒不大于 22%；黏土陶粒和页岩陶粒不大于 10%。

4.7.2.2 轻集料混凝土的技术性质

轻集料混凝土按其干表观密度的大小分为 12 个等级：800kg/m³、900kg/m³、1000kg/m³、1100kg/m³、1200kg/m³、1300kg/m³、1400kg/m³、1500kg/m³、1600kg/m³、1700kg/m³、1800kg/m³ 及 1900kg/m³。

轻集料混凝土的强度等级按立方体抗压强度标准值分为：CL5.0、CL7.5、CL10、CL15、CL20、CL25、CL30、CL35、CL40、CL45 和 CL50 等。桥梁结构用轻集料混凝土，其强度等级不低于 CL15。

按用途不同，轻集料混凝土分为三类，其相应的强度等级和表观密度见表 4.30。

表 4.30 轻集料混凝土按用途分类

名　称	混凝土强度等级的合理范围	混凝土干表观密度的合理范围（kg/m³）	用　途
保温轻集料混凝土	CL5.0	800	主要用于保温的维护结构或热工构筑物
结构保温轻集料混凝土	CL5.0、CL7.5、CL10、CL15	800～1400	主要用于既承重又保温的维护结构
结构轻集料混凝土	CL20、CL25、CL30、CL35、CL40、CL45、CL50	1400～1900	主要用于承重构件或构筑物

1. 轻集料混凝土拌和物的和易性

由于轻集料具有颗粒表观密度小、表面粗糙、总表面积大、易吸水等特点，所以其拌和物适用的流动性范围窄，过大就会使轻集料容易上浮、离析；过小则捣实困难。流动性的大小主要取决于用水量，轻集料吸水率大，故其用水量的概念与普通混凝土略有区别。加入拌和物中的水量（称总用水量）可分为两部分，一部分被集料吸收，其数量相当于 1h 的吸水量，这部分水称为附加用水量；其余部分称为净水量，使拌和物获得要求的流动性和保证水泥水化的进行，净用水量可根据混凝土的用途及要求的流动性来选择。

轻集料混凝土与普通混凝土相同，其和易性也受砂率的影响。尤其采用轻砂时，拌和物和易性随着砂率的提高而有所改善，轻集料混凝土的砂率一般比普通混凝土的砂率为大。

2. 轻集料混凝土的强度

轻集料混凝土决定强度的因素与普通混凝土基本相同，即水泥强度与水灰比（净水灰比）。由于轻集料的本身强度较低，因而轻集料的强度就成了决定轻集料混凝土强度的因素之一。轻集料混凝土强度有如下特点。

（1）与普通混凝土相比，采用轻集料会导致强度下降，并且用量越多，强度降低也越多，而其表观密度也越小。

（2）轻集料混凝土的另一特点是每种粗集料只能配制一定强度（即前面所述之合理强度值）的混凝土，如欲配制高于此强度的混凝土，即使采用降低水灰比的方法来提高砂浆的强度，也不可能使混凝土的强度得到明显提高。

3. 弹性模量和徐变

轻集料混凝土的应变值比普通混凝土大，弹性模量为同强度等级普通混凝土的 $50\%\sim70\%$。同时，因其弹性模量较小，限制变形能力较低，水泥用量较大，因此其徐变较普通混凝土为大。

4. 轻集料混凝土施工技术特点

（1）轻集料混凝土拌和用水中，应考虑 1h 吸水量或将轻集料浸水饱和后再进行搅拌的方法。

（2）轻集料混凝土拌和物的和易性比普通混凝土差。为获得相同的和易性，应适当增加水泥浆或砂浆的用量。轻集料混凝土拌和物搅拌后，宜尽快浇筑，以防坍落度损失。

（3）轻集料混凝土拌和物中的轻集料容易上浮。因此，应使用强制式搅拌机，搅拌时间应略长；另外，最好采用加压振捣并控制振捣的时间。

（4）轻集料混凝土易产生干缩裂缝，必须加强早期养护。采用蒸汽养护时，应适当控制净停时间及升温速度。

4.7.2.3　轻集料混凝土的工程应用

轻集料混凝土应用于土建类工程，可减轻自重、增大跨度、节约工程投资。

4.7.3　流态混凝土

流态混凝土是在预拌的坍落度为 $80\sim120mm$ 的基体混凝土拌和物中，加入一种叫做硫化剂的外加剂，经过二次搅拌，使基体混凝土拌和物的坍落度立刻增加至 $180\sim220mm$，能自流填满模型或钢筋间隙的混凝土。

4.7.3.1　流态混凝土的特点

（1）流动性大，可浇筑性好。流态混凝土的流动性好，坍落度达 200mm 以上，便于泵送浇筑后，可以不振捣，因为其具有很好的自密性。

（2）降低集浆比，减少收缩。流态混凝土是依据硫化剂的作用来提高流动性的，如保持原来的水灰比不变，则不仅可减少用水量，同时还可节约水泥用量。这样混凝土拌和物中水泥浆量减少后，则可减小混凝土硬化后的收缩率，避免产生收缩裂缝。

（3）减少用水量，提高混凝土性能。由于硫化剂可大幅度减少用水量，如水泥用量不变，则可在保证流动性的前提下降低水灰比，因而可提高混凝土的强度和耐久性。

（4）不产生离析和泌水现象。由于硫化剂的作用，在用水量较小的情况下而具有较大的流动性，故其不会像普通混凝土那样产生离析与泌水现象。

4.7.3.2　流态混凝土的力学性能

（1）抗压强度。一般情况下，流态混凝土与基体混凝土相比，同龄期的强度无多大差异。但是由于硫化剂的性能各异，有的硫化剂可起到一定的早强作用，因而使流态混凝土的强度有所提高。

（2）与钢筋的黏结强度。由于硫化剂使得混凝土拌和物的流动性增加，故流态混凝土较普通混凝土与钢筋的黏结强度有所增加。

（3）弹性模量。掺加硫化剂后，流动性混凝土的弹性模量与抗压强度一样，没有明显差异。

（4）徐变与收缩。流态混凝土的徐变较基体混凝土稍大，而与普通大流动性混凝土接近；其收缩与硫化剂的种类和掺量有关。

（5）耐磨性。试验证明，流动性混凝土的耐磨性较基体混凝土稍差，作为路面混凝土应考虑提高耐磨性措施。

（6）抗冻性。流态混凝土的抗冻性较基体混凝土稍差，与大流动性混凝土接近。

4.7.3.3　流态混凝土的工程应用

流态混凝土在土建工程中应用日益广泛，主要适应于狭窄的施工现场以及大体积混凝土结构物和高层建筑。

4.7.4　防水（抗渗）混凝土

防水（抗渗）混凝土是指具有高抗渗性能（抗渗压力大于 $0.6MPa$）的混凝土。目前常用的防水混凝土有普通防水混凝土、掺外加剂的防水混凝土和膨胀水泥防水混凝土。

（1）普通防水混凝土。其主要是通过调整配合比（集料级配、水灰比、水泥用量等）来提高自身密实度而满足抗渗性能的一种混凝土。

（2）掺外加剂的防水混凝土。是在混凝土中掺入适当品种和数量的外加剂，用以隔断或堵塞混凝土中的各种孔隙及渗水通道，从而改善混凝土的抗渗性能。常用的外加剂有引气剂、减水剂等。

（3）膨胀水泥防水混凝土。即用膨胀水泥配制的防水混凝土。由于膨胀水泥在水化过程中，形成大量体积增大的水化铝酸钙晶体（钙矾石），伴有一定程度的体积膨胀，在外围有约束的条件下，能改善混凝土内的孔结构，降低孔隙率，从而提高混凝土的抗渗性。

防水混凝土主要应用于有防水抗渗要求的基础工程、水工构筑物、给排水工程构筑物（如水池、水塔等）以及屋面和桥面工程等。

4.7.5　纤维混凝土

纤维混凝土是以普通混凝土为基材，掺入各种纤维材料而成的复合材料。纤维一般可分为两类：一类为高弹性模量的纤维，包括玻璃纤维、碳纤维和钢纤维等；另一类为低弹性模量的纤维，如尼龙、人造丝、聚丙烯以及植物纤维等。目前，实际工程中使用的纤维混凝土有钢纤维混凝土、玻璃纤维混凝土、聚丙烯纤维混凝土及石棉水泥制品等。

纤维在混凝土中起增强作用，可提高混凝土的抗压、抗拉、抗弯强度和冲击韧度，并能有效地改善混凝土的脆性。目前,钢纤维混凝土在工程中应用最广泛、最成功,当钢纤维的用量达混凝土的 2% 时,抗拉强度可提高 1.2～2.0 倍。

目前,纤维混凝土主要用于飞机跑道、高速公路、水坝覆面、桥面、屋面板、墙板等要求较高耐磨性、抗裂性和抗冲击性的部位和构件。

4.7.6 喷射混凝土

喷射混凝土是用压缩空气喷射施工的混凝土。喷射方法主要有干式喷射法、湿式喷射法、半湿喷射法及水泥裹砂喷射法等。喷射混凝土施工时,将水泥、砂、石子及速凝剂按比例加入喷射机中,经喷射机拌匀、以一定压力送至喷嘴处加水后喷至受喷射部位形成混凝土。

喷射混凝土所用水泥要求早强、快凝、保水性好,不得有受潮结块现象。多采用32.5 级以上的新鲜普通水泥,并需加入速凝剂;所用集料要求质地坚硬,粗集料最大粒径一般不大于 20mm,细集料宜采用中、粗砂,并含有适量的粉细颗粒。

将适量钢纤维加入喷射混凝土内,即形成钢纤维喷射凝土。它引入了纤维混凝土的优点,进一步改善了混凝土的性能。

喷射混凝土主要应用于薄壁结构、边坡及基坑的加固、地下工程、结构物维修、防护工程等,在高空或施工场地狭小的工程中,喷射混凝土更有明显的优点。

4.7.7 耐热混凝土

耐热混凝土是在高温(200～900℃)的长期作用下能保持原来主要技术性质的特种混凝土。

耐热混凝土主要应用于有耐热要求的工程,如焦炉、矿炉、热工设备的基础、烟囱及维护结构等。

复 习 思 考 题

1. 试述混凝土的特点及混凝土各组成材料的作用。

2. 简述混凝土拌和物和易性的概念及其影响因素,并叙述坍落度和维勃稠度的测定方法和适用范围。

3. 什么是合理砂率?采用合理砂率有何意义?

4. 试述混凝土耐久性的概念及其所包含的内容。

5. 简述混凝土变形类型及其概念。

6. 简述混凝土拌和物坍落度大小的选择原则及影响因素。

7. 影响混凝土强度的主要因素有哪些?提高混凝土强度的主要措施是什么?

8. 简述混凝土配合比设计的三大参数的确定原则以及设计的方法步骤。

9. 混凝土用粗、细集料在技术性质上有哪些主要要求?如何确定粗集料的最大粒径?

10. 混凝土外加剂按其功能可分为哪几类?其各自适用的范围是什么?

习 题

1. 某工地用砂的筛分析结果见表 4.31 所示(砂样总量 500g),试确定该砂为何种细度的砂,并评定其级配如何?

表 4.31 工地用砂筛分析结果

筛孔尺寸（mm）	4.75	2.36	1.18	0.60	0.30	0.15
分计筛余（g）	20	100	100	120	70	60

2. 用强度等级为 42.5 级的普通水泥、河砂及卵石配制混凝土，使用的水灰比分别为 0.60 和 0.53，试估算混凝土 28d 的抗压强度分别是多少？

3. 某混凝土的试验室配合比为 1∶2.0∶4.0（水泥∶砂∶石子），$W/C = 0.57$。已知水泥密度为 3.1g/cm³，砂、石子的密度分别为 2.6g/cm³ 及 2.65g/cm³。试计算 1m³ 混凝土中各项材料的用量。混凝土拌和物经试拌调整后，和易性满足要求，试拌材料用量为：水泥 4.7kg，水 2.8kg，砂 8.9kg，碎石 18.5kg。实测混凝土拌和物表观密度为 2380kg/m³。

（1）试计算 1m³ 混凝土各项材料用量为多少？

（2）假定上述配合比可以作为实验室配合比，如施工现场砂的含水率为 4%，石子含水率为 1%，求施工配合比。

（3）如果不进行配合比换算，直接把试验室配合比在现场施工使用，则实际的配合比如何？对混凝土强度将产生多大影响。

4. 某办公楼的钢筋混凝土梁（处于室内干燥环境）的设计强度等级为 C30，施工要求坍落度为 30~50mm，采用 42.5 级普通硅酸盐水泥（$\rho_c = 3.1$g/cm³）；砂子为中砂，表观密度为 2.65g/cm³，堆积密度为 1450kg/m³；石子为碎石，粒级为 4.75~37.5mm，表观密度为 2.70g/cm³，堆积密度为 1550kg/m³；混凝土采用机械搅拌、振捣，施工单位无混凝土强度标准差的统计资料。

（1）用体积法计算混凝土的初步配合比。

（2）假设用计算出的初步配合比拌制混凝土，经检验后混凝土的和易性、强度和耐久性均满足设计要求，又已知混凝土现场砂的含水率为 2%，石子的含水率为 1%，试计算该混凝土的施工配合比。

第5章 建 筑 砂 浆

内容概述：本章主要介绍建筑砂浆和易性的概念及测定方法，砌筑砂浆的配合比设计，建筑工程中常用砂浆及装饰工程中抹灰砂浆的品种、特点及应用。

学习目标：掌握建筑砂浆的基本技术性质及其测定方法，了解各种抹面砂浆的功能及其技术要求，学会砌筑砂浆的配合比设计方法。

建筑砂浆是由胶凝材料、细集料、掺合料和水按适当的比例配制而成的，又称为无粗集料的混凝土。砂浆在建筑工程中是用量大、用途广的建筑材料，它主要用于砌筑砖、石、砌块等结构，此外还可以用于建筑物内外表面的抹面。

建筑砂浆按胶结材料的种类不同分为水泥砂浆、石灰砂浆和混合砂浆。根据用途，建筑砂浆可分为砌筑砂浆、抹面砂浆、防水砂浆、装饰砂浆等。

5.1 砌 筑 砂 浆

5.1.1 砌筑砂浆的组成材料

1. 胶凝材料

胶凝材料在砂浆中黏结细集料，对砂浆的基本性质影响较大。砌筑砂浆常用的胶凝材料有水泥、石灰、石膏等，在选用时应根据砂浆的使用环境、使用功能等合理选择。

用于砌筑砂浆的胶凝材料主要是水泥（普通水泥、矿渣水泥、火山灰质水泥、粉煤灰水泥、砌筑水泥等）。配制砂浆用的水泥强度等级应根据设计要求进行选择，配制水泥砂浆时，其强度等级一般不宜大于 32.5 级；配制水泥混合砂浆时，其强度等级不宜大于 42.5 级，一般取砂浆设计强度的 4～5 倍。

2. 细集料

细集料在砂浆中起着骨架和填充的作用，要求基本同混凝土用细集料的技术性质要求。

由于砌筑砂浆层较薄，对细集料的最大粒径应有所限制。对于毛石砌体所用的细集料，以使用粗砂为宜，其最大粒径应小于砂浆层厚度的 1/5～1/4；对于砖砌体所用的细集料，以使用中砂为宜，其最大粒径应不得大于 2.5mm；对于光滑的抹面及勾缝砂浆所用的细集料，则应采用细砂。

细集料的含泥量对砂浆的强度、变形、稠度、耐久性影响较大。对强度等级不小于 M5 的砂浆，细集料的含泥量不应大于 5%；对强度等级超过 M5 的砂浆，细集料的含泥量可大于 5%，但应小于 10%。

3. 掺合料及外加剂

为了改善砂浆的和易性，节约水泥用量，在砂浆中常掺入适量的掺合料或外加剂。常用的掺合料有石灰膏、黏土膏、电石膏、粉煤灰等。消石灰粉不得直接用于砌筑砂浆中，石灰膏、黏土膏和电石膏试配时的稠度，应为 120mm±5mm；常用的外加剂有微沫剂、纸浆废液、皂化松香等。

石灰应先制成石灰膏，熟化时间不少于 7d，并用孔径不大于 3mm×3mm 的筛网过滤，然后掺入砂浆搅拌均匀；磨细生石灰的熟化时间不得少于 2d；严禁使用脱水硬化的石灰膏。因消石灰粉中含较多的未完全熟化的颗粒，砌筑、抹面后继续熟化，产生体积膨胀，可能破坏砌体或墙面，故消石灰粉不得直接用于砌筑砂浆中。

黏土也须制成沉入度在 14～15cm 的黏土膏，并通过孔径不大于 3mm×3mm 的筛网过滤，黏土以选颗粒细、黏性好、砂及有机物含量少的为宜。

4. 拌和用水

建筑砂浆拌和用水的技术要求与混凝土拌和用水相同。原则上应采用不含有害杂质的洁净水或生活饮用水；但可在保证环保的前提下，鼓励采用经化验分析和试拌验证合格的工业废水拌制砂浆，以达到节水的目的。

5.1.2　砌筑砂浆的基本性质

砌筑砂浆应满足下列技术性质。

（1）满足和易性要求。

（2）满足设计种类和强度等级要求。

（3）具有足够的黏结强度。

5.1.2.1　新拌砂浆的和易性

砂浆的和易性是指砂浆拌和物在施工中既方便操作、又能保证工程质量的性质。和易性好的砂浆容易在砖石底面上铺成均匀的薄层，使灰缝饱满密实，且能与底面很好地粘结为整体，使砌体获得较好的整体性。新拌砂浆的和易性可由流动性和保水性两个方面作综合评定。

1. 流动性

砂浆的流动性（又称稠度）是指砂浆在自重或外力的作用下易产生流动的性能。流动性好的砂浆容易在砖石等基面上铺成薄层。

砂浆流动性的大小可通过砂浆稠度仪试验测定（图 5.1），用稠度或沉入度（单位：mm）表示，即质量为 300g 的标准圆锥体在砂浆内自由下沉 10s 的深度，沉入度大的表明砂浆的流动性好。

砂浆的流动性与胶凝材料的品种和用量、细骨料的粗细程度和级配、砂浆的搅拌时间、用水量等因素有关；但当原材料条件和胶凝材料与砂的比例一定时，主要取决于用水量的多少。砂浆流动性的选择要考虑砌体材料的种类、施工条件和气候条件等情况。通常情况下，基层为多孔吸水材料或在干热条件下施工时，

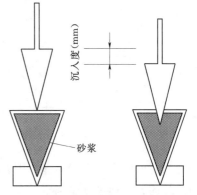

图 5.1　稠度测定示意

应使砂浆的流动性大些；相反，对于密实的、吸水很少的基层材料或在湿冷气候条件下施工时，可使流动性小些。可参考表 5.1 选择砂浆的流动性。

表 5.1 　　　　　　　　　　　　**建筑砂浆的流动性（沉入度）** 　　　　　　　　　单位：mm

砌体种类	干燥气候	寒冷气候	抹灰工程	机械施工	人工施工
砖砌体	80～100	60～80	准备层	80～90	110～120
普通毛石砌体	60～70	40～50	底层	70～80	70～80
振捣毛石砌体	20～30	10～20	面层	70～80	90～100
混凝土砌块砌体	70～90	50～70	石膏浆面层	—	90～120

2. 保水性

新拌砂浆的保水性，是保持其内部水分不泌出、流失的能力。新拌砂浆在存放、运输和使用的过程中，都应该保持水分不致很快流失，才能在砌材基面上形成均匀密实的砂浆胶结层，从而能够保证砌体的质量。如砂浆的保水性不良，在存放、运输、施工等过程中就容易发生泌水、分层离析现象，使得砂浆的流动性变差，不宜铺成均匀的砂浆层。另外，砂浆中的水分易被砖石等砌材迅速吸收，影响胶凝材料的正常水化，降低了砂浆的强度和黏结力，影响了砌体的质量。一般可通过掺入适量的石灰膏或微沫剂来改善砂浆的保水性。

砂浆的保水性用分层度（mm）表示，常用分层度测定仪测定（图 5.2）。将拌好的砂浆置于容器中，测其沉入度 K_1，静置 30min 后，去掉上面 20cm 厚砂浆，将下面剩余的10cm 厚的砂浆倒出拌和均匀，测其沉入度 K_2，两次沉入度的差（$K_1 - K_2$）称为分层度，以 mm 表示。分层度过大，表示砂浆易产生分层离析，不利于施工及水泥硬化。水泥砂浆的分层度不应大于 30mm，水泥混合砂浆分层度不应大于 20mm，若分层度过小如接近于零的砂浆，其保水性太强，容易产生干缩裂缝。

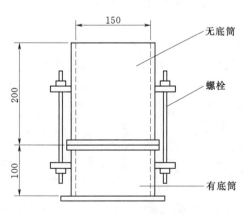

图 5.2　分层度测定仪（单位：mm）

5.1.2.2　硬化砂浆的性质

1. 砂浆的强度

砂浆在砌体中主要起胶结砌块和传递荷载的作用，所以应具有一定的抗压强度。其抗压强度是确定强度等级的主要依据。砌筑砂浆的强度等级是用边长为 70.7mm 的立方体试件，在标准条件养护下，用标准试验方法测得 28d 的抗压强度平均值（MPa），并考虑 95% 的强度保证率而确定的。砂浆的强度等级共分为 M2.5、M5、M7.5、M10、M15、M20 等六个等级。

砂浆强度的影响因素很多，随组成材料的种类和底面吸水性不同而异，因此很难用统一公式准确地计算抗压强度。在施工中，多采用试配的方法通过试验确定。对于普通水泥配制的砂浆可参考下列公式计算其抗压强度。

（1）用于不吸水底面（如致密的块石）。影响其强度的因素与混凝土相同，主要取决于水泥强度等级及水灰比，可用式（5.1）计算：

$$f_{m28} = 0.29 f_{ce} \left(\frac{C}{W} - 0.4 \right) \tag{5.1}$$

在无法取得水泥的实测强度时，可按式（5.2）计算 f_{ce}：

$$f_{ce} = \gamma_c f_{ce,k} \tag{5.2}$$

式中 f_{m28}——砂浆 28d 的抗压强度，MPa；

f_{ce}——实测水泥 28d 的抗压强度值，MPa；

$f_{ce,k}$——水泥的强度等级对应的标准强度值，MPa；

γ_c——水泥强度的富余系数，按实际统计资料确定，无统计资料时 γ_c 取 1.0；

C/W——灰水比。

（2）用于吸水底面（如砖或其他多孔材料）。原材料及灰砂比相同时，拌和砂浆加入的水量虽有不同，但经材料吸水后留在砂浆中的水分仍相差不大，砂浆的强度主要取决于水泥强度和水泥用量，而与用水量关系不大，可按经验公式（5.3）计算：

$$f_{m28} = \frac{A Q_c f_{ce}}{1000} + B \tag{5.3}$$

式中 Q_c——1m³ 砂浆中的水泥用量，kg；

f_{ce}——实测水泥 28d 的抗压强度值，MPa；

A、B——砂浆的特征系数，可由试验测定，或参照表 5.2；

表 5.2   A、B 系 数 值

砂浆品种	A	B
水泥砂浆	1.03	3.50
水泥混合砂浆	1.50	−4.25

注 各地区也可用本地区试验资料确定 A、B 值，统计用的试验组数不得少于 30 组。

2. 黏结力

砂浆与所砌筑材料的黏结强度称为黏结力。砂浆与底面的黏结力与砂浆的抗压强度有关，一般情况下砂浆的抗压强度越高，黏结力也越大。另外，砂浆的黏结力与所砌筑材料的表面状态、清洁程度、湿润状态、施工水平及养护条件等也有密切的关系。

5.1.3 砌筑砂浆的配合比设计

按照 JGJ 98—2000《砌筑砂浆配合比设计规程》规定，砌筑砂浆要根据工程类别及砌体部位的设计要求，选择其强度等级，再按强度等级来确定配合比。砂浆的配合比可先用计算法确定初步配合比，然后试拌调整得到施工配合比。

1. 计算砂浆的配制强度 $f_{m,o}$

$$f_{m,o} = f_2 + 0.645\sigma \tag{5.4}$$

$$\sigma = \sqrt{\frac{\sum_{i=1}^{n} f_{m,i}^2 - n\mu_{f_m}^2}{n-1}} \tag{5.5}$$

式中　$f_{m,o}$——砂浆的配制强度，MPa；

　　　f_2——砂浆设计强度标准值，MPa；

　　　σ——砂浆现场强度标准差，MPa；

　　　$f_{m,i}$——统计周期内同一品种砂浆第 i 组试件的强度，MPa；

　　　μ_{f_m}——统计周期内同一品种砂浆 n 组试件强度的平均值，MPa；

　　　n——统计周期内同一品种砂浆试件的总组数（一般要求在 25 组以上）。

当没有近期统计资料时，标准差 σ 可按表 5.3 取值。

表 5.3　　　　　　　　　砂浆强度标准差 σ 选用表（JGJ 98—2000）　　　　　　单位：MPa

施工水平	砂浆强度等级					
	M2.5	M5	M7.5	M10	M15	M20
优　良	0.50	1.00	1.50	2.00	3.00	4.00
一　般	0.62	1.25	1.88	2.50	3.75	5.00
较　差	0.75	1.50	2.25	3.00	4.50	6.00

2. 计算 1m³ 砂浆中的水泥用量 Q_C

$$Q_C = \frac{1000(f_{m,o} - B)}{A f_{ce}}$$

式中　Q_C——1m³ 砂浆中的水泥用量，kg/m³；

　　　$f_{m,o}$——砂浆的配制强度，MPa；

　A、B——砂浆的特征系数，见表 5.2；

　　　f_{ce}——实测水泥 28d 的抗压强度值，MPa；当水泥砂浆中水泥的计算用量不足 200kg/m³，应按 200kg/m³ 采用。

3. 确定掺合料用量 Q_D

$$Q_D = Q_A - Q_C \tag{5.6}$$

式中　Q_D——1m³ 砂浆中的掺合料用量，kg/m³；

　　　Q_C——1m³ 砂浆中的水泥用量，kg/m³；

　　　Q_A——1m³ 砂浆中的水泥和掺合料的总量，一般应在 300～350kg/m³。

4. 确定砂子的用量 Q_S

砂浆中的水、胶凝材料和掺合料是用于填充砂子颗粒之间的空隙。一般 1m³ 砂子就构成 1m³ 砂浆。由于砂子的体积随着含水率的变化而变化，所以 1m³ 砂浆中砂子的用量，应以干燥状态（含水率小于 0.5%）的堆积密度值作为计算值，单位以 kg/m³ 计。

$$Q_S = \rho_{0干}(1 + \beta) \tag{5.7}$$

式中　Q_S——1m³ 砂浆中的砂子用量，kg/m³；

　　　$\rho_{0干}$——砂子在干燥状态下的堆积密度，kg/m³；

　　　β——砂子的含水率，%。

5. 选用用水量 Q_W

1m³ 砂浆中的用水量，可根据经验或按表 5.4 选用。

表 5.4　1m³ 砂浆中的用水量选用值

砂浆品种	混合砂浆	水泥砂浆
用水量（kg/m³）	260～300	270～330

注　1. 施工现场气候炎热或干燥季节，可酌量增加水量。

　　2. 当采用细砂或粗砂时，用水量分别取上限或下限。

　　3. 混合砂浆中的用水量，不包括石灰膏或黏土膏中的水。

　　4. 稠度小于 70mm 时，用水量可小于下限。

6. 配合比试配、调整与确定

（1）按计算所得配合比进行试拌，测定拌和物的沉入度和分层度，若不能满足要求，则应调整掺合料或用水量，直到符合要求为止。此配合比即为砂浆的基准配合比。

（2）强度检验至少采用三个不同的配合比，其中一个按基准配合比，另外两个配合比的水泥用量按基准配合比分别增加及减少 10%，在保证沉入度、分层度满足要求的条件下，可将掺合料或用水量作相应的调整。

（3）三个不同的砂浆配合比，经调整后，应按现行标准 JGJ 70—90《建筑砂浆基本性能试验方法》的规定成型试件并进行养护，分别测定其 28d 的抗压强度值。选定符合强度要求且水泥用量较少的砂浆配合比。

5.1.4　砌筑砂浆的配合比设计实例

【例 5.1】　某砌筑工程用混合砂浆，强度等级为 M7.5，稠度为 70～100mm。采用强度等级为 42.5 的普通硅酸盐水泥、含水率为 2% 的中砂（干燥状态下的堆积密度为 1450kg/m³）、石灰膏配制，施工水平一般。试计算该砂浆的配合比。

解：

（1）确定砂浆的配制强度 $f_{m,o}$：

$$f_{m,o} = f_2 + 0.645\sigma$$

$f_2 = 7.5\text{MPa}$　查表 5.3 得 $\sigma = 1.88\text{MPa}$

则　　　　　　　　　$f_{m,o} = 7.5 + 0.645 \times 1.88 = 8.7$（MPa）

（2）计算水泥用量 Q_C：

$$Q_C = \frac{1000(f_{m,o} - B)}{A f_{ce}}$$

查表 5.2，$A = 1.50$，$B = -4.25$

则　　　　　　　$Q_C = \frac{1000 \times (8.7 + 4.25)}{1.50 \times 42.5} = 203$（kg/m³）

（3）确定石灰膏用量 Q_D：

$$Q_D = Q_A - Q_C$$

取 $Q_A = 300\text{kg/m}^3$

则　　　　　　　　　$Q_D = 300 - 203 = 97$（kg/m³）

（4）根据砂子的堆积密度和含水率，计算 Q_S：

$$Q_S = 1450 \times (1 + 2\%) = 1479(\text{kg/m}^3)$$

（5）确定用水量 Q_W：根据表 5.4，选择用水量 $Q_W = 300\text{kg/m}^3$，则砂浆试配时的配合比：

$$水泥：石灰膏：砂：水 = 203：97：1479：300 = 1：0.48：7.28：1.48$$

计算得到的配合比，再经试配、调整，直到强度与和易性符合要求为止。

5.2 抹 面 砂 浆

抹面砂浆以均匀的薄层抹在建筑物表面，既能起到保护建筑物，又能起到装饰建筑物的作用。抹面砂浆按用途可分为普通抹面砂浆、防水砂浆、装饰砂浆及特种砂浆。

抹面砂浆的组成材料与砌筑砂浆基本相同。但为了防止砂浆层开裂有时需加入一些纤维材料（如纸筋、麻刀、有机纤维等）；有时为了强化其功能，需加入特殊的集料（如膨胀珍珠岩、陶砂等）或掺合料（如粉煤灰等）。

5.2.1 普通抹面砂浆

普通抹面砂浆是建筑工程中普遍使用的砂浆，它可以保护建筑物不受风、雨、雪等有害介质的侵蚀，提高建筑物的耐久性，同时使建筑物表面获得平整、光洁、美观的效果。

为了保证抹灰质量及表面平整，避免裂缝、脱落，一般分两层或三层进行施工。底层抹灰的作用使砂浆能与基面牢固黏结，要求砂浆具有较好的和易性与黏结力，尤其要有良好的保水性，以免水分被基面材料吸收而影响胶结效果。中层抹灰主要是为了找平，砂浆稠度可适当小些。面层的主要作用是装饰，要求平整、光洁、美观，一般要求砂浆细腻抗裂，应使用细度模数较小的砂拌制。

底层及中层多采用水泥混合砂浆，面层多采用水泥混合砂浆或掺纸筋、麻刀的石灰砂浆。在容易潮湿或碰撞的地方，如地面、踢脚板、墙裙、窗台、雨棚以及水池、水井、地沟、厕所等处，要求砂浆具有较高的强度和耐久性，应采用水泥砂浆。

常用的普通抹面砂浆的稠度及砂的最大粒径见表 5.5，普通抹面砂浆配合比可参考表 5.6。

表 5.5 普通抹面砂浆的稠度及砂的最大粒径

抹灰层名称	稠度（mm）（人工抹灰）	砂的最大粒径（mm）
底层	100～120	2.5
中层	70～90	2.5
面层	70～80	1.2

表 5.6 普通抹面砂浆参考配合比

材 料	体积配合比	材 料	体积配合比
水泥：砂	1：2～1：3	石灰：黏土：砂	1：1：4～1：1：8
石灰：砂	1：2～1：4	石灰：石膏：砂	1：0.4：2～1：2：4
水泥：石灰：砂	1：1：6～1：2：9	石灰膏：麻刀	100：2.5（质量比）

5.2.2 防水砂浆

用于制作防水层（刚性防水）的砂浆，称防水砂浆。它一般适用于水池、隧洞、地下工程等不受振动和具有一定刚度的混凝土或砖石砌体的工程表面。对于变形较大或可能发生不均匀沉降的建筑物或构筑物不宜使用。防水砂浆通常有掺防水剂砂浆防水和五层砂浆防水两种。

掺防水剂防水的砂浆，常用的防水剂有金属皂类防水剂及氯化物金属盐类防水剂。但在钢筋混凝土工程中，不宜采用氯化物金属盐类防水剂，以防止氯离子腐蚀钢筋。防水剂掺入砂浆中，可使得结构进一步密实，提高砂浆的抗渗性。

防水砂浆的抗渗效果在很大程度上取决于施工质量。五层砂浆防水是用水泥砂浆和素灰分层交叉抹面所形成的防水层。其中一层、三层为水灰比 0.55～0.6 的素灰，是主要的防水层；二层、四层为水灰比 0.4～0.5、灰砂比 1：1.5～1：2.5 的水泥砂浆，起着保护素灰的作用；五层为水泥净浆。每层在初凝前要用木抹子压实一遍，最后一层要压光；抹完后一定要加强养护，防止干裂。

5.2.3　装饰砂浆

涂抹在建筑物内外表面，具有美化、装饰、保护建筑物的抹面砂浆称为装饰砂浆。装饰砂浆的底层、中层和普通抹面砂浆基本相同，主要是装饰砂浆的面层，要求选用具有一定颜色的胶凝材料、集料以及采用特殊的施工工艺，让表面呈现出不同的花纹、色彩和图案等装饰效果。

装饰砂浆所采用的胶凝材料除了普通水泥、矿渣水泥外，还可采用白水泥或彩色水泥，或在常用水泥中掺加耐碱矿物颜料，配制成彩色水泥砂浆。集料常用花岗岩、大理石等带有颜色的碎石渣或玻璃、陶瓷、塑料碎粒。

几种常用的装饰砂浆的工艺做法如下。

（1）水磨石。用彩色水泥、白水泥或普通水泥加耐碱颜料和不同颜色的大理石或花岗岩石渣做面层，终凝后洒水养护，待强度达到设计要求的 70% 后，用机械反复地进行磨平、磨光而成。彩色水磨石强度高、耐久、光而平，应用广泛。水磨石多用于墙面、地面、柱面、台面、踢脚、隔断、水池等处。

（2）水刷石。组成与水磨石基本相同，只是石碴的粒径稍小（约 5mm）。将水泥石碴砂浆抹在建筑物的表面，待表面稍凝固后立即喷水冲刷表面的水泥浆皮，使石碴半露出来，通过不同色泽的石碴，达到装饰的目的。水刷石多用于建筑物外墙面、阳台、檐口、勒脚等处的装饰，具有天然石材的质感，经久耐用。

（3）干黏石。在素水泥浆或聚合物水泥砂浆黏结层上，将粒径为 5mm 以下的白色、彩色石碴或小石子、彩色玻璃、陶瓷碎粒用手工甩粘或机械喷枪喷粘在其上。干黏石的装饰效果与水刷石相近，但它既减少喷水冲洗等湿作业，节约原材料，又具有较高的施工效率。干黏石的用途与水刷石相同，但房屋底层、勒脚一般不宜使用。

（4）拉毛。是一种比较传统的饰面做法。在水泥砂浆或水泥混合砂浆抹灰中层上，抹上水泥混合砂浆、纸筋石灰或水泥石灰浆等，利用拉毛工具（铁抹子等）将砂浆拉出波纹和斑点的毛头，做成装饰面层。一般用于内外墙面、阳台拦板或围墙的装饰。但因墙面凹凸不平，易积灰受污染。

（5）斩假石。又称剁假石、剁斧石。其配制基本与水磨石相同。它是将硬化后的水泥石碴抹面层用钝斧剁琢变毛，其质感酷似花岗岩等天然石材。

（6）假面砖。将硬化的砂浆表面用刀斧等工具刻划成线条；或待砂浆初凝后，在其表面用木条或钢片压划出线条，也可用涂料画出线条；将墙面装饰成具有仿瓷砖、仿石材贴面的艺术效果。主要用于外墙装饰。

装饰砂浆还可用弹涂、喷涂、滚涂等施工工艺做成各样的饰面层，具有各自的装饰效果。装饰砂浆在经济上、技术上都具有一定的优越性，在建筑装饰工程中被广泛使用。

5.2.4 其他特种砂浆

（1）绝热砂浆。采用水泥、石灰、石膏等胶凝材料与膨胀珍珠岩、膨胀蛭石或陶粒砂等轻质多孔集料，按一定的比例配制的砂浆称为绝热砂浆。绝热砂浆质量轻、保温隔热效果好，其热导率约为 $0.07\sim0.10W/(m\cdot K)$，常用于墙面、屋面或供热管道的绝热保护。

（2）吸声砂浆。一般绝热砂浆是由轻质多孔集料制成的，具有一定的吸声功能。工程中常按水泥∶石膏∶砂∶锯末＝1∶1∶3∶5（体积比）拌制成吸声砂浆；或在石膏、石灰砂浆中掺入玻璃纤维、矿渣棉等有机松软纤维材料。吸声砂浆常用于室内墙壁和顶棚的吸声处理。

（3）自流平砂浆。在现代的施工技术条件下，自流平砂浆具有施工便捷、质量优、强度高、耐磨性好等优点，常用于室内外地坪。自流平砂浆的关键技术是：严格控制细集料的颗粒级配、形状与含泥量；选择具有合适级配的水泥或其他胶结材料；掺用合适、高效的外加剂。

复 习 思 考 题

1. 新拌砂浆的和易性包括哪些要求？如何测定？砂浆和易性不良对工程应用有何影响？

2. 影响砌筑砂浆强度的主要因素有哪些？

3. 何谓混合砂浆？为什么一般砌筑工程多采用水泥混合砂浆？

4. 砌筑砂浆配合比设计的基本步骤有哪些？

5. 装饰砂浆通常有哪些工艺做法？

6. 抹面砂浆常有的种类有哪些？各自的功能是什么？

习 题

某多层住宅楼工程，要求配制强度等级为 M5.0、稠度为 70～90mm 的水泥石灰混合砂浆。工地现有材料如下。

水泥：强度等级为 42.5 的普通硅酸盐水泥，表观密度为 1310kg/m³；

砂子：含水率为 1.5％的中砂，干燥状态下的堆积密度为 1450kg/m³；

石灰膏：表观密度为 1280kg/m³。

施工水平一般。试求每立方米混合砂浆中各项材料的用量（按重量计）。

第6章 墙 体 材 料

内容概述：本章主要介绍了墙体三大材料：烧结砖、砌块和墙体板材，对其组成、分类、规格、质量要求、工程应用作了详细阐述，同时对各种墙体材料在国内外的发展状况也进行了简要说明。

学习目标：本章要求学生掌握各种烧结砖、砌块和墙体板材的主要品种、技术指标等，理解常用墙体材料的质量检验方法，了解各种墙体材料的应用和发展，培养学生根据工程要求合理选用墙体材料的能力。

砖石是最古老、最传统的建筑材料，砖石结构应用已有几千年的历史，我国墙体材料95％以上仍为烧结类砖、非烧结类砖、混凝土小型空心砌块等这类材料。据统计，在一般的房屋建筑中，墙体占整个建筑物重量的 1/2、人工量的 1/3、造价的 1/3，因此，墙体材料是建筑工程中十分重要的建筑材料。

6.1 烧 结 砖

烧结砖是性能非常优异的既古老而又现代的墙体材料，它包括烧结黏土砖、烧结页岩砖、烧结煤矸石砖、烧结粉煤灰砖等，它们都各自具有独特的优势，且使用数量仍然巨大，在整个墙体材料中所占比重依然很高，到目前为止还没有一种材料能具有烧结砖的全部性能和功能。烧结砖可以在各种地区以单一材料满足建筑节能 50％～65％ 的要求，而现有的各种墙体材料性能只能代替其一部分功能，因此它在墙体材料中占有举足轻重的地位。

6.1.1 烧结普通砖

以黏土、页岩、煤矸石、粉煤灰为主要原料，经焙烧而成的普通砖。

6.1.1.1 烧结普通砖的分类

按所用的主要原料分为烧结黏土砖（N）、烧结页岩砖（Y）、烧结粉煤灰砖（F）和烧结煤矸石砖（M）。

（1）烧结黏土砖（N）。又称为黏土砖，是以黏土为主要原料，经配料、制坯、干燥、焙烧而成的烧结普通砖。当砖坯焙烧过程中砖窑内为氧化气氛时，黏土中所含铁的化合物成分被氧化成高价氧化铁（Fe_2O_3），从而得到红砖。此时如果减少窑内空气的供给，同时加入少量水分，使砖窑形成还原气氛，使坯体继续在这种环境下继续焙烧，使高价氧化铁（Fe_2O_3）还原成青灰色的低价氧化铁（FeO），即可制得青砖。一般认为青砖较红砖结实、耐碱、耐久，但青砖只能在土窑中制得，价格较贵。

（2）烧结页岩砖（Y）。是页岩经破碎、粉磨、配料、成型、干燥和焙烧等工艺制成的砖。由于页岩磨细的程度不及黏土，故制坯所需的用水量比黏土少，所以砖坯干燥的速度快，而且成品的体积收缩小。作为一种新型建筑节能墙体材料，烧结页岩砖既可用于砌筑承重墙，又具有良好的热工性能，减少施工过程中的损耗，提高工作效率。

（3）烧结粉煤灰砖（F）。是以电厂排出的粉煤灰作为烧砖的主要原料，可部分代替黏土。在烧制过程中，为改善粉煤灰的可塑性可适量地掺入黏土，两者（粉煤灰与黏土）的体积比为 1∶1～1∶1.25。烧结粉煤灰砖的颜色一般呈淡红色至深红色，可代替黏土砖用于一般的工业与民用建筑中。

（4）烧结煤矸石砖（M）。是以煤矿的废料煤矸石为原料，经粉碎后，根据其含碳量及可塑性进行适当配料，即可制砖，由于煤矸石是采煤时的副产品，所以在烧制过程中一般不需额外加煤，不但消耗了大量的废渣，同时节约了能源。烧结煤矸石砖的颜色较普通砖略深，色泽均匀，声音清脆。烧结煤矸石砖可以完全代替普通黏土砖用于一般工业与民用建筑中。

6.1.1.2　烧结普通砖的质量等级、规格

1. 质量等级

根据 GB 5101—2003《烧结普通砖》规定，烧结普通砖的抗压强度分为 MU30、MU25、MU20、MU15、MU10 等 5 个强度等级。

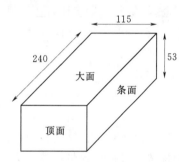

图 6.1　砖的尺寸及各部分名称
（单位：mm）

同时，强度、抗风化性能和放射性物质合格的砖，根据砖的尺寸偏差、外观质量、泛霜和石灰爆裂的程度将其分为优等品（A）、一等品（B）和合格品（C）三个质量等级。

注意，优等品的砖适用于清水墙和装饰墙，而一等品、合格品的砖可用于混水墙，中等泛霜的砖不能用于潮湿的部位。

2. 规格

烧结普通砖的外形为直角六面体（图 6.1）。其公称尺寸为 240mm×115mm×53mm，加上 10mm 厚的砌筑灰缝，则 4 块砖长、8 块砖宽、16 块砖厚形成一个长、宽、高分别为 1m 的立方体。1m³ 的砖砌体需砖数为 4×8×16＝512 块，这方便计算工程量。

6.1.1.3　烧结普通砖的主要技术要求

1. 外观要求

普通烧结砖的外观标准直接影响砖体的外观和强度，所以规范中对尺寸偏差、两条面的高度差、弯曲程度、裂纹、颜色情况等都给出相应的规定。要求各等级烧结普通砖的尺寸偏差和外观质量符合表 6.1 和表 6.2 的要求。

表 6.1　　　　　烧结普通砖的尺寸允许偏差（GB 5101—2003）　　　　　单位：mm

公称尺寸	优等品		一等品		合格品	
	样本平均偏差	样本极差，≤	样本平均偏差	样本极差，≤	样本平均偏差	样本极差，≤
240（长）	±2.0	6	±2.5	7	±3.0	8
115（宽）	±1.5	6	±2.0	6	±2.5	7
53（高）	±1.5	4	±1.6	5	±2.0	6

表 6.2	烧结普通砖的外观质量 (GB 5101—2003)			单位：mm
项　　目		优等品	一等品	合格品
1. 两条面高度差，≤		2	3	4
2. 弯曲，≤		2	3	4
3. 杂质凸出高度，≤		2	3	4
4. 缺棱掉角的三个破坏尺寸，≤		5	20	30
5. 裂纹长度，≤	a. 大面上宽度方向及其延伸至条面的长度	30	60	80
	b. 大面上长度方向及其延伸至顶面的长度或条顶面上水平裂纹的长度	50	80	100
6. 完整面，不得少于		两条面和两顶面	一条面和一顶面	
7. 颜色		基本一致		

注 1. 为装饰而施加的色差、凹凸纹、拉毛、压花等不算作缺陷。
　　2. 凡有下列缺陷之一者，不得称为完整面：
　　(1) 缺损在条面或顶面上造成的破坏面尺寸同时大于 10mm×10mm。
　　(2) 条面或顶面上裂纹宽度大于 1mm，其长度超过 30mm。
　　(3) 压陷、黏底、焦花在条面或顶面上的缺陷或凸出超过 2mm，区域尺寸同时大于 10mm×10mm。

　　2. 强度等级

　　烧结普通砖的强度等级分为 5 个等级，通过抗压强度试验，计算 10 块砖样的抗压强度平均值和标准值方法或抗压强度平均值和最小值方法，从而评定此砖的强度等级。各等级应满足表 6.3 中列出的各强度指标。

表 6.3	烧结普通砖的强度等级 (GB 5101—2003)		单位：MPa
强度等级	抗压强度平均值 $\overline{f}$，≥	变异系数 $\delta \leqslant 0.21$	变异系数 $\delta > 0.21$
		强度标准值 f_k，≥	单块最小抗压强度值 f_{min}，≥
MU30	30.0	22.0	25.0
MU25	25.0	18.0	22.0
MU20	20.0	14.0	16.0
MU15	15.0	10.0	12.0
MU10	10.0	6.5	7.5

　　表 6.3 中变异系数 δ 和强度标准值 f_k 可参照式 (6.1) 计算：

$$\delta = \frac{s}{\overline{f}} \tag{6.1}$$

其中

$$s = \sqrt{\frac{1}{9} \sum_{i=1}^{10} (f_i - \overline{f})^2} \tag{6.2}$$

$$f_k = \overline{f} - 1.8s \tag{6.3}$$

式中　δ——砖强度变异系数；

　　　s——10 块砖样的抗压强度标准差，MPa；

f_i——单块砖样抗压强度测定值，MPa；

$\overline{f}$——10 块砖样抗压强度平均值，MPa；

f_k——抗压强度标准值，MPa。

3. 耐久性

（1）抗风化性能。抗风化性能即烧结普通砖抵抗自然风化作用的能力，是指砖在干湿变化、温度变化、冻融变化等物理因素作用下不被破坏并保持原有性质的能力。它是烧结普通砖耐久性的重要指标。由于自然风化作用程度与地区有关，通常按照风化指数将我国各省（自治区、直辖市）划分为严重风化区和非严重风化区，见表 6.4。风化指数是指日气温从正温降至负温或从负温升至正温的每年平均天数，与每年从霜冻之日起至消失霜冻之日止，这一期间降雨总量（以 mm 计）的平均值的乘积。风化指数不小于 12700 为严重风化区，风化指数小于 12700 为非严重风化区。严重风化区的砖必须进行冻融试验。冻融试验时取 5 块吸水饱和试件进行 15 次冻融循环，之后每块砖样不允许出现裂纹、分层、掉皮、缺棱、掉角等冻坏现象，且每块砖样的质量损失不得大于 2%。其他地区的砖，如果其抗风化性能（吸水率和饱和系数指标）能达到表 6.5 的要求，可不再进行冻融试验，但是若有一项指标达不到要求时，则必须进行冻融试验。

表 6.4　　　　　　　　　风化区的划分 （GB 5101—2003）

严重风化区		非严重风化区	
1. 黑龙江省	11. 河北省	1. 山东省	11. 福建省
2. 吉林省	12. 北京市	2. 河南省	12. 台湾省
3. 辽宁省	13. 天津市	3. 安徽省	13. 广东省
4. 内蒙古自治区		4. 江苏省	14. 广西壮族自治区
5. 新疆维吾尔自治区		5. 湖北省	15. 海南省
6. 宁夏回族自治区		6. 江西省	16. 云南省
7. 甘肃省		7. 浙江省	17. 西藏自治区
8. 青海省		8. 四川省	18. 上海市
9. 陕西省		9. 贵州省	19. 重庆市
10. 山西省		10. 湖南省	

表 6.5　　　　　　烧结普通砖的吸水率、饱和系数 （GB 5101－2003）

砖种类	严重风化区				非严重风化区			
	5h 沸煮吸水率(%)，≤		饱和系数，≤		5h 沸煮吸水率(%)，≤		饱和系数，≤	
	平均值	单块最大值	平均值	单块最大值	平均值	单块最大值	平均值	单块最大值
黏土砖	18	20	0.85	0.87	19	20	0.88	0.90
粉煤灰砖	21	23			23	35		
页岩砖	16	18	0.74	0.77	18	20	0.78	0.80
煤矸石砖								

注　粉煤灰掺入量（体积比）小于 30% 时，按黏土砖规定判别。

（2）泛霜。泛霜是一种砖或砖砌体外部的直观现象，呈白色粉末，白色絮状物，严重时呈现鱼鳞状的剥离、脱落、粉化。砖块的泛霜是由于砖内含有可溶性硫酸盐，遇水潮解，随着砖体吸收水量的不断增加，溶解度由大逐渐变小。当外部环境发生变化时，砖内水分向外部扩散，作为可溶性的硫酸盐，也随之向外移动，待水分消失后，可溶性的硫酸盐形成晶体，集聚在砖的表面呈白色，称为白霜，出现白霜的现象称为泛霜。煤矸石空心砖的白霜是以 $MgSO_4$ 为主，白霜不仅影响建筑物的美观，而且由于结晶膨胀会使砖体分层和松散，直接关系到建筑物的寿命。因此国家标准严格规定烧结制品中优等产品不允许出现泛霜，一等产品不允许出现中等泛霜，合格产品不允许出现严重泛霜。

（3）石灰爆裂。当烧制砖块时原料中夹杂着石灰质物质，焙烧过程中生成生石灰，砖块在使用过程中吸水使生石灰转变为熟石灰，其体积会增大一倍左右，从而导致砖块爆裂的现象，称为石灰爆裂。石灰爆裂的程度直接影响烧结砖的使用，较轻的造成砖块表面破坏及墙体面层脱落，严重的会直接破坏砖块及墙体结构，造成砖块及墙体强度损失，甚至崩溃，因此国家标准对烧结砖石灰爆裂作了如下严格控制。

1）优等品：不允许出现最大破坏尺寸大于 2mm 的爆裂区域。

2）一等品：最大破坏尺寸大于 2mm 且小于等于 10mm 的爆裂区域，每组砖样不得多于 15 处，不允许出现最大破坏尺寸大于 10mm 的爆裂区域。

3）合格品：最大破坏尺寸大于 2mm 且小于等于 15mm 的爆裂区域，每组砖样不得多于 15 处，其中大于 10mm 的不得多于 7 处，不允许出现最大破坏尺寸大于 15mm 的爆裂区域。

6.1.1.4　烧结普通砖的应用

烧结普通砖具有一定的强度及良好的绝热性和耐久性，且原料广泛，工艺简单，因而可用作墙体材料，用于制造基础、柱、拱、烟囱、铺砌地面等，有时也用于小型水利工程，如闸墩、涵管、渡槽、挡土墙等，但需要注意的是，由于砖的吸水率大，一般为 15%～20%，在砌筑前，必须预先将砖进行吸水润湿，否则会降低砌筑砂浆的黏结强度。

但是随着建筑业的迅猛发展，传统烧结黏土砖的弊端日益突出，烧结黏土砖的生产毁田取土量大、能耗高、自重大、施工中工人劳动强度大、工效低等。为保护土地资源和生产环境，有效节约能源，至 2003 年 6 月 1 日全国 170 个城市取缔烧结黏土砖的使用，并于 2005 年全面禁止生产、经营、使用黏土砖，取而代之的是广泛推广使用利用工业废料制成的新型墙体材料。

6.1.2　烧结多孔砖

烧结多孔砖是以黏土、页岩、煤矸石或粉煤灰为主要原料，经焙烧而成，孔洞率不小于 25%，孔的尺寸小而数量多，主要用于六层以下建筑物承重部位的砖，简称多孔砖。

6.1.2.1　烧结多孔砖的分类

烧结多孔砖的分类与烧结普通砖类似，也是按主要原料进行划分，如黏土砖（N）、页岩砖（Y）、煤矸石砖（M）和粉煤灰砖（F）。

6.1.2.2　烧结多孔砖的规格与质量等级

1. 规　格

目前烧结多孔砖分为 P 型砖和 M 型砖，其外形为直角六面体，长、宽、高尺寸 P 型为 240mm×115mm×90mm，M 型为 190mm×190mm×90mm，如图 6.2、图 6.3 所示。

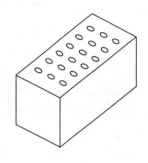

图 6.2　P 型砖

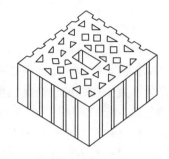

图 6.3　M 型砖

2. 质量等级

根据 GB 13544—2000《烧结多孔砖》的规定，烧结多孔砖根据抗压强度分为 MU30、MU25、MU20、MU15、MU10 等 5 个强度等级。

强度和抗风化性能合格的烧结多孔砖，根据尺寸偏差、外观质量、孔形及孔洞排列、泛霜、石灰爆裂等分为优等品（A）、一等品（B）和合格品（C）三个质量等级。

6.1.2.3　烧结多孔砖的主要技术要求

1. 尺寸允许偏差和外观要求

烧结多孔砖的尺寸允许偏差应符合表 6.6 的规定，外观要求符合表 6.7 的规定。

表 6.6　　　　　　烧结多孔砖的尺寸偏差（GB 13544—2000）　　　　　单位：mm

尺　寸	优等品		一等品		合格品	
	样本平均偏差	样本极差，≤	样本平均偏差	样本极差，≤	样本平均偏差	样本极差，≤
290，240	±2.0	6	±2.5	7	±3.0	8
190，180，175，140，115	±1.5	5	±2.0	6	±2.5	7
90	±1.5	4	±1.7	5	±2.0	6

表 6.7　　　　　　烧结多孔砖外观质量（GB 13544—2000）　　　　　单位：mm

项　目		优等品	一等品	合格品
1. 颜色（一条面和一顶面）		一致	基本一致	
2. 完整面不得少于		一条面和一顶面	一条面和一顶面	
3. 缺棱掉角的三个破坏尺寸不得同时大于		15	20	30
4. 裂纹长度不大于	（1）大面上深入孔壁 15mm 以上，宽度方向及其延伸到条面的长度	60	80	100
	（2）大面上深入孔壁 15mm 以上，长度方向及其延伸到顶面的长度	60	100	120
	（3）条、顶面上的水平裂纹	80	100	120
5. 杂质在砖面上造成的凸出高度，≤		3	4	5

注　1. 为装饰而施加的色差、凹凸纹、拉毛、压花等不算缺陷。

　　2. 凡有下列缺陷之一者，不能称为完整面：

　　（1）缺损在条面或顶面上造成的破坏尺寸同时大于 20mm×30mm。

　　（2）条面或顶面上裂纹宽度大于 1mm，其长度超过 70mm。

　　（3）压陷、焦花、黏底在条面或顶面上的凹陷或凸出超过 2mm，区域尺寸同时大于 20mm×30mm。

2. 强度等级和耐久性

烧结多孔砖的强度等级和评定方法与烧结普通砖完全相同，其具体指标参见表 6.3。

烧结多孔砖的耐久性要求还包括泛霜、石灰爆裂和抗风化性能，这些指标的规定与烧结普通砖完全相同。

6.1.3　烧结空心砖

烧结空心砖是以黏土、页岩、煤矸石为主要原料，经焙烧而成的孔洞率≥40％，孔的尺寸大而数量少的砖。

6.1.3.1　烧结空心砖的分类

烧结空心砖的分类与烧结普通砖类似，仍然是按主要原料进行划分。如黏土砖（N）、页岩砖（Y）、煤矸石砖（M）和粉煤灰砖（F）。

烧结空心砖尺寸应满足长度 $L≤390mm$，宽度 $b≤240mm$，高度 $d≤140mm$，壁厚≥10mm、肋厚≥7mm。为方便砌筑，在大面和条面上应设深 1～2mm 的凹线槽。如图 6.4 所示。

由于孔洞垂直于顶面，平行于大面且使用时大面受压，所以烧结空心砖多用作非承重墙，如多层建筑物的内隔墙或框架结构的填充墙等。

6.1.3.2　烧结空心砖的规格

根据 GB 13545—2003《烧结空心砖和空心砌块》的规定，烧结空心砖的外形为直角六面体，其长、宽、高均应符合以下尺寸组合：390mm、290mm、240mm、190mm、180（175）

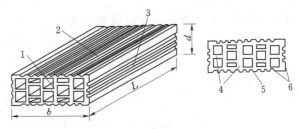

图 6.4　烧结空心砖示意图

1—顶面；2—大面；3—条面；4—肋；5—凹线槽；6—壁

L—长度；b—宽度；d—高度

mm、140mm、115mm、90mm，如 290mm×190mm×90mm、190mm×190mm×90mm 和 240mm×180mm×115mm 等。

6.1.3.3　烧结空心砖的主要技术性质

1. 强度等级

烧结空心砖的抗压强度分为 MU10.0、MU7.5、MU5.0、MU3.5 、MU2.5 等五个等级，见表 6.8 所示。

表 6.8　　　　　　　　烧结空心砖的强度等级（GB 13545－2003）

强度等级	抗压强度（MPa）			密度等级范围（kg/m³）
	抗压强度平均值 $\overline{f}$，≥	变异系数 $\delta≤0.21$	变异系数 $\delta>0.21$	
		强度标准值 f_k，≥	单块最小抗压强度值 f_{min}，≥	
MU10.0	10.0	7.0	8.0	≤1100
MU7.5	7.5	5.0	5.8	
MU5.0	5.0	3.5	4.0	
MU3.5	3.5	2.5	2.8	
MU2.5	2.5	1.6	1.8	≤800

2. 密度等级

根据表观密度不同，烧结空心砖分为 800kg/m³、900kg/m³、1000kg/m³、1100kg/m³ 四个密度级别，见表 6.9。

表 6.9　烧结空心砖的密度等级（GB 13545－2003）　单位：kg/m³

密度等级	5 块密度平均值	密度等级	5 块密度平均值
800	≤800	1000	901～1000
900	801～900	1100	1001～1100

3. 质量等级

每个密度级别强度、密度、抗风化性能和放射性物质合格的砖，根据孔洞及其排数、尺寸偏差、外观质量、强度等级和物理性能分为优等品（A）、一等品（B）和合格品（C）三个质量等级。

6.1.4　烧结多孔砖和烧结空心砖的应用

现在国内建筑施工主要采用烧结空心砖和烧结多孔砖作为实心黏土砖的替代产品，烧结空心砖主要应用于非承重的建筑内隔墙和填充墙，烧结多孔砖主要应用于砖混结构承重墙体。用烧结多孔砖或空心砖代替实心砖可使建筑物自重减轻 1/3 左右，节约原料 20%～30%，节省燃料 10%～20%，且烧成率高，造价降低 20%，施工效率提高 40%，保温隔热性能和吸声性能有较大提高，在相同的热工性能要求下，用空心砖砌筑的墙体厚度可减薄半砖左右。一些较发达国家多孔砖占砖总产量的 70%～90%，我国目前也正在大力推广，而且发展很快。

6.2　砌　　块

砌块是利用混凝土、工业废料（炉渣、粉煤灰等）或地方材料制成的人造块材，外形尺寸比砖大，通常外形为直角六面体，长度大于 365mm 或宽度大于 240mm 或高度大于 115mm，且高度不大于长度或宽度的 6 倍，长度不超过高度的 3 倍。

砌块有设备简单、砌筑速度快的优点，符合建筑工业化发展中墙体改革的要求。由于其尺寸较大，施工效率较高，故在土木工程中应用越来越广泛，尤其是采用混凝土制作的各种砌块，具有不毁农田、能耗低、利用工业废料、强度高、耐久性好等优点，已成为我国增长最快、产量最多、应用最广的砌块材料。

砌块按产品规格分为小型砌块（115mm＜h＜380mm）、中型砌块（390mm＜h＜980mm）、大型砌块（h＞980mm），使用中以中小型砌块居多；按外观形状可以分为实心砌块（空心率小于 25%）和空心砌块（空心率大于 25%），空心砌块又有单排方孔、单排圆孔和多排扁孔三种形式，其中多排扁孔对保温较有利；按原材料分为普通混凝土小型空心砌块、轻集料混凝土小型空心砌块、蒸压加气混凝土砌块、粉煤灰砌块和石膏砌块等；按砌块在组砌中的位置与作用可以分为主砌块和各种辅助砌块；按用途分为承重砌块和非承重砌块等。本节对常用的几种砌块作简要介绍。

6.2.1　普通混凝土小型空心砌块

普通混凝土小型砌块（代号 NHB）是以水泥为胶结材料，砂、碎石或卵石为集料，加水搅拌，振动加压成型，养护而成的并有一定空心率的砌筑块材。

6.2.1.1　混凝土小型空心砌块的等级

混凝土小型空心砌块按强度等级分为 MU3.5、MU5.0、MU7.5、MU10.0、MU15.0、MU20.0，产品强度应符合表 6.10 规定；按其尺寸偏差，外观质量分为优等品（A）、一等品（B）及合格品（C）。

表 6.10　　　　　混凝土小型空心砌块的等级（GB 8239—1997）　　　单位：MPa

强度等级	砌块抗压强度		强度等级	砌块抗压强度	
	平均值，≥	单块最小值，≥		平均值，≥	单块最小值，≥
MU3.5	3.5	2.8	MU10.0	10.0	8.0
MU5.0	5.0	4.0	MU15.0	15.0	12.0
MU7.5	7.5	6.0	MU20.0	20.0	16.0

6.2.1.2　混凝土小型空心砌块的规格和外观质量

混凝土小型空心砌块的主规格尺寸（长×宽×高）为 390mm×190mm×190mm，其他规格尺寸可由供需双方协商，即可组成墙用砌块基本系列。砌块各部位的名称如图 6.5 所示，其中最小外壁厚度应不小于 30mm，最小肋厚应不小于 25mm，空心率应不小于 25%。尺寸允许偏差应符合表 6.11 规定。

混凝土小型空心砌块的外观质量包括弯曲程度、缺棱掉角的情况以及裂纹延伸的投影尺寸累计等三方面，产品外观质量应符合表 6.12 的要求。

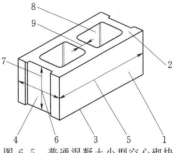

图 6.5　普通混凝土小型空心砌块
1—条面；2—坐浆面；3—铺浆面；
4—顶面；5—长度；6—宽度；
7—高度；8—壁；9—肋

表 6.11　　　　普通混凝土小型砌块的尺寸偏差（GB 8239—1997）　　　单位：mm

项目名称	优等品（A）	一等品（B）	合格品（C）
长度	±2	±3	±3
宽度	±2	±3	±3
高度	±2	±3	+3、−4

表 6.12　　　　普通混凝土小型砌块的外观质量（GB 8239—1997）

项目名称		优等品（A）	一等品（B）	合格品（C）
弯曲（mm），≤		2	2	3
缺棱掉角	个数（个），≤	0	2	2
	三个方向投影尺寸最小值（mm），≤	0	20	30
裂纹延伸的投影尺寸累计（mm），≤		0	20	30

6.2.1.3　混凝土小型空心砌块的相对含水率和抗冻性

GB 8239—1997 要求混凝土小型空心砌块的相对含水率：潮湿地区≤45%；中等潮湿地区≤40%；干燥地区≤35%。对于非采暖地区抗冻性不作规定，采暖地区强度损失≤25%，质量损失≤5%，其中一般环境抗冻等级应达到 F15，干湿交替环境抗冻等级应达到 F25。

普通混凝土小型空心砌块具有节能、节地、减少环境污染、保持生态平衡的优点，符合我国建筑节能政策和资源可持续发展战略，已被列入国家墙体材料革新和建筑节能工作重点发展的墙体材料之一。

6.2.2　轻集料混凝土小型空心砌块

轻集料混凝土小型空心砌块（代号 LHB）是指用轻集料混凝土制成的主规格高度大于 115mm 而小于 380mm 的空心砌块，轻集料是指堆积密度不大于 1100kg/m³ 的轻粗集料和堆积密度不大于 1200kg/m³ 的轻细集料的总称，常用的集料有浮石、煤渣、煤矸石、粉煤灰等，轻集料混凝土小型空心砌块多用于非承重结构，属于小型砌筑块材。

6.2.2.1　轻集料混凝土小型空心砌块的类别、等级

1. 类别

按砌块孔的排数分为五类：实心（0）、单排孔（1）、双排孔（2）、三排孔（3）和四排孔（4）。

2. 等级

按其强度可分为 1.5MPa、2.5MPa、3.5MPa、5.0MPa、7.5MPa、10.0MPa 等六个等级，产品强度应符合表 6.13 的规定；轻集料混凝土小型空心砌块按其密度可分为 500kg/m³、600kg/m³、700kg/m³、800kg/m³、900kg/m³、1000kg/m³、1200kg/m³、1400kg/m³ 等八个等级，其中实心砌块的密度等级不应大于 800kg/m³。

按尺寸允许偏差和外观质量分为一等品（B）、合格品（C）两个等级。

表 6.13　　　　　　　轻集料混凝土小型空心砌块的等级（GB/T 15229—2002）　　　　　单位：MPa

强度等级	砌块抗压强度		密度等级范围
	平均值≥	单块最小值≥	
1.5	1.5	1.2	≤600
2.5	2.5	2.0	≤800
3.5	3.5	2.8	≤1200
5.0	5.0	4.0	≤1200
7.5	7.5	6.0	≤1400
10.0	10.0	8.0	≤1400

6.2.2.2　轻集料混凝土小型空心砌块的应用

轻集料混凝土小型空心砌块以其节省耕地、重量轻、保温性能好、施工方便、砌筑工效高、综合工程造价低等优点，在我国已经被列为取代黏土实心砖的首选新型墙体材料，广泛应用于多层和高层建筑的填充墙、内隔墙和低层别墅式住宅。

6.2.3 蒸压加气混凝土砌块

蒸压加气混凝土砌块（简称加气混凝土砌块，代号 ACB），是由硅质材料（砂）和钙质材料（水泥石灰），加入适量调节剂、发泡剂，按一定比例配合，经混合搅拌、浇注、发泡、坯体静停、切割、高温高压蒸养等工序制成，因产品本身具有无数微小封闭、独立、分布均匀的气孔结构，具有轻质、高强、耐久、隔热、保温、吸音、隔音、防水、防火、抗震、施工快捷（比黏土砖省工）、可加工性强等多种功能，是一种优良的新型墙体材料。

6.2.3.1 蒸压加气混凝土砌块的规格、等级

1. 规格

蒸压加气混凝土砌块规格尺寸应符合表 6.14 规定。

表 6.14　　　　蒸压加气混凝土砌块的规格尺寸（GB 11968—2006）　　　单位：mm

长度	宽　　　　度	高度
600	100、120、125、150、180、200、240、250、300	200、240、250、300

2. 等级

砌块按抗压强度分为 A1.0、A2.0、A2.5、A3.5、A5.0、A7.5、A10.0 等七个强度等级，各等级的立方体抗压强度值应符合表 6.15 规定。

表 6.15　　　　蒸压加气混凝土砌块的立方体抗压强度（GB 11968—2006）　　　单位：MPa

强度等级	立方体抗压强度		强度等级	立方体抗压强度	
	平均值，$\geqslant$	单块最小值，$\geqslant$		平均值，$\geqslant$	单块最小值，$\geqslant$
A1.0	1.0	0.8	A5.0	5.0	4.0
A2.0	2.0	1.6	A7.5	7.5	6.0
A2.5	2.5	2.0	A10.0	10.0	8.0
A3.5	3.5	2.8			

6.2.3.2 蒸压加气混凝土砌块的应用

蒸压加气混凝土砌块质量轻，表观密度约为黏土砖的 1/3，适用于低层建筑的承重墙、多层建筑的间隔墙和高层框架结构的填充墙，也可用于一般工业建筑的围护墙，作为保温隔热材料也可用于复合墙板和屋面结构中，广泛应用于工业及民用建筑、多层和高层建筑及建筑物加层等，可减轻建筑物自重，增加建筑物的使用面积，降低综合造价，同时由于墙体轻、结构自重减少，大大提高了建筑自身的抗震能力。因此，在建筑工程中使用蒸压加气混凝土砌块是最佳的砌块之一。

6.2.4 粉煤灰砌块

粉煤灰砌块（代号 FB）是硅酸盐砌块中常用品种之一，是以粉煤灰、石灰、炉渣、石膏等为主要原料，加水拌匀，经振动成型、蒸汽养护而成的一种砌块。

6.2.4.1 粉煤灰砌块的规格、等级

1. 规格

粉煤灰砌块的主要规格尺寸（长×宽×高）为 880mm×380mm×240mm 和 880mm

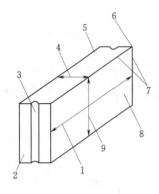

图 6.6　粉煤灰砌块

1—长度；2—断面；3—灌浆槽；
4—宽度；5—坐浆面（铺浆面）；
6—角；7—棱；8—侧面；
9—高度

×430mm×240mm 两种，如生产其他规格砌块，可由供需双方协商确定。砌块端面应加灌浆槽，坐浆面宜设抗剪槽，砌块各部位名称如图 6.6 所示。

2. 等级

粉煤灰砌块的强度等级按立方体抗压强度分为 10 和 13 两个强度等级。按其外观质量、尺寸偏差和干缩性能分为一等品（B）和合格品（C）。砌块的立方体抗压强度、碳化后强度、抗冻性能和密度及干缩值应符合表 6.16 的要求。

6.2.4.2　粉煤灰砌块的应用

粉煤灰砌块的干缩值比水泥混凝土大，弹性模量低于同强度的水泥混凝土制品，适用于工业和民用建筑的承重、非承重墙体和基础，但不适用于有酸性介质侵蚀、长期受高温影响和经受较大振动影响的建筑物。

砌块是一种新型墙体材料，可以充分利用地方资源和工业废渣，并可节省黏土资源和改善环境；符合可持续发展的要求；其生产工艺简单、生产周期短、砌块规格较大，可提高砌筑效率，降低施工过程中的劳动强度，减轻房屋自重，改善墙体功能，降低工程造价，推广使用各种砌块是墙体材料改革的一条有效途径。

表 6.16　　粉煤灰砌块立方体抗压强度、碳化后强度、抗冻性能和
密度及干缩值〔JC 238—91（1996）〕

项目	10 级	13 级
抗压强度	3 块试件平均值不小于 10.0MPa，单块最小值不小于 8.0MPa	3 块试件平均值不小于 13.0MPa，单块最小值不小于 10.5MPa
人工碳化后强度（MPa），≥	6.0	7.5
抗冻性	冻融循环结束后，外观无明显疏松、剥落或裂缝，强度损失不大于 20%	
密度	不超过设计密度的 10%	
干缩值（mm/m）	一等品不大于 0.75，合格品不大于 0.90	

6.3　墙　体　板　材

随着建筑结构体系改革和大开间多功能框架结构的发展，各种轻质和复合板材作为墙体材料已成为发展的必然趋势。以板材为围护墙体的建筑体系，具有质量轻、节能、施工速度快、使用面积大、开间方便布置等优点，具有良好的发展前景。目前我国可用于墙体的板材品种繁多，有常用的各种混凝土墙板、轻质复合墙板和屋面板，也有新型的薄板、墙用条板和复合条板等。本节对工程中一些常用的具有代表性的板材进行说明。

6.3.1　水泥类墙用板材

水泥类墙用板材具有较好的力学性能和耐久性，生产技术成熟，产品质量可靠，可用于承重墙、外墙和复合墙板的外层。其主要缺点是表观密度大、抗拉强度低。生产中可用

作预应力空心板材，以减轻自重和改善隔音隔热性能，也可制作以纤维等增强的薄型板材，还可在水泥类板材上制作成具有装饰效果的表面层（如花纹线条装饰、露集料装饰、着色装饰等）。

1. 预应力混凝土空心墙板

预应力混凝土空心墙板是用高强度低松弛预应力钢绞线，52.5MPa 强度等级的早强水泥及砂、石为原料，经过张拉、搅拌、挤压、养护、放张、切割而成的混凝土制品。预应力空心墙板板面平整，几何尺寸偏差小，具有施工工艺简单、施工速度快、墙体坚固、美观、保温性、耐久性能好等优点，提高了工程质量。

预应力混凝土空心墙板使用时可按要求配置保温层、多种饰面层（彩色水刷石、剁斧石、喷砂和釉面砖等）和防水层等。该类板的长度为 1000～1900mm，宽度为 600～1200mm，总厚度为 200～480mm，可用于承重或非承重外墙板、内墙板、楼板、屋面板、雨罩和阳台板等。

2. 蒸压加气混凝土板

蒸压加气混凝土板（NALC 板）是以水泥、石膏、石灰、硅砂等为主要原料，根据结构要求添加不同数量经防腐处理的钢筋网片而组成的一种轻质多孔新型建筑材料。

蒸压加气混凝土板的导热系数为 0.11 W/（m·K），保温、隔热性是玻璃的 6 倍、黏土的 3 倍，与普通木材相当，而密度仅为普通混凝土的 1/4、黏土砖的 1/3，比水还轻，孔隙率达 70%～80%，因此，具有良好保温、吸声、隔音效果。由于 NALC 为无机物，不会燃烧，而且在高温下也不会产生有害气体，而耐热性又是普通混凝土的 10 倍，对于建筑物的防火具有重要意义。另外，其自重轻、强度高、延性好、承载能力好、抗震能力强，所以在钢结构工程围护结构中得到广泛应用。

蒸压加气混凝土板与其他轻质板材相比，在生产规模、产品特性与质量稳定性等方面均具有很大的优势，国外多数工业发达国家生产加气混凝土制品板材为主，砌块与板的产量比大致为 10∶1，而且在板材应用上多以屋面为主。中国加气混凝土协会已确定今后我国加气混凝土企业将逐步转向以生产隔墙板，屋面板与外墙板为主导的产品。

3. 玻璃纤维增强水泥轻质多孔隔墙条板

GRC 轻质多孔条板（GRC 空心条板）是一种新型墙体材料，是以快凝低碱度硫铝酸盐水泥、抗碱玻璃纤维或其网格布为增强材料，配以轻质无机保温、隔热复合材料为填充集料（膨胀珍珠岩、炉渣、粉煤灰），用高新技术向混合体中加入空气，制成无数发泡微孔，使墙板内形成面包蜂窝状（图 6.7）。其主要规格：长度（L）为 2500～3000mm，宽度（B）为 600mm，厚度（T）为 60mm、70mm、80mm、90mm。

GRC 空心轻质条板的优点是质轻、强度高、隔热、隔声、不燃、可钉、可钻，施工方便且效率高等，主要用于工业和民用建筑的内隔墙及复合墙体的外墙面。

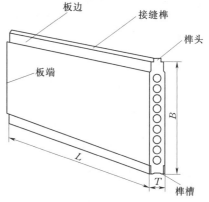

图 6.7　GRC 轻质多孔条板

GRC 空心轻质条板轻质（密度为 $48kg/m^3$，比木头轻，为黏土砖的 1/8 重）、隔音、隔热、抗折、耐水、防火、防地震、防老化、无放射性、与水泥亲和力好，而且具有可钻、可刨、可锯、可钉等机械加工性能，墙面平整施工简便，安装速度提高工效 20 倍，减轻建筑物主体结构的载荷，减少梁、柱及钢筋混凝土，节省基础投资，降低综合造价 20%，扩大建筑物的使用面积。广泛用于框架式结构高楼大厦、工业厂房、民用住宅、楼、堂、馆、所的非承重隔墙，以及旧房加层改造的分室、分户、卫生间、厨房非承重部位的隔断，特别适用于防火要求较高的公共娱乐场所的使用。近年来发展最快、应用量最大，是建设部重点推荐的"建筑节能轻质墙体材料"。

4. 纤维增强低碱度水泥建筑平板

纤维增强低碱度水泥建筑平板是以低碱度硫铝酸盐水泥为胶结材料，耐碱玻璃纤维（直径为 $15\mu m$ 左右、长度为 15～25mm）、温石棉为主要增强材料，加水混合成浆，经制坯、压制、蒸养而成的薄型平板。其长度为 1200～2800mm，宽度为 800～1200mm，厚度为 4mm、5mm 和 6mm。

掺石棉纤维增强低碱度水泥建筑平板代号为 TK，无石棉纤维增强低碱度水泥建筑平板代号为 NTK。纤维增强低碱度水泥建筑平板的质量轻、强度高、防潮、放火、不易变形，可加工性（可锯、钻、钉及表面装饰等）好。适用于各类建筑物的复合外墙和内隔墙，特别是高层建筑有防火、防潮要求的隔墙。其与各种材质的龙骨、填充料复合后，可用作多层框架结构体系、高层建筑、室内内隔墙或吊顶等。

5. 水泥刨花板

水泥刨花板以水泥和木材加工的下脚料——刨花为主要原料，加入适量水和化学助剂，经搅拌、成型、加压、养护等工艺制成的薄型建筑平板，其性能和用途如水泥木丝板。主要规格尺寸：长度 1220mm、1525mm、1830mm、2235mm、2440mm，宽度 610mm、915mm、1000mm、1050mm、1180mm、1220mm，厚度 8mm、10mm、13mm、14mm、15mm、16mm、17mm、18mm、19mm、22mm、25mm、30mm，也可根据供需双方协商，生产规定范围以内的各种规格的产品。

水泥刨花板的表观密度具有较高的比强度，适合各类建筑物使用。其导热系数较小，有一定的保温隔热作用，根据不同的保温要求，生产不同密度的水泥刨花板，表观密度较大的，可以用于有承重要求的建筑构件、墙板，同时兼有一定的保温作用；表观密度较小的，强度不高，主要用做保温材料。水泥刨花板具有较好的耐水性、耐久性和较好的可加工性能（可锯、可钻、可钉、可刨、胶合等）；另外，还具有较好的耐火性能，不易燃。

水泥刨花板可以用作内墙板或者外墙板，如果用作表面板，表面要用一定方式装饰处理，刷油漆、涂料、贴墙纸墙布、贴瓷砖或马赛克等都可以，也可以与其他轻质板材制成复合板使用，还可做天花板、装饰板、保温板。

6. 水泥木丝板

该板是以木材下脚料经机器刨切成均匀木丝，加入水泥、无毒性化学添加物（水玻璃）等经成型、冷压、养护、干燥而成的薄型建筑平板。它结合两种主要材质——水泥与木材的优点，木丝水泥板如木材般质轻、有弹性、保温、隔音、隔热、施工方便，又具有水泥般坚固、防火、防潮、防霉、防蚁的优点，主要用于建筑物的内外墙板、天花板、壁橱板等。

6.3.2 石膏类墙用板材

石膏类墙用板材是以熟石膏（半水石膏）为胶凝材料制成的板材。它是一种重量轻、强度较高、厚度较薄、加工方便、隔音绝热和防火等性能较好的建筑材料，是当前着重发展的新型轻质板材之一。石膏板已广泛用于住宅、办公楼、商店、旅馆和工业厂房等各种建筑物的内隔墙、墙体覆面板（代替墙面抹灰层）、天花板、吸音板、地面基层板和各种装饰板等。其类型有石膏空心板、石膏刨花板、纸面石膏板、纤维石膏板和装饰石膏板等。

1. 石膏空心板

石膏空心板以熟石膏为胶凝材料，加入膨胀珍珠岩、膨胀蛭石等各种轻质集料和矿渣、粉煤灰、石灰、外加剂等改性材料，经搅拌、振动成型、抽芯模、干燥而成。其规格尺寸：长度 2500～3000mm，宽度 500～600mm，厚度 60～90mm，分类见表 6.17。

表 6.17 石膏空心板分类

项 目	品 种 分 类
材料	石膏珍珠岩空心板、石膏硅酸盐空心板和石膏空心板
强度	普通型空心板和增强型空心板
材料结构和用途	素板、网板、钢埋件网板和木埋件网板
防水性能	普通空心板和耐水空心板

石膏空心板具有质轻、比强度高、隔热、隔声、防火、可加工件好等优点，且安装方便，适用于各类建筑的非承重内隔墙，但若用于相对湿度大于 75% 的环境（如卫生间等）中，则板材表面应作防水等相应处理。

2. 石膏纤维板

石膏纤维板（又称石膏刨花板）是以熟石膏为胶凝材料，木质、竹材刨花（木质、竹材或农作物纤维）为增强材料，以及添加剂经过配合、搅拌、铺装、冷压成型制成的新型环保墙体材料，且集建筑功能与节能功能于一体，被认为是一种很有发展前途的无污染、节能型建筑材料。广泛应用于建筑内隔墙、分隔墙、地板、天花板、室内装修、壁橱、高层建筑复合墙体等，具有自重轻、施工快、使用灵活、防火、隔热、隔音效果好、使用寿命长，并且在使用中无污染、尺寸稳定性好等优异性能。

石膏纤维板具有质轻、抗弯强度大的优点，若用于高层建筑可以大大缩短工期，房屋总体造价将下降 1/3 左右，我国建设部和国家建材总局公布《在框架结构中限制使用实心黏土砖的规定》后，石膏纤维板作为一种较理想的墙体材料，在建筑面积相同情况下使用，房屋面积将扩大，而且节能效果也特别突出。

3. 纸面石膏板

纸面石膏板是以熟石膏为主要原料，掺入适量添加剂与纤维做板芯，以特制的板纸为护面，经加工制成的一种绿色环保板材。分为普通型（P）、耐水型（S）和耐火型（H）三种。普通纸面石膏板可作为内隔墙板、复合外墙板的内壁板、天花板等，耐水性板可用于相对湿度较大的环境（如卫生间、浴室等），耐火型纸面石膏板主要用于对防火要求较高的房屋建筑中。其主要规格尺寸：长度为 1800～3600mm，宽度为 900mm、1200mm，厚度为 9.5～25.0mm。

由于纸面石膏板具有质轻、防火、隔音、保温、隔热、加工性能良好（可刨、可钉、可锯）、施工方便、可拆装性能好、增大使用面积、调节室内空气温度和湿度以及装饰效果好等优点，因此广泛用于各种工业建筑、民用建筑，尤其是在高层建筑中可作为内墙材料和装饰装修材料。如用于框架结构中的非承重墙、室内贴面板、吊顶等，目前在我国主要用于公共建筑和高层建筑。

4. 装饰石膏板

装饰石膏板是以熟石膏为主要原料，掺加少量纤维材料和外加剂，与水一起搅拌成均匀料浆，经浇注成型、干燥而成的有多种图案、花饰的板材，如石膏印花板、穿孔吊顶板、石膏浮雕吊顶板、纸面石膏饰面装饰板等规格尺寸（长×宽×高）有两种：500mm×500mm×9mm，600mm×600mm×11mm。其他形状和规格的板材，由供需双方商定，根据板材正面形状和防潮性能的不同分为普通板和防潮板两类。

装饰石膏板主要用于工业与民用建筑室内墙壁装饰和吊顶装饰以及非承重内隔墙，具有轻质、防火、防潮、易加工、安装简单等特点。

6.3.3　植物纤维类墙用板材

随着农业的发展，农作物的废弃物（如稻草、麦秸、玉米秆、甘蔗渣等）随之增多，但这些废弃物如进行加工，不但可以变废为宝，而且制成的各种板材可用于建筑结构，纸面草板就是其中的一种产品。

纸面草板是以稻草天然稻草（麦秸）、合成树脂为主要原料，经热压成型、外表粘贴面纸等工序制成的一种轻型建筑平板。根据原料种类不同，可分为纸面稻草板（D）和纸面麦秸（草）板（M）两大类。它具有轻质、高强、密度小和良好的隔热、保温、隔声等性能，其生产工艺简单，并可进行锯、胶、钉、漆，施工方便，因此广泛用于各种建筑物的内隔墙、天花板、外墙内衬；与其他材料组合后，可用于多层非承重墙和单层承重外墙。纸面草板利用可再生资源来生产建筑板材，有其独特的优势，并逐步得到推广和应用。

6.3.4　纤维增强硅酸钙类墙用板材

纤维增强硅酸类钙板通常称为"硅酸钙板"，以硅质材料（粉煤灰、砂、硅藻土等）和钙质材料（消石灰等）为主要原料，掺加适量纤维增强材料，经制浆、成型、加压、蒸压养护、干燥、表面处理等工序制成的一种轻质建筑板材，其规格通常为：厚度 4～35mm，幅面尺寸 1200mm×2400mm，经过加工可制成不同幅面尺寸。

硅酸钙板是国内近年来迅速发展的一种新型墙体材料，其纤维分布均匀、排布有序、密实性好，具有密度低、比强度高、湿胀率小、防火、防潮、防蛀、防霉与可加工性好（可锯、可刨、可钉、可钻）等优点，可作为公用与民用建筑的隔墙与吊顶，经表面防水处理后也可用做建筑物的外墙面板。近年来作为外墙板的应用逐步扩大，同时由于其防火性能突出，还被广泛用于高层与超高层建筑的防火覆盖材料和防火通道、防火隔墙、烟道等；同时还广泛用做防火要求较高的船舶隔舱板、火车车厢壁板等。

6.3.5　复合墙板

普通墙体板材因材料本身的局限性而使其应用受到限制，例如水泥混凝土类板材具有较高的强度和耐久性，但其自重太大；石膏板等虽然质量较轻，但其强度又较低。为了克服普通墙体板材功能单一的缺点，达到一板多用的目的，通常将不同材料经过加工组合成新的复合墙板，以满足工程的需要。

1. 钢丝网架水泥夹芯板

钢丝网架水泥夹芯板包括以阻燃型泡沫塑料板条或半硬质岩棉板做芯材的钢丝网架夹心板。该板具有重量轻、保温、隔热性能好、安全方便等优点。主要用于房屋建筑的内隔板、围护外墙、保温复合外墙、楼面、屋面及建筑加层等。

钢丝网架水泥夹心板通常包括舒乐舍板、泰柏板等板材。

（1）舒乐舍板。舒乐舍板是以阻燃型聚苯乙烯泡沫塑料板为整体芯板，双面或单面覆以冷拔钢丝网片，双向斜插钢丝焊接而成的一种新型墙体材料。在舒乐舍板两侧喷抹水泥砂浆后，墙板的整体刚性好、强度高、自重轻、保温隔热好和隔声、防火等特点，适用于建筑的内外墙，以及框架结构的围护墙和轻质内墙等。

（2）泰柏板。泰柏板是以钢丝焊接而成的三维笼为构架，阻燃聚苯乙烯（EPS）泡沫塑料芯材组成的另一种钢丝网架水泥夹心板，是目前取代轻质墙体最理想的材料。其具有较高节能、重量轻、强度高、防火、抗震、隔热、隔音、抗风化、耐腐蚀的优良性能，并有组合性强、易于搬运、适用面广、施工简便等特点，广泛用于建筑业装饰业的内隔墙、围护墙、保温复合外墙和双轻体系（轻板、轻框架）的承重墙，以用楼面、屋面、吊顶和新旧楼房加层、卫生间隔墙等。

2. 轻型夹心板

轻型夹心板是以轻质高强的薄板为外层，中间以轻质的保温隔热材料为芯材组成的复合板，用于外墙面的外层薄板有不锈钢板、彩色镀锌钢板、铝合金板、纤维增强水泥薄板等，芯材有岩棉毡、玻璃棉毡、阻燃型发泡聚苯乙烯、发泡聚氨酯等，用于内侧的外层薄板可根据需要选用石膏类板、植物纤维类板、塑料类板材等。由于具有强度高、重量轻、较高的绝热性、施工方便快捷、可多次拆卸重复安装、有较高的耐久性等主要优点，因此，轻型夹心板普遍用于冷库、仓库、工厂车间、仓储式超市、商场、办公楼、洁净室、旧楼房加层、展览馆、体育场馆等的建筑物。

6.3.6　其他墙板

目前我国墙体板材品种较多，除上述列出的板材以外，还有许多其他类型的板材，如混凝土大型墙板、铝塑复合墙板、混凝土夹心板、炉渣混凝土空心板等，这些板材在建筑工程都有应用。

我国这几年墙体材料虽然有了长足的进步，但与发达国家相比，目前无论是在产品结构上，还是在产品质量上，都有很大差距。资料显示，美国混凝土砌块占墙材总量的34％，板材约占47％；日本混凝土砌块占墙材总量的33％，板材约占41％；德国混凝土砌块占墙材总量的39.8％，板材约占41％；而我国混凝土砌块只占10％；板材只占2％左右。产品结构上的差距显而易见。另外，我国新型墙材的质量、功能和档次与国外相比也有很大差距。如我国承重多孔砖多为圆孔，25％的孔洞率尚难普遍达到，而国外空心砖的孔洞率为 40%～47%，有的甚至达到 53%，强度可达 25～35MPa；国外空心砖和多孔砖普遍作为带饰面的清水墙，而我国基本上达不到这一要求；我国板材占有率低，主要是由于轻质内隔墙板质量不尽如人意，工程应用中容易出现问题。因此，我们必须密切跟踪世界墙体材料发展的趋势，通过改进生产工艺提升施工技术扩大砌块应用范围，发展轻质隔墙板，继续节约建筑能耗，减少环境污染，从而实现我国墙体材料的进步。

复 习 思 考 题

1. 目前所用的墙体材料有哪几类？各有哪些优缺点？
2. 墙体材料在工程有哪些应用？
3. 什么是烧结普通砖的泛霜、石灰爆裂？各有什么危害？
4. 烧结普通砖在砌筑前为什么要浇水使其达到一定的含水率？
5. 烧结空心砖的产品等级如何划分？
6. 为什么推广多孔砖、空心砖、砌块？有什么意义？
7. 什么是砌块？怎样划分？常用的有那些？
8. 常用墙用板材是什么？在工程中怎样应用？

习 题

有烧结普通砖一批，经抽样 10 块作抗压强度试验（每块砖的受压面积以 120mm×115mm 计）结果如下表所示。确定该砖的强度等级。

表 6.18　　　　　　　　抗 压 试 验 结 果

砖编号	1	2	3	4	5	6	7	8	9	10
破坏荷载（kN）	235	226	216	220	257	256	181	282	268	252
抗压强度（MPa）										

第7章 防水材料

内容概述：本章主要介绍了防水材料中的沥青、防水卷材、防水涂料和建筑防水密封材料的技术性质、组成材料、选用方法和质量控制。

学习目标：掌握防水材料的主要技术性能及其影响因素、选用方法；明确防水材料的种类等内容。

防水材料按其性质在建筑材料中属于功能性材料。建筑物或构筑物采用防水材料的主要目的是为了防潮、防渗、防漏，尤其是为了防漏。建筑物的一般均由屋面、墙面、基础构成外壳，这些部位是建筑防水的重要部位。防水就是要防止建筑物各部位由于各种因素产生的裂缝或构件的接缝之间出现渗水。凡建筑物或构筑物为了满足防潮、防渗、防漏功能所采用的材料则称之为防水材料。

防水材料的主要特征是自身致密、孔隙率很小；或具有憎水性；或能够填塞、封闭建筑缝隙或隔断其他材料内部孔隙使其达到防渗止水的目的。建筑工程对防水材料的主要要求是：具有较高抗渗性及耐水性；具有适宜的强度及耐久性；对柔韧性防水材料还要求有较好的塑性。

随着现代科学技术的发展，防水材料的品种、数量越来越多，性能各异。依据防水材料的外观形态，一般可将防水材料分为防水卷材、防水涂材、密封材料、刚性防水材料四大系列，这四大类材料又根据其组成不同可划分为上百个品种，其分类情况如图7.1所示。

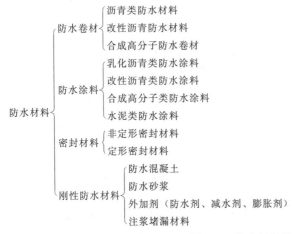

图 7.1 防水材料的分类

此外，防水材料还有近年来发展起来的粉状憎水材料、水泥密封防水剂等多种。

7.1 沥 青

沥青材料是一种有机胶凝材料。它是由高分子碳氢化合物及其非金属（氧、硫、氮等）衍生物组成的复杂混合物。常温下，沥青呈褐色的固体、半固体或液体状态。

沥青是憎水性材料，几乎完全不溶于水，而与矿物材料有较强的黏结力，结构致密、不透水、不导电，耐酸碱侵蚀，并有受热软化、冷后变硬的特点。因此沥青广泛用于工业与民用建筑的防水、防腐、防潮以及道路和水利工程。

沥青防水材料是目前应用较多的防水材料，但是其使用寿命较短。近年来，防水材料已向橡胶基和树脂基防水材料或高聚物改性沥青系列发展；油毡的胎体由纸胎向玻纤胎或化纤胎方向发展；防水涂料由低塑性的产品向高弹性、高耐久性产品的方向发展；施工方法则由热熔法向冷粘法发展。

沥青按产源可分为地沥青（天然沥青、石油沥青）和焦油沥青（煤沥青、页岩沥青）。目前工程中常用的主要是石油沥青，另外还使用少量的煤沥青。

天然沥青，是将自然界中的沥青矿经提炼加工后得到的沥青产品。石油沥青，是将原油经蒸馏等提炼出各种轻油（汽油、柴油）及润滑油以后的一种褐色或黑褐色的残留物，再加工而得的产品。建筑上使用的主要是由建筑石油沥青制成的各种防水制品，道路工程使用的主要是道路石油沥青。

7.1.1 石油沥青

7.1.1.1 石油沥青的组分

石油沥青是由多种复杂的碳氢化物及其非金属衍生物所组成的混合物。因为沥青的化学组成复杂，对组成进行分析很困难，而且化学组成也不能反映出沥青性质的差异，所以一般不作沥青的化学分析。通常是将沥青中化学成分和物理力学性质相近、具有一些共同研究特征的部分划分为若干个组，称为"组分"。我国现行（JTJ 052—2000）《公路工程沥青与沥青混合料试验规程》中规定可采用三组分和四组分两种分析法。

1. 三组分分析法

（1）油分。油分系指沥青中较轻的组分，呈淡黄至红褐色，密度为 $0.7\sim1.0g/cm^3$。在170℃以下较长时间加热可以挥发。它能溶于大多数有机溶剂，如丙酮、苯、三氯甲烷等，但不溶于酒精。在石油沥青中，含量为40％～60％，油分使沥青具有流动性。

（2）树脂。树脂的密度略大于1，颜色为黑褐色或红褐色黏物质。在石油沥青中含量为15％～30％。它使石油沥青具有塑性与黏结性。

（3）沥青质。为密度大于1的固体物质，黑色。在石油沥青中含量为10％～30％。它能提高石油沥青的温度稳定性和黏性，其含量愈多，石油沥青的软化愈高，黏性也愈大，但塑性降低。

此外，石油沥青中常含有一定量的固体石蜡，它会降低沥青的黏结性、塑性、温度稳定性和耐热性。由于存在于沥青油分中的蜡是有害成分，故对于多蜡沥青常采用高温吹氧、溶剂脱蜡等方法处理，使多蜡石油沥青的性质得到改善。

2. 四组分分析法

四组分分析法是将沥青分离为如下四种成分。

（1）沥青质。沥青中不溶于正庚烷而溶于甲苯的物质。

（2）饱和酚。亦称饱和烃，沥青中溶于正庚烷，吸附于 Al_2O_3 谱柱下，能为正庚烷或石油醚溶解脱附的物质。

（3）环烷芳香酚。亦称芳香烃，沥青经上一步骤处理后，为甲苯所溶解脱附的物质。

（4）极性芳香酚。亦称胶质，沥青经上一步骤处理后能为苯—甲醇所溶解脱附的物质。

3. 沥青的化学组分与沥青的物理力学性质

一般认为，油分使沥青具有流动性；树脂使沥青具有塑性，树脂中含有少量的酸性树脂（即地沥青酸和地沥青酸酐），是一种表面活性物质，能增强沥青与矿质材料表面的黏附性；沥青质能提高沥青的黏结性和热稳定性。

7.1.1.2　石油沥青的组成结构

沥青中的油分和树脂质可以互溶，树脂质能浸润沥青质颗粒而在其表面形成薄膜，从而构成以沥青质为核心、周围吸附部分树脂质和油分的互溶物胶团，而无数胶团分散在油分中形成胶体结构。依据沥青中各组分含量的不同，沥青一般有三种胶体状态。

（1）溶胶型结构。当沥青中地沥青质含量较少，油分及树脂质含量较多时，胶团在胶体结构中运动较为自由，此时的石油沥青具有黏滞性小、流动性大、塑性好、稳定性较差的性能。

（2）溶—凝胶型结构。若沥青质含量适当，而胶团之间的距离和引力介于溶胶型和凝胶型之间的结构状态时，胶团间有一定的吸引力，在常温下变形的最初阶段呈现出明显的弹性效应，当变形增大到一定数值后，则变为有阻力的黏性流动。大多数优质石油沥青属于这种结构状态。具有黏弹性和触变性，故也称弹性溶胶。

（3）凝胶型结构。当沥青质含量较高，油分与树脂质含量较少时，沥青质胶团间的吸引力增大，且移动较困难，这种凝胶型结构的石油沥青具有弹性和黏性较高、温度敏感性较小、流动性和塑性较低的性能。

溶胶型、溶—凝胶型、凝胶型结构如图 7.2 所示。

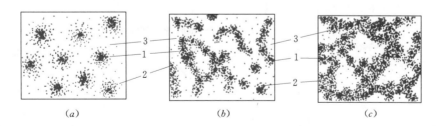

图 7.2　石油沥青胶体结构示意图
（a）溶胶型；（b）溶—凝胶型；（c）凝胶型
1—沥青质；2—胶质；3—油分

7.1.1.3　石油沥青的技术性质

1. 黏滞性

石油沥青的黏滞性又称黏性，它是反映沥青材料内部阻碍其相对流动的一种特性，是沥青材料软硬、稀稠程度的反映。各种石油沥青的黏滞性变化范围很大，黏滞性的大小与其组分及温度有关。当沥青质含量较高，同时又有适量树脂，油分含量较少时，则黏滞性较大；在一定温度范围内，当温度升高时，则黏滞性随之降低，反之则增大。

黏滞性是与沥青路面力学性质联系最密切的一种性质。工程中常用相对黏度（条件黏度）来表示黏滞性。测定沥青相对黏度的方法主要有针入度法和黏滞度法。

（1）黏滞度法。黏滞度法适用于液体石油沥青（图 7.3）。这种方法是将一定量的液体沥青在（25℃或 60℃）温度下经规定直径（35mm 或 10mm）的小孔流出，漏下 50mL 所需的时间，以 s 表示。流出的时间愈长，表示沥青的黏度越大。

（2）针入度法。针入度法适用于固体或半固体的石油沥青（图 7.4）。这种方法是在规定温度（25℃）条件下，以规定质量（100g）的标准针，在规定时间（5s）内贯入试样中的深度（0.1mm 为 1 度）表示。针入度值越小，表明黏度越大。

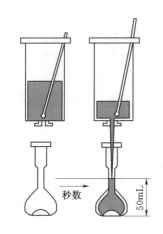

图 7.3　标准黏度测定示意图

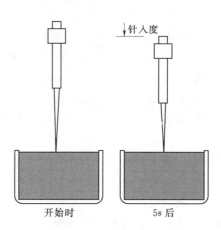

图 7.4　针入度测定示意图

2. 塑性

塑性指石油沥青在外力作用下产生变形而不破坏，除去外力后仍能保持变形后形状的性质。塑性表达沥青开裂后自愈能力及受机械应力作用后变形而不破坏的能力。石油沥青之所以能配制成性能良好的柔性防水材料，很大程度上决定于沥青的塑性。

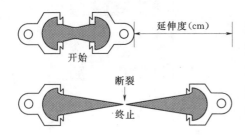

图 7.5　延度测定示意图

石油沥青的塑性用"延伸度"表示。延度愈大，塑性愈好。延度测定是把沥青制成"8"字形标准试件，在规定温度（25℃或 15℃）和规定拉伸速度（5cm/min）下拉断时的伸长度来表示，单位用"cm"计（图 7.5）。延伸度也是石油沥青的重要技术指标之一。

3. 温度敏感性

温度敏感性也称温度稳定性，是指沥青的黏滞性和塑性在温度变化时不产生较大变化的性能。使用温度稳定性好的沥青，可以保证在夏天不流淌、冬天不脆裂，保持良好的工程应用性能。温度稳定性包括耐高温的性质及耐低温的性质。

耐高温即耐热性是指石油沥青在高温下不软化、不流淌的性能。固态、半固态沥青的耐热性用软化点表示。软化点是指沥青受热由固态转变为一定流动状态时的温度。软化点越高，表示沥青的耐热性越好。

软化点通常用环球法测定，如图 7.6 所示，是将熔化的沥青注入标准铜环内制成试件，冷却后表面放置标准小钢球，然后在水或甘油中按标准试验方法加热升温，使沥青软化而下垂，当沥青下垂至与底板接触时的温度（℃），即为软化点。

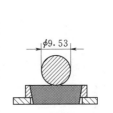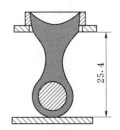

图 7.6　软化点测定示意图（单位：mm）

耐低温一般用脆点表示。脆点是将沥青涂在一标准金属片上（厚度约 0.5mm），将金属片放在脆点仪中，边降温边将金属片反复弯曲，直至沥青薄层开始出现裂缝时的温度（℃）称为脆点。寒冷地区使用的沥青应考虑沥青的脆点。沥青的软化点越高、脆点越低，则沥青的温度敏感性越小，温度稳定性越好。

4. 大气稳定性

大气稳定性是指石油沥青在热、阳光、氧气和潮湿等大气因素的长期综合作用下抵抗老化的性能，它反映沥青的耐久性。在阳光、空气、水等外界因素的综合作用下，石油沥青减少，沥青质逐渐增多，这一演变过程称为沥青的老化。一般情况下，树脂转变为沥青比油分转变为树脂的速度快得多，因此，石油沥青随着时间的进展，流动性和塑性将逐渐减小，硬脆性逐渐增大，从而变硬，直至脆裂乃至松散，使沥青失去防水、防腐效能。

我国现行试验规程 JTJ 052—2000 规定，石油沥青的老化性以蒸发损失百分率、蒸发后针入度比和老化后延度来评定。蒸发损失率越小，针入度比越大，则表示沥青的大气稳定性越好。

以上四种性质是石油沥青材料的主要性质。此外，沥青材料受热后会产生易燃气体，与空气混合遇火发生闪火现象。开始出现闪火的温度叫闪点，它是沥青施工加热时不能越过的最高温度。

7.1.1.4　石油沥青的技术标准及应用

石油沥青按用途为建筑石油沥青、道路石油沥青和普通石油沥青三种。在土木工程中使用的主要是建筑石油沥青和道路石油沥青。

1. 石油沥青的技术标准

（1）建筑石油沥青。建筑石油沥青按针入度划分牌号，每一牌号的沥青还应保证相应的延度、软化点、溶解度、蒸发损失、蒸发后针入度比和闪点等。建筑石油沥青的技术要求列于表 7.1 中。

（2）道路石油沥青。道路石油沥青各牌号沥青的延度、软化点、溶解度、蒸发损失率、蒸发后针入度和闪点等都有不同的要求，具体技术标准详见相关规范、规程、标准。在同一品种石油沥青中，牌号越大，则沥青越软，针入度与延度越大，软化点越低。道路石油沥青的技术要求列于表 7.1 中。

表 7.1

道路石油沥青、建筑石油沥青和普通石油沥青的技术标准

项　目	道路石油沥青							建筑石油沥青			普通石油沥青 (SY 1665—88)		
	200	180	140	100甲	100乙	60甲	60乙	40	30	10	75	65	55
针入度(25℃)(1/10mm)	201~300	161~200	121~160	91~120	81~120	51~80	41~80	36~50	25~40	10~25	75	65	55
延度(25℃)(cm),≥	—	100	100	90	60	70	40	3.5	3	1.5	2	1.5	1
软化点(环球法)(℃)	30~45	35~45	38~48	42~52	42~52	45~55	45~55	60	70	95	60	80	100
溶解度(%),≥　三氯乙烯、三氯甲烷或苯	99.0	99.0	99.0	99.0	99.0	99.0	99.0						
溶解度(%),≥　三氯乙烯、三氯乙烷、四氯化碳或苯								99.5	99.5	99.5	98	98	98
蒸发损失(163℃,5h)(%),≤	1	1	1	1	1	1	1	1	1	1	—	—	—
蒸发后针入度比(%),≥	50	60	60	65	65	70	70	65	65	65	—	—	—
闪点(开口)(℃),≥	180	200	230	230	230	230	230	230	230	230	230	230	230

道路沥青的牌号较多，使用时应根据地区气候条件、施工季节气温、路面类型、施工方法等按有关标准选用。道路石油沥青还可做密封材料、黏结剂以及沥青涂料等。

2. 石油沥青的应用

选用沥青材料时，应根据工程性质（房屋、道路、防腐）及当地气候条件、所处工程部位（屋面、地下）来选用不同品种和牌号的沥青。

（1）道路石油沥青。通常情况下，道路石油沥青主要用于道路路面或车间地面等工程，多用于拌制成沥青混凝土和沥青砂浆等。道路石油沥青还可做密封材料、黏结剂及沥青涂料等，此适宜选用黏性较大和软化点较高的道路石油沥青。

（2）建筑石油沥青。建筑石油沥青黏性较大，耐热性较好，但塑性较小，主要用作制造油毡、油纸、防水涂料和沥青胶等防水材料。它们绝大部分用于屋面及地下防水、沟槽防水、防腐蚀及管道防腐等工程。屋面防水工程应注意防止过分软化。为避免夏季流淌，屋面用沥青材料的软化点应比当地气温下屋面可能达到的最高温度高 25～30℃。但软化点也不宜选择过高，否则冬季低温易发生硬脆甚至开裂。对一些不易受温度影响的部位，可选用牌号较大的沥青。

7.1.1.5 石油沥青的掺配

当单独使用一种牌号沥青不能满足工程的要求时，可采用两种或三种牌号的石油沥青掺配使用。掺配量按式（7.1）、式（7.2）计算：

$$B_g = \frac{t - t_2}{t_1 - t_2} \times 100 \tag{7.1}$$

$$B_d = 100 - B_g \tag{7.2}$$

式中　B_g——高软化点的石油沥青含量，%；

　　　B_d——低软化点的石油沥青含量，%；

　　　　t——掺配沥青所需的软化点，℃；

　　　t_1——高软化点石油沥青的软化点，℃；

　　　t_2——低软化点石油沥青的软化点，℃。

7.1.2 煤沥青

煤沥青是烟煤焦炭或制煤气时，将干馏挥发物中冷凝得到的煤焦油继续蒸馏出轻油、中油、重油后所剩的残渣，称作煤沥青。煤沥青又分软煤沥青和硬煤沥青两种。软煤沥青中含有较多的油分，呈黏稠状或固体状。硬煤沥青是蒸馏出全部油分后的固体残渣，质硬脆，性能不稳定。建筑上采用的煤沥青多为黏稠或半固体的软煤沥青。

7.1.2.1 煤沥青的技术特性

煤沥青是芳香族碳氢化合物及氧、硫和氮等衍生物的混合物。煤沥青的主要化学组分为油分、脂胶、游离碳等。与石油沥青相比，煤沥青有以下主要技术特性。

（1）煤沥青因含可溶性树脂多，由固体变为液态的温度范围较窄，受热易软化，受冷易脆裂，故其温度稳定性差。

（2）煤沥青中不饱和碳氢化合物含量较多，易老化变质，故大气稳定性差。

（3）煤沥青因含有较多的游离碳，使用时易变形、开裂，塑性差。

（4）煤沥青中含有酸、碱物质均为表面活性物质，所以能与矿物表面很好地黏结。

（5）煤沥青因含酚、蒽等有毒物质，防腐蚀能力较强，故适用于木材的防腐处理。但因酚易溶于水，故防水性不如石油沥青。

7.1.2.2　煤沥青与石油沥青的鉴别

由于煤沥青与石油沥青的外观和颜色大体相同，但两种沥青不能随意掺合使用，使用中必须用简易的鉴别方法加以区分，防止混淆用错。可参考表7.2所示的简易方法进行鉴别。

表7.2　　　　　　　　　　　　石油沥青与煤沥青简易鉴别方法

鉴别方法	石 油 沥 青	煤 沥 青
密度法	密度近似于 $1.0g/cm^3$	大于 $1.1g/cm^3$
锤击法	声哑，有弹性，韧性较好	声脆，韧性差
燃烧法	烟无色，无刺激性臭味	烟呈黄色，有刺激性臭味
溶液比色法	用30～50倍汽油或煤油溶解后，将溶液滴于滤纸上，斑点呈棕色	溶解方法同左，斑点分内外两圈，内黑外棕

7.1.2.3　煤沥青的应用

煤沥青具有很好的防腐能力和良好的黏结能力，因此可用于木材防腐、铺设路面、配制防腐涂料、胶黏剂、防水涂料，油膏以及制作油毡等。

7.1.3　改性沥青

建筑上使用的沥青应具有：在低温下有较好的柔韧性，在高温下有足够的稳定性，在加工和使用条件下具有抗"老化"能力，对各种材料有好的黏附力等特点。但石油沥青往往不能满足这些要求，为此常采用措施对沥青进行改性，如提高其低温下的韧性、塑性、变形性，高温下的热稳定性和机械强度，使沥青的性质得到不同程度的改善，经改善后的沥青称为改性沥青。改性沥青可分为以下几种。

7.1.3.1　矿物填料改性沥青

在沥青中加入一定量的矿物填充料，可以提高沥青的黏性和耐热性，减小沥青的温度敏感性，同时也减少了沥青的耗用量，主要用于生产沥青胶。常用的矿物填充料有滑石粉、石灰粉、云母粉、石棉粉等。

7.1.3.2　树脂改性沥青

用树脂改性沥青，可以提高改性沥青的耐寒性、耐热性、黏结性和不透水性。在生产卷材和防水涂料产品时均需应用。常用的树脂有聚乙烯（PE）、聚丙烯（PP）等。

（1）聚乙烯树脂改性沥青。沥青中聚乙烯树脂掺量一般为 $7\%～10\%$，将沥青加热熔化脱水，加入聚乙烯，不断搅拌30min，温度保持在140℃左右，即可得聚乙烯树脂改性沥青。

（2）环氧树脂改性沥青。环氧树脂具有热固性材料性质，加入沥青后，使得石油沥青的强度和黏结力大大提高，但对延伸性改变不大，环氧树脂改性沥青可用于屋面和厕所、浴室的修补。

（3）古马隆树脂改性沥青。将沥青加热熔化脱水，在150～160℃下，把古马隆树脂放入熔化的沥青中，将温度升到 185～190℃，保持一定的时间，使之充分混合，即为古马隆树脂改性沥青。此沥青黏性大，可和 SBS 一起用于黏结油毡。

7.1.3.3 橡胶改性沥青

橡胶与石油沥青有很好的混溶性，用橡胶改性沥青，能使沥青具有橡胶的很多优点，如高温变形性小，低温韧性好，有较高的强度、延伸率和耐老化性等。常用的橡胶改性沥青有氯丁橡胶改性沥青、丁基橡胶改性沥青、热塑性丁苯橡胶改性沥青等。

（1）氯丁橡胶改性沥青。将氯丁橡胶溶于一定的溶剂（如甲苯）中形成溶液，然后掺入液态沥青中混合均匀。石油沥青中掺入氯丁橡胶后，可使其气密性、低温柔性、耐腐蚀、耐光、耐候、耐燃等性能得到大大改善。

（2）再生橡胶改性沥青。再生橡胶改性沥青掺入沥青中，同样可大大提高沥青的气密性、低温柔性，耐光、耐热和臭氧性。生产方式为：将废旧橡胶加工成 1.5mm 以下的颗粒，然后与沥青混合，经加热搅拌脱硫，即得弹性、塑性和黏结性都较好的再生橡胶改性沥青。可用于制防水卷材、密封材料、胶黏剂和涂料等。

（3）SBS 改性沥青。SBS 是以丁二烯、苯乙烯为单体，加溶剂、引发剂、活化剂，以阴离子聚合反应生成的共原物。SBS 改性沥青具有塑性好、抗老化性能好、热不黏冷不脆的特性，主要用于制作防水卷材，掺量一般为 5％～10％，是目前应用最广的改性沥青材料之一。

7.1.3.4 橡胶和树脂共混改性沥青

同时用橡胶和树脂来对石油沥青进行改性，可使沥青兼具橡胶和树脂的特性，并获得较好的技术效果。配制时采用的原材料品种、配比制作工艺不同，可以得到多种性能各异的产品，主要有防水卷材、密封材料、胶黏剂和涂料等。

7.2 防 水 卷 材

防水卷材是建筑工程中最常用的柔性防水材料。它是一种可卷曲的片状防水材料，使防水材料的重要品种。

防水卷材的品种很多。常按其组成材料不同分为沥青防水卷材、高聚物改性沥青防水卷材和合成高分子防水卷材三大类；按卷材的结构不同又可分为有胎卷材及无胎卷材两种。

所谓有胎卷材，即用纸、玻璃布、棉麻织品、聚酯毡或玻璃丝毡（无纺布）、塑料薄膜或编织物等增强材料做胎料，将沥青、高分子材料等浸渍或涂覆在胎料上，所制成的片状防水卷材。所谓无胎卷材，即将沥青、塑料或橡胶与填充料、添加剂等经配料、混炼压延（或挤出）、硫化、冷却等工艺而制成的防水卷材。

7.2.1 沥青防水卷材

沥青防水卷材有石油沥青防水卷材和煤沥青防水卷材两种。一般生产和使用的多为石油沥青防水卷材。石油沥青防水卷材有纸胎油毡、油纸、玻璃布或玻璃毡胎石油沥青油毡等。

7.2.1.1　石油沥青纸胎油毡、油纸

采用低软化点沥青浸渍原纸所制成的无涂撒隔离物的纸胎卷材称为油纸。当再用高软化点沥青涂盖油纸两面，并撒布隔离材料后，则称为油毡。所用隔离物为粉状材料（如滑石粉、石灰石粉）时，为粉毡；用片状材料（如云母片）时，为片毡。按 GB 326—1989《石油沥青纸胎油毡、油纸》的规定油毡按原纸 $1m^2$ 的质量克数，油毡分为 200 号、350号和 500 号三种标号，油纸分为 200 号和 350 号两种标号。按物理性能分为合格品、一等品和优等品三个等级；其中，200 号石油沥青油毡适用于简易防水、临时性建筑防水、建筑防潮及包装等，350 号和 500 号油毡适用于屋面、地下、水利等工程的多层防水。油纸用于建筑防潮和包装，也可用做多层防水层的下层。

纸胎基油毡防水卷材存在一定缺点，如抗拉强度及塑性较低，吸水率较大，不透水性较差，并且原纸由植物纤维制成，易腐烂，耐久性较差。此外原纸的原料来源也较困难。目前已经大量用玻璃布及玻纤毡为胎基生产沥青卷材。

7.2.1.2　有胎沥青防水卷材

有胎沥青防水卷材主要有麻布油毡、石棉布油毡、玻璃纤维布油毡、合成纤维布油毡等。这些油毡的制法与纸胎油毡相同，但抗拉强度、耐久性等都比纸胎油毡好得多，适用于防水性、耐久性和防腐性要求较高的工程。

7.2.1.3　铝箔塑胶防水卷材

铝箔面防水卷材采用玻纤毡为胎基，浸涂氧化沥青，其表面用压纹铝箔贴面，底面撒以细颗粒矿物料或覆盖聚乙烯膜，所制成的一种具有热反射和装饰功能的新型防水卷材。该防水卷材幅宽 1000mm，按每卷质量（kg）分为 30 号、40 号两种标号；按物理性能分为优等品、一等品、合格品三个等级。30 号适用于多层防水工程的面层，40 号适用于单层或多层防水工程的面层。

7.2.2　高聚物改性沥青防水卷材

高聚物改性沥青防水卷材是以合成高分子聚合物改性沥青为涂盖层，以纤维织物或纤维毡为胎体，以粉状、粒状、片状或薄膜材料为覆面材料制成的可卷曲防水材料。

高聚物改性沥青防水卷材按涂盖层材料分为弹性体改性沥青防水卷材、塑性体改性沥青防水卷材及橡塑共混体改性沥青防水卷材三类。胎体材料有聚酯毡、玻纤毡、聚乙烯膜及麻布等。高聚物改性沥青防水卷材属中、高档防水卷材。常用的有 SBS 改性沥青防水卷材、APP 改性沥青防水卷材、改性沥青聚乙烯膜胎防水卷材及再生胶油毡等。

7.2.2.1　SBS 弹性体改性防水卷材

SBS 是对沥青改性后效果很好的高聚物，它是一种热塑性弹性体，是塑料、沥青等脆性材料的增韧剂，加入到沥青中的 SBS（添加量一般为沥青的 $10\% \sim 15\%$）与沥青相互作用，使沥青产生吸收、膨胀，形成分子键牢固的沥青混合物，从而显著改善了沥青的弹性、延伸率、高温稳定性和低温柔韧性、耐疲劳性和耐老化等性能。SBS 改性沥青防水卷材是以玻纤毡、聚酯毡等增强材料为胎体，以 SBS 改性沥青为浸渍盖层，以塑料薄膜为防粘隔离层，经过选材、配料、共熔、浸渍、复合、卷曲加工而成。

SBS 改性防水卷材适用于一般工业与民用建筑防水，尤其适用于高级和高层建筑物的

屋面、地下室、卫生间等的防水防潮，以及桥梁、停车场、屋顶花园、游泳池、蓄水池、隧道等建筑的防水。由于该卷材具有良好的低温柔韧性和极高的弹性延伸性，更适合于北方寒冷地区和结构易变形建筑物的防水。

7.2.2.2 丁苯橡胶改性防水卷材

丁苯橡胶改性防水卷材是采用低软化点氧化石油沥青浸渍原纸，将催化剂和丁苯橡胶改性沥青加填料涂盖两面，再撒以撒布料所制成的防水卷材。该类卷材适用于屋面、水塔、水池、水坝等建筑物的防水、防潮保护层，具有施工温度范围广的特点，在-15℃以上均可施工。

7.2.2.3 塑性体 APP 改性防水卷材

石油沥青中加入 25％～35％的 APP 可以大幅度提高沥青的软化点，并能明显改善其低温柔韧性。APP 改性防水卷材是以玻纤毡或聚酯毡为胎体，以 APP 改性沥青为浸渍覆盖层，上撒隔离材料，下层覆盖聚乙烯薄膜或撒布细砂制成的沥青改性防水卷材。该类卷材的特点是抗拉强度高、延伸率大，具有良好的耐热性和耐老化性能，温度适应范围为-15～130℃，耐腐蚀性好，自燃点较高（265℃），所以非常适用于高温或有强烈太阳辐照的地区，广泛用于工业与民用建筑的屋面、地下室、卫生间等的防水防潮，以及桥梁、停车场、游泳池、蓄水池、隧道等建筑的防水。

7.2.2.4 再生胶改性防水卷材

再生胶改性防水卷材是由再生橡胶粉掺入适量的石油沥青和化学助剂进行高温高压处理后，再填入一定量的填料经混炼、压延而制成的无胎体防水卷材。该卷材具有延伸率大、低温柔韧性好、耐腐蚀性强、耐水性好及热稳定性等特点，适用于屋面及地下接缝和满铺防水层，尤其适用于有保护层的层面或基层沉降较大的建筑物变形缝处的防水。

7.2.3 合成高分子防水卷材

合成高分子防水卷材是以合成橡胶、合成树脂或两者的共混体为基料，加入适量的化学助剂和填充料等，经不同工序（混炼、压延或挤出等）加工而成的可卷曲的片状防水材料。

合成高分子卷材目前品种有橡胶系列（聚氨酯、三元乙丙橡胶、丁基橡胶等）防水卷材、塑料系列（聚乙烯、聚氯乙烯等）和橡胶塑料共混系列防水卷材三大类。

合成高分子防水卷材具有拉伸强度和抗撕裂强度高、断裂伸长率大、耐热性和低温柔性好、耐腐蚀、耐老化等一系列优异的性能，是新型高档防水卷材。多用于高级宾馆、大厦、游泳池等要求有良好防水性能的屋面、地下等防水工程。

7.2.3.1 三元乙丙橡胶（EPDM）防水卷材

该卷材是以乙烯、丙烯和少量双环戊二烯三种单体共聚合成的三元乙丙橡胶为主要原料，掺入适量的丁基橡胶、硫化剂、促进剂、软化剂、补强剂和填充剂等，经密炼、拉片、过滤、挤出（或压延）成型、硫化加工制成。该卷材是目前耐老化性能较好的一种卷材，使用寿命达 20 年以上。它的耐候性、耐老化性好，化学稳定性，耐臭氧性、耐热性和低温柔性好，具有质量轻、弹性和抗拉强度高、延伸率大、耐酸碱腐蚀等特点，对基层材料的伸缩或开裂变形适应性强，可广泛用于防水要求高、耐用年限长的防水工程。三元乙丙橡胶防水卷材的物理性能应符合表 7.3 的要求。

表 7.3　　　　三元乙丙橡胶防水卷材的物理性能（HG 2402—1992）

项　目		一等品	合格品	项　目		一等品	合格品
拉伸强度	常温	≥8	≥7	热空气老化 80℃，168h	拉伸强度变化率（%）	−20～40	−20～50
	−20℃	≤15			扯断伸长率，减小值（%）	≤30	
	60℃	≥2.5			撕裂强度变化率（%）	−40～40	−50～50
直角形撕裂强度（N/cm）	常温	≥280	≥245		定伸100%	无裂纹	
	−20℃	≤490		黏合性能	无处理	合格	
	60℃	≥74			热空气老化（80℃，168h）	合格	
扯断伸长度（%）	常温	≥450			耐碱	合格	
	−20℃	≥200		耐碱性 10%Ca（OH）$_2$，168h	拉伸强度变化率（%）	−20～20	
不透水性	0.3MPa，30min	合格	—		扯断伸长率，减小值（%）	≤20	
	0.1MPa，30min	—	合格	臭氧老化定伸40%	500pphm，40℃，168h	无裂纹	—
加热变形（80℃，168h，mm）	伸长	<2			100pphm，40℃，168h	—	无裂纹
	收缩	<4					
脆性温度（℃）		≤−45	≤−40				

注　1pphm 臭氧浓度相当于 1.01MPa 臭氧分压。

三元乙丙橡胶防水卷材根据其表面质量、拉伸强度与撕裂强度、不透水性、耐低温性等指标，分为一等品与合格品。

7.2.3.2　聚氯乙烯（PVC）防水卷材

聚氯乙烯防水卷材是以聚氯乙烯树脂为主要原料，掺加填充料和适量的改性剂、增塑剂等，经混炼、压延或挤出成型、分卷包装而成的防水卷材。

PVC 防水卷材根据基料的组分及其特性分为两种类型，即 S 型和 P 型。S 型是以煤焦油与聚氯乙烯树脂混溶料为基料的柔性卷材，厚度为 1.50mm、2.00mm、2.50mm 等。P 型防水卷材的基料是增塑的聚氯乙烯树脂，其厚度为 1.20mm、1.50mm、2.00mm 等。该卷材的特点是抗拉强度和断裂伸长率较高，对基层伸缩、开裂、变形的适应性强；低温柔韧性好，可在较低的温度下施工和应用。聚氯乙烯防水卷材适用于大型屋面板、空心板，并可用于地下室、水池、贮水池及污水处理池的防渗等。PVC 防水卷材的物理力学性能应符合表 GB 12952—91 的规定。其性能见表 7.4。

7.2.3.3　氯化聚乙烯防水卷材

氯化聚乙烯防水卷材是以含氯量为 30%～40% 的氯化聚乙烯树脂为主要原料，配以大量填充料及适当的稳定剂、增塑剂等制成的非硫化型防水卷材。聚乙烯分子中引入氯原子后，破坏了聚乙烯的结晶性，使得氯化聚乙烯不仅具有合成树脂的热塑料性，还具有弹性、耐老化性、耐腐蚀性（其性能见表 7.5）。氯化聚乙烯可以制成各种彩色防水卷材，

表7.4 PVC防水卷材的物理力学性能

项　目	P 型			S 型	
	优等品	一等品	合格品	一等品	合格品
拉伸强度（MPa），≥	15.0	10.0	7.0	5.0	2.0
断裂撕裂伸长率（%），≥	250	200	150	200	120
热处理尺寸变化率（%），≥	2.0	2.0	3.0	5.0	7.0
低温弯折性	−20℃无裂纹				
抗渗透性	不透水				
剪切状态下的黏合性	不透水，$\sigma>2.0$N/mm 或在接缝处断裂				

表7.5 聚氯乙烯防水卷材及氯化聚乙烯防水卷材物理力学性能

项　目		聚氯乙烯防水卷材					氯化聚乙烯防水卷材					
		P 型			S 型		Ⅰ 型			Ⅱ 型		
		优等品	一等品	合格品	一等品	合格品	优等品	一等品	合格品	优等品	一等品	合格品
拉伸强度（MPa），≥		15.0	10.0	7.0	5.0	2.0	12.0	8.0	5.0	12.0	8.0	5.0
断裂伸长率（%），≥		250	200	150	200	120	300	200	100	10		
热处理尺寸变化率（%），≤	纵	2.0	2.0	3.0	5.0	7.0	2.5	3.0		1.0		
	横						1.5					
低温弯折性		−20℃无裂纹					−20℃无裂纹					
抗渗性		不渗水					不渗水					
抗穿孔性		不渗水					不渗水					
剪切状态下黏合性（N/mm），≥		2.0（或非接缝处断）					2.0					
试验室处理后卷材相对于未处理的变化允许值												
人工气候老化处理	拉伸强度相对变化率（%）	±20	±25	±25	±50〜−30		±20	±50〜−20		±20	±50〜−20	
	断裂伸长率，相对变化率（%）							±50〜−30			±50〜−30	
	低温弯折性(无裂纹)(℃)	−20	−15	−20	−10		−20	−15		−20	−15	
热老化处理	外观质量	无气泡、无黏结、无孔洞					无气泡、无黏结、无孔洞					
	拉伸强度相对变化率(%)	±20	±25	±25	±50〜−30		±20	±50〜−20		±20	±50〜−20	
	断裂伸长率，相对变化率(%)							±50〜−30			±50〜−30	
	低温弯折性(无裂纹)(℃)	−20	−15	−20	−10		−20	−15		−20	−15	
水溶液处理	拉伸强度相对变化率(%)	±20	±25	±20	±25		±20	±30		±20	±30	
	断裂伸长率，相对变化率(%)											
	低温弯折性（无裂纹）（℃）	−20	−15	−20	−10		−20	−15		−20	−15	

既能起到装饰作用，又能达到隔热的效果。氯化聚乙烯防水卷材适用于屋面作单层外露防水以及有保护层的屋面、地下室、水池等工程的防水，也可用于室内装饰材料，兼有防水与装饰双层效果。

7.2.3.4　氯化聚乙烯–橡胶共混防水卷材

该卷材是以氯化聚乙烯树脂和合成橡胶为主体，加入适量的硫化剂、促进剂、稳定剂、软化剂和填充剂等，经过素炼、混炼、过滤、压延（或挤出）成型、硫化等工序加工制成的高弹性防水卷材。它不仅具有氯化聚乙烯所特有的高强度和优异的耐臭氧、耐老化性能，而且具有橡胶类材料所特有的高弹性、高延伸性和良好的低温柔性，拉伸强度在7.5MPa以上，断裂伸长率在450％以上，脆性温度在—40℃以下，热老化保持率在80％以上（其性能见表7.6）。因此，该类卷材特别适用于寒冷地区或变形较大的建筑防水工程。

表 7.6　　　　　　　　　　　　　**氯化聚乙烯-橡胶共混防水卷材**

项　目	指　标		项　目		指　标	
	S 型	N 型			S 型	N 型
拉伸强度（MPa），≥	7.0	5.0	热老化保持率（80℃，168h）	拉伸强度（％），≥	80	
断裂伸长率（％），≥	400	250		断裂伸长率（％），≥	70	
直角形撕裂强度（kN/m），≥	24.5	20.0	黏结剥离强度	（kN/m），≥	2.0	
不透水性（30min，不透水压力）（MPa）	0.3	0.2		浸水 168h，保持（％），≥	70	
脆性温度（℃）	—40	—20	热处理尺寸变化率（％），≤		1～2	2～4
臭氧老化（500pphm，40℃，168h）	定伸 40％ 无裂纹	定伸 20％ 无裂纹				

7.3 防 水 涂 料

7.3.1 防水涂料特性及基本要求

防水涂料是一种流态或半流态物质，主要组成材料一般包括成膜物质、溶剂及催干剂，有时也加入增塑剂及硬化剂等。涂布于基材表面后，经溶剂或水分挥发或各组分间的化学反应，而形成具有一定厚度的弹性连续薄膜（固化成膜），使基材与水隔绝，起到防水、防潮的作用。

防水涂料特别适合于结构复杂、不规则部位的防水，并能形成无接缝的完整防水层。它大多采用冷施工，减少了环境污染，改善了劳动条件。防水涂料可人工涂刷或喷涂施工，操作简单、进度快、便于维修。但是防水涂料为薄层防水，且防水层厚度很难保持均匀一致，致使防水效果受到限制。防水涂料适用于普通工业与民用建筑的屋面防水、地下室防水和地面防潮、防渗等防水工程，也用于渡槽、渠道等混凝土面板的防渗处理。

为满足防水工程的要求，防水涂料必须具备以下性能。

（1）固体含量。系指涂料中所含固体比例。涂料涂刷后，固体成分将形成涂膜。因此，固体含量多少与成膜厚度及涂膜质量密切相关。

（2）耐热性。系指成膜后的防水涂料薄膜在高温下不发生软化变形、流淌的性能。

（3）柔性（也称低温柔性）。系指成膜后的防水涂料薄膜在低温下保持柔韧的性能。它反映防水涂料低温下的使用性能。

（4）不透水性。系指防水涂膜在一定水压和一定时间内不出现渗漏的性能，是防水涂料的主要质量指标之一。

（5）延伸性。系指防水涂膜适应基层变形的能力。防水涂料成膜后必须具有一定的延伸性，以适应基层可能发生的变形，保证涂层的防水效果。

7.3.2 常用防水涂料

7.3.2.1 沥青基防水涂料

沥青基防水涂料有溶剂型和水乳型两类。溶剂型涂料即液体沥青（冷底子油），水乳型涂料即乳化沥青。根据建材行业标准 JC 408—91《水性沥青基防水涂料》，按所用乳化剂及成品外观和施工工艺的不同分为厚质防水涂料（用矿物乳化剂，代号 AE—1）和薄质防水涂料（用化学乳化剂，代号 AE—2）两类。各类水性沥青基涂料的性能应满足表7.7 的要求。

表 7.7　　　　　　　　　水性沥青基防水涂料质量标准

项　目		AE—1 类		AE—2 类	
		一等品	合格品	一等品	合格品
固体含量（%），≥		50		43	
延伸性（mm），≥	无处理	5.5	4.0	6.0	4.5
	处理后	4.0	3.0	4.5	3.5
柔韧性		(5±1)℃	(10±1)℃	(−15±1)℃	(−10±1)℃
		无裂纹、断裂			
耐热度（80℃，45°）		5h 无流淌、起泡和滑动			
黏结性（MPa），≥		0.20			
不透水性		不渗水			
抗冻性		20 次无开裂			

注　各项性质试验方法参见 GB/T 16677—1997《建筑防水涂料试验方法》。

沥青基防水涂料主要用于Ⅲ级、Ⅳ级防水等级的屋面防水工程以及道路、水利等工程中的辅助性防水工程。

7.3.2.2 高聚物改性沥青防水涂料

采用橡胶、树脂等高聚物对沥青进行改性处理，可提高沥青的低温柔性、延伸率、耐老化性及弹性等。高聚物改性沥青防水涂料一般是采用再生橡胶、合成橡胶（如氯丁橡胶、丁基橡胶、顺丁橡胶等）或 SBS 聚合物对沥青改性，制成水乳型或溶剂型防水涂料。

高聚物改性沥青防水涂料的质量与沥青基防水涂料相比较，其低温柔性和抗裂性均显著提高。常用的高聚物改性沥青防水涂料的技术性能见表7.8。

高聚物改性沥青防水涂料，适用于Ⅰ级、Ⅱ级、Ⅲ级防水等级的工业与民用建筑工程的屋面防水工程、地下室和卫生间的防水工程，以及水利、道路等工程的一般防水处理。

表 7.8 高聚物改性沥青防水涂料技术性能

项 目	再生橡胶改性		氯丁橡胶改性		SBS 聚合物改性水乳型沥青涂料
	溶剂型	水乳型	溶剂型	水乳型	
固体含量，不小于	—	45%	—	43%	50%
耐热度（45°）	80℃，5h 无变化	80℃，5h 无变化	85℃，5h 无变化	80℃，5h 无变化	80℃，5h 无变化
低温柔性	−28～−10℃绕 ϕ10mm 无裂纹	−10℃，绕 ϕ10mm 无裂纹	−40℃，绕 ϕ5mm 无裂纹	−15～−10℃绕 ϕ10mm 无裂纹	−20℃，绕 ϕ10mm 无裂纹
不透水性（无渗漏）	0.2MPa，水压 2h	0.1MPa，水压 0.5h	0.2MPa，水压 3h	0.1～0.2MPa，水压 0.5h	0.1MPa，水压 0.5h
耐裂性（基层裂纹宽）	0.2～0.4mm 涂膜不裂	≤2.0mm 涂膜不裂	≤0.8mm 涂膜不裂	≤2.0mm 涂膜不裂	≤1.0mm 涂膜不裂

7.3.2.3 合成高分子防水涂料

合成高分子防水涂料是指以合成橡胶或合成树脂为主要成膜物质的单组分或多组分防水涂料。这类涂料具有高弹性、高耐久性及优良的耐高低温性能。适用于Ⅰ级、Ⅱ级、Ⅲ级防水等级的屋面防水工程，地下室、水池及卫生间的防水工程，以及重要的水利、道路、化工等防水工程。

合成高分子防水涂料的主要品种有：双组分反应型聚氨酯防水涂料、单组分水乳型硅橡胶防水涂料、单组分溶剂型及水乳型丙烯酸酯防水涂料、单组分水乳型聚氯乙烯防水涂料及单组分水乳型高性能橡胶（以三元乙丙橡胶为主的复合橡胶）防水涂料等。

合成高分子防水涂料的产品质量应符合表 7.9 的要求。

表 7.9 合成高分子防水涂料质量要求

项 目		质 量 指 标	
		Ⅰ类	Ⅱ类
固体含量（%），≥		94	65
拉伸强度（MPa），≥		1.65	0.5
断裂延伸率（%），≥		300	400
柔性		−30℃弯折无裂纹	−20℃弯折无裂纹
不透水性	压力（MPa），≥	0.3	0.3
	保持时间	至少 30min 不渗透	至少 30min 不渗透

7.4 建 筑 防 水 密 封 材 料

密封材料是指能承受建筑物接缝位移以达到气密、水密的目的，而嵌入结构接缝中的定型和非定型材料。定形密封材料是具有一定形状和尺寸的密封材料，如止水带、密封条、带、密封垫等。非定形密封材料，又称密封胶、密封膏，是溶剂型、乳剂型或化学反应型等黏稠状的密封材料，如沥青嵌缝油膏、聚氯乙烯建筑防水接缝材料、建筑窗用弹性密封剂等。

密封材料按其嵌入接缝后的性能分为弹性密封材料和塑性密封材料。弹性密封材料嵌入接缝后呈现明显弹性,当接缝位移时,在密封材料中引起的应力值几乎与应变量成正比;塑性密封材料嵌入接缝后呈现塑性,当接缝位移时,在密封材料中发生塑性变形,其残余应力迅速消失。密封材料按使用时的组分分为单组分密封材料和多组分密封材料。按组成材料分为改性沥青密封材料和合成高分子密封材料。

本节重点介绍常用建筑防水密封膏及合成高分子止水带。

7.4.1　建筑防水密封膏

建筑防水密封膏属非定形密封材料,一般由气密性和不透水性良好的材料组成。为了保证结构密封防水效果,所用材料应具有良好的弹塑性、延伸率、变形恢复率、耐热性及低温柔性;在大气中的耐候性及在侵蚀介质环境下的化学稳定性、抵抗拉—压循环作用的耐久性;与基体材料间良好的黏结性;易于挤出、易于充满缝隙,在竖直缝内不流淌、不下坠、易于施工操作等性能。所用材料主要有改性沥青材料和合成高分子材料两类。传统上使用的沥青胶及油灰等嵌缝材料,其弹塑性差,属于低等级密封材料,只适用于普通或临时建筑填缝。

目前,常用的建筑防水密封膏有:建筑防水沥青嵌缝油膏、硅酮建筑密封膏、聚氨酯建筑密封膏、聚氯乙烯建筑防水接缝材料及窗用弹性密封剂等。

7.4.1.1　建筑防水沥青嵌缝油膏

建筑防水沥青嵌缝油膏(简称沥青嵌缝接缝材料的物理性能油膏),是以石油沥青为基料,加入改性材料、稀释剂、填料等配制成的黑色膏装嵌缝材料。常用的改性材料有废橡胶粉、硫化鱼油、桐油等。建材行业标准按油膏的耐热性及低温柔性将其分为 702 和 801 两个标号。其物理性能符合表 7.10 的规定。

表 7.10　　　　　　　沥青嵌缝油膏及聚氯乙烯接缝材料的物理性能

项　　目		建筑防水沥青嵌缝油膏		聚氯乙烯建筑防水接缝材料	
		702	801	801	802
密度(产品说明书规定值)(g/cm³)		±0.1		±0.1	
耐热性	温度(℃)	70	80	80	80
	下垂值(mm),≤	4.0		4.0	
低温柔性	温度(℃)	-20	-10	-10	-20
	黏结状态	无裂纹		无裂纹	
拉伸黏结性	最大抗拉强度(MPa)	—		0.02~0.15	
	最大延伸率(%),≥	125		300	
浸水后拉伸黏结性	最大抗拉强度(MPa)	—		0.02~0.15	
	最大延伸率(%),≥	125		250	
渗出性	渗出幅度(mm),≤	5		—	
	渗出张数(张),≤	4		—	
挥发性(%),≤		2.8		3	
施工度(mm),≥		22.0	20.0	—	
恢复率(%),≥		—		≥80	

沥青嵌缝油膏主要用于冷施工型的屋面、墙面防水密封及桥梁、涵洞、输水洞及地下工程等的防水密封。

7.4.1.2　聚氯乙烯建筑防水接缝材料

聚氯乙烯接缝材料，简称 PVC 接缝材料，是以 PVC 树脂为基料，加入改性材料（如煤焦油等）及其他助剂（如增塑剂、稳定剂）和填充料等配制而成的防水密封材料。根据建材行业标准 JC/T 798—1997《聚氯乙烯建筑防水接缝材料》的规定，PVC 接缝材料按耐热性和低温柔性分为 801 和 802 两个标号，其物理力学性能符合表 7.10 的规定。

聚氯乙烯建筑防水接缝材料按施工工艺不同分为 J 型（俗称聚氯乙烯胶泥，系用热塑法施工）和 G 型（俗称塑料油膏，系用热熔法施工）两种。

聚氯乙烯胶泥（J 型）有工厂生产的产品，也可现场配制，常用配比见表 7.11。其配制方法是将煤焦油加热脱水，再将其他材料加入混溶，在 130～140℃ 温度下保持 5～10min，充分塑化后，即成胶泥。将熬好的胶泥趁热嵌入清洁的缝内，使之填注密实并与缝壁很好地黏结。冬季施工时，缝内应刷冷底子油。

表 7.11　聚氯乙烯胶泥配比

材料名称	煤焦油	聚氯乙烯	邻苯二甲酸二丁酯	硬脂酸钙	滑石粉
质量比例	100	10～15	10～15	1	10～15

塑料油膏（G 型）是在 PVC 胶泥的基础上，加入了适量的稀释剂等而形成的。使用时，加热熔化后即可灌缝、涂刷或粘贴油毡等。塑料油膏选用废 PVC 塑料代替 PVC 树脂为原料，可显著降低成本。

PVC 接缝材料防水性能好，具有较好的弹性和较大的塑性变形性能，可适应较大的结构变形。适用于各种屋面嵌缝或表面涂布成防水层，也可用于大型墙板嵌缝、渠道、涵洞、管道等的接缝处理。

7.4.1.3　硅酮建筑密封膏（有机硅密封材料）

硅酮密封膏是以聚硅氧烷为主要成分的单组分和双组分室温固化型建筑密封材料。其中，单组分应用较多，双组分应用较少。

单组分有机硅建筑密封膏是把硅氧烷聚合物和硫化剂、填料及其他助剂在隔绝空气条件下混合均匀，装于密闭筒中备用。施工时，将筒中密封膏嵌填于缝隙，而后它吸收空气中的水分进行交联反应，形成橡胶状弹性体。

双组分密封膏将主剂（聚硅氧烷）、助剂、填料等混合作为一个组分，将交联剂作为另一组分，分别包装。使用时，将两组分按比例混合均匀后嵌填于缝隙中，膏体进行交联反应形成橡胶状弹性体。

硅酮密封膏具有优良的耐热性、耐寒性、耐水性及耐候性、拉—压循环疲劳耐久性，并与多种材料（尤其是玻璃、陶瓷等）有很好的黏结性。根据国家标准 GB/T 14683—93《硅酮建筑密封膏》，硅酮建筑密封膏按用途分为 F 类（用于建筑接缝密封）及 G 类（用于镶装玻璃）；按流动性分为 N 型（非下垂型）及 L 型（自流平型）。其物理性能符合表 7.12 的要求。

表 7.12 硅酮及聚氨酯建筑密封膏的物理性能

项　目		硅酮建筑密封膏（GB/T 14682—93）				聚氨酯建筑密封膏（JC 482—92）		
		F		G		优等品	一等品	合格品
		优等品	合格品	优等品	合格品			
密度，按产品说明规定值　（g/cm³）		±0.1				±0.1		
挤出性　（mL/min），≥		80				—		
适用期（h），≥		3				3		
表干时间（h），≤		6				24	48	
渗出性指数，≤		—				2		
流动性	下垂度（N 型）（mm），≤	3				3		
	流平性（L 型）	自流平		—		5℃自流平		
低温柔性（℃），≥		−40				−40	−30	
拉伸黏结性	最大抗拉强度（MPa），≥					0.2		
	最大伸长率（%），≥					400	200	
定伸性能	定伸黏结性	定伸 200%	定伸 160%	定伸 160%	定伸 125%	定伸 200%	定伸 160%	
		黏结和内聚破坏面积≤5%				黏结和内聚破坏面积≤5%		
	热—水循环后定伸黏结性	定伸 200%	定伸 160%	—		—		
		破坏面积≤5%						
	浸水光照后定伸黏结性	—		定伸 160%	定伸 125%	—		
				破坏面积≤5%				
剥离黏结性	剥离强度（N/mm），≥	—				0.9	0.7	0.5
	黏结破坏面积（%），≤	—				25	25	40
恢复率（%）		定伸 200%	定伸 160%	定伸 160%	定伸 125%	定伸 160%		
		≥90		≥90		≥95	≥90	85
拉伸—压缩循环性能级别		9030	8020	9030	8020	9030	8020	7020
		黏结和内聚破坏面积≤25%						

　　G 类硅酮密封膏适用于玻璃幕墙的黏结密封及门窗等的密封。F 类硅酮密封膏适用于混凝土墙板、花岗岩外墙面板的接缝密封以及公路路面的接缝防水密封等。

7.4.1.4　聚氨酯密封膏

　　聚氨酯密封膏是以聚氨基甲酸酯为主要成分的双组分反应型建筑密封材料。聚氨酯密封膏的特点是：①具有弹性模量低、高弹性、延伸率大、耐老化、耐低温、耐水、耐油、耐酸碱、耐疲劳等特性；②与水泥、木材、金属、玻璃、塑料等多种建筑材料有很强的黏结力；③固化速度较快，适用于要求快速施工的工程；④施工简便安全可靠。

　　根据建材行业标准 JC 482—1992《聚氨酯建筑密封膏》，聚氨酯密封膏分 N 型（非下垂型）和 L 型（自流平型），其物理性能符合表 7.12 的规定。

　　聚氨酯密封膏价格适中，应用范围广泛。它适用于各种装配式建筑的屋面板、墙板、地面等部位的接缝密封，建筑物沉陷缝、伸缩缝的防水密封，桥梁、涵洞、管道、水池、厕浴间等工程的接缝防水密封，建筑物渗漏修补等。

7.4.2　合成高分子止水带（条）

合成高分子止水带属定形建筑密封材料。它是将具有气密和水密性能的橡胶或塑料，制成一定形状（带状、条状、片状等），嵌入到建筑物接缝、伸缩缝、沉降缝等结构缝内的密封防水材料。主要用于工业及民用建筑工程的地下及屋顶结构缝防水工程，闸坝、桥梁、隧洞、溢洪道等建筑物（构筑物）变形缝的防漏止水，闸门、管道的密封止水等。

目前，常用的合成高分子止水材料有橡胶止水带及止水橡皮、塑料止水带及遇水膨胀型止水条等。

7.4.2.1　橡胶止水带和止水橡皮

橡胶止水带和止水胶皮是以天然橡胶及合成橡胶为主要原料，加入各种辅助剂和填充料，经塑炼、混炼成型或模压成型而得到的各种形状与尺寸的止水、封闭材料。常用的橡胶材料有天然橡胶、氯丁橡胶、三元乙丙橡胶、再生橡胶等。可单独使用，也可几种橡胶复合使用。止水橡胶的断面形状有 P 形、无孔 P 形、L 形、U 形等，埋入型止带有桥形、哑铃形、锯齿形等，如图 7.7 所示。

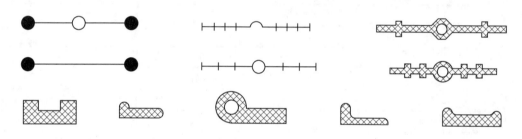

图 7.7　止水带及止水橡皮断面形状

橡胶止水带及止水橡胶皮的技术性能见表 7.13。

表 7.13　　　　　　　　　　橡胶止水带及止水橡皮的物理性能

项　目		橡胶止水带（HG 2288—1992）		止水橡皮		
		天然橡胶	合成橡胶	防 50	防 100	氯丁止水
硬度（邵氏 A）（度）		60±5	60±5	55±5	65±5	60±5
拉伸强度（MPa），≥		18	16	13	20	14
扯断伸长率（%），≥		450	400	500	500	500
定伸永久变形（%），≤		20	25	30	30	15
压缩永久变形(%)，≤	70℃，24h	35				
	23℃，168h	20				
撕裂强度（N/mm），≥		35				
脆性温度（℃），≤		−45	−40	−40	−40	−25
回弹率（%），≥		—	—	45	43	—

续表

项　目		橡胶止水带（HG 2288—1992）		止水橡皮		
		天然橡胶	合成橡胶	防 50	防 100	氯丁止水
热空气老化	70℃，72h　硬度变化，≤	8	—	—		
	70℃，72h　拉伸强度降低（%），≤	10		20	15	15
	70℃，72h　伸长率降低（%），≤	20		20	15	15
	70℃，96h　硬度变化，≤	—	8	—		
	70℃，96h　拉伸强度降低（%），≤		10			
	70℃，96h　伸长率降低（%），≤		20			
臭氧老化（50pphm，20%，48h）		2 级	0 级			

7.4.2.2　塑料止水带

塑料止水带是用聚氯乙烯树脂、增塑剂、防老剂、填料等原料，经塑炼、挤出等工艺加工成型的止水密封材料，其断面形状有桥形、哑铃形等（与橡胶止水带相似）。塑料止水带强度高、耐老化，各项物理性能虽然较橡胶止水带稍差，但均能满足工程要求。塑料止水带用热熔法连接，施工方便，成本低廉，可节约大量橡胶及紫铜片等贵重材料，应用广泛。

7.4.2.3　遇水膨胀型橡胶止水条

遇水膨胀型橡胶止水条是用改性橡胶制得的一种新型胶止水条。将无机或有机吸水材料及高黏性树脂的材料作为改性剂，掺入到合成橡胶可制得遇水膨胀的改性橡胶。这种橡胶既保留原有橡胶的弹性、延伸性等，又具有遇水膨胀的特性。将遇水膨胀橡胶止水条嵌在地下混凝土管或衬砌的缝隙更为密封，即可达到完全不漏的目的。常用的吸水性材料有膨润土，（无机）及亲水性聚氯酯树脂等。

（1）SPJ 型遇水膨胀橡胶条。他是用亲水性聚氯酯及合成橡胶（为丁氯橡胶）为原料所制成的止水条。能长期阻止水分及化学溶液渗透；遇水膨胀后和在低温下仍具有弹性和良好的防水性能；干燥时已膨胀的橡胶可释放出水分，体积得到恢复，防水性能不变；在淡水及含盐的海水中具有相同的遇水膨胀性，可用于各种环境的止水工程。SPJ 遇水膨胀橡胶条能扯断强度不小于 4.0MPa；静水膨胀率不小于 200%；在膨胀 100% 的情况下扯断强度不小于 0.5MPa。

（2）BW 型遇水膨胀橡胶止水条。它是用橡胶、膨润土、高黏性树脂等料加工制得的自黏性遇水膨胀型橡胶止水条，具有自黏性，可粘贴在混凝土基面上，施工方便；遇水后几十分钟内即可逐渐膨胀，吸水率高达 300%～500%；耐腐蚀、耐老化，具有良好的耐久性；使用温度范围宽，在 150℃ 温度时不流淌，在 −20℃ 温度下不发脆。

7.5　防水材料的选用

7.5.1　防水材料的防水功能要求

建筑物和构筑物的防水是依靠具有防水性能的材料来实现的，防水材料质量的优劣直接关系到防水层的耐久年限。

防水工程的质量在很大程度上取决于防水材料的性能和质量，材料是防水工程的基础。我们在进行防水工程施工时，所采用的防水材料必须符合国家或行业的材料质量标准，并应满足设计要求。对不同的防水做法，对材料也有不同的防水功能要求。

防水材料的共性要求如下。

（1）具有良好的耐候性，对光、热、臭氧等应具有一定的承受能力。

（2）具有抗水渗和耐酸碱性能。

（3）对外界温度和外力具有一定的适应性，即材料的拉伸强度要高，断裂伸长率要大，能承受温差变化以及各种外力与基层伸缩、开裂所引起的变形。

（4）整体性好，既能保持自身的黏结性，又能与基层牢固黏结，同时在外力作用下，有较高的剥离强度，形成稳定的不透水整体。

对于不同部位的防水工程，其防水材料的要求也各有其侧重点，具体要求如下。

（1）屋面防水工程所采用的防水材料其耐候性、耐温度、耐外力的性能尤为重要。因为屋面防水层，尤其是不设保温屋的外露防水层长期经受着风吹、雨淋、日晒、雪冻等恶劣的自然环境侵袭和基层结构的变形影响。

（2）地下防水工程所采用的防水材料必须具备优质的抗渗能力和延伸率，具有良好的整体不透水性。这些要求是针对地下水的不断侵蚀，且水压较大，以及地下结构可能产生的变形等条件而提出的。

（3）室内厕浴间防水工程所选用的防水材料应能适合基层形状的变化并有得于管道设备的敷设，尤其不透水性优异，无接缝的整体涂膜最为理想。这是针对面积小、穿墙管洞多、阴阳角多、卫生设备多等因素带来与地面、楼面、墙面连接构造较复杂等特点而提出的。

（4）建筑外墙板缝防水工程所选用的防水材料应以具有较好的耐候性、高延伸率以及黏结性、抗下垂性等性能为主的材料，一般选择防水密封材料并辅以衬垫保温隔热材料进行配套处理为宜。这是考虑到墙体有承受保温、隔热、防水综合功能的需要和缝隙构造连接的特殊形式而提出的。

（5）特殊构筑物防水工程所选用的防水材料则应依据不同工程的特点和使用功能的不同要求，由设计酌情选定。

7.5.2 传统防水材料和新型防水材料的区别

传统防水材料是指沥青纸胎油毡、沥青涂料等防水材料。这类防水材料存在温度敏感、拉伸强度和延伸率低、耐老化性能差的缺点。特别是用于外露防水工程，高低温特性都不好，容易引起老化、干裂、变形、折断和腐烂等现象。这类防水材料目前虽然已规定了"三毡四油"的防水做法，以适当延长其耐久年限，但却增加了防水层厚度，同时也增加了工人的劳动强度。特别是对于屋面形状负责、凸出屋面部分较多的屋顶来说，施工就很困难，质量也难以保证，也增加了维修保养的难度。

新型防水材料是相对传统石油沥青油毡及其辅助材料等传统防水材料而言的，其"新"字一般来说有两层意思，一是材料"新"，二是施工方法"新"。改善传统防水材料的性能指标和提高其防水能力，使传统防水材料成为防水"新"材料，是一条行之有效的途径，例如对沥青进行催化氧化处理，沥青的低温冷脆性能得到了根本的改变，使之成为优质氧化沥青，纸胎沥青油毡的性能得到了很大提高，在这基础上用玻璃布胎和玻璃纤维胎来逐步代替纸胎，从而进一步克服了纸胎强度低、伸长率差、吸油率低等缺点，提高了沥青油毡的品质。

7.5.3　正确选择和合理使用防水材料

防水材料由于品种和性能各异，各有着不同的优缺点，也各具有相应的适用范围和要求，因而应掌握这方面的知识。正确选择和合理使用防水材料，是提高防水质量的关键，也是设计和施工的前提。

7.5.3.1　材料的性能和特点

防水材料可分为柔性和刚性两大类。柔性防水材料拉伸强度高、延伸度大、质量小、施工方便，但操作技术要求较严，耐穿刺性和耐老化性不如刚性材料。同是柔性材料，卷材为工厂化生产，厚薄均匀，质量比较稳定，施工工艺简单，工效高，但卷材搭接接缝多，接缝处易脱开，对复杂表面及不平整基层施工难度大；而防水涂料其性能和特点与之恰好相反。同是卷材，合成高分子卷材、高聚物改性沥青卷材和沥青卷材也有不同的优缺点。由此可见，在选择防水材料时，必须注意其性能和特点。

7.5.3.2　建筑物功能与外界环境要求

在了解各类防水材料的性能和特点后，还应根据建筑物的结构类型、防水构造形式以及节点部位外界气候情况（包括温度、湿度、酸雨、紫外线等）、建筑物的结构形式（整浇或装配式）与跨度、屋面坡度、地基变形程度和防水层暴露情况等决定相适应的材料。

同时在选择防水材料时，还应严格按有关规范考虑到施工条件和市场价格因素。

复 习 思 考 题

1. 简述防水材料的类别及特点。
2. 油纸、油毡及改性沥青防水卷材的标号如何确定？它们都适用于哪些工程？
3. 合成高分子防水卷材的特点及其适用范围如何？
4. 防水涂料的常用品种及组成如何？
5. 防水密封材料的品种、特点及适用范围如何？

习　　题

1. 什么是石油沥青？按用途分哪几类？
2. 石油沥青的三大技术性质是什么？各用什么指标表示？
3. 如何划分石油沥青的牌号？牌号的大小与沥青性质关系如何？
4. 什么是改性沥青？有哪几种？各具有哪些特点？
5. 试举例说明可用哪些材料来改性沥青，使之获得更好的使用性能？
6. 各举一例说明高分子改性沥青卷材、涂料、密封材料的性能和应用。
7. 何谓密封材料？建筑工程常用的密封材料有哪几种？
8. 怎样选择防水材料？

第8章 建 筑 钢 材

内容概述： 本章主要介绍了建筑钢材的冶炼、化学组成、晶体结构、分类等知识内容，着重讲解建筑钢材的物理力学性能和建筑钢材的冷、热加工方法。并简要介绍了钢材的腐蚀原因及防止腐蚀的措施。

学习目标： 钢材是现代土木工程中重要的结构材料，通过本章的学习了解钢材的冶炼及分类，了解钢的组织和钢的化学成分对钢性能的影响，掌握土木工程中常用建筑钢材的种类、技术性能及选用原则。

建筑钢材是指用于工程建设的各种钢材，包括钢结构用的各种型钢、钢板、钢筋混凝土用的各种钢筋、钢丝和钢绞线。此外，门窗和建筑五金等也使用大量的钢材。

钢材是在严格的技术控制条件下生产的材料，与非金属材料相比，建筑钢材强度高、品质均匀，具有一定的弹性和塑性变形能力，能承受冲击振动荷载。钢材还具有良好的加工性能，可以铸造、锻压、焊接、铆接和切割，装配施工方便。采用各种型钢和钢板制作的钢结构，具有强度高、自重轻等特点，适用于大跨度结构、多层及高层结构、受动力荷载的结构和重型工业厂房结构，建筑钢材也广泛用于钢筋混凝土之中。因此，建筑钢材已成为最重要的建筑结构材料。钢材主要的缺点是易锈蚀、维护费用大、耐火性差、生产能耗大、造价高。

8.1 钢 的 冶 炼 与 分 类

8.1.1 钢的冶炼

炼钢的目的就是把熔融的生铁进行加工，使其碳的含量降到2％以下，其他杂质的含量也控制在规定允许范围之内。根据炼钢设备的不同，目前国内炼钢方法主要有平炉炼钢法、氧气转炉炼钢法和电弧炉炼钢法三种。

（1）平炉炼钢法。利用火焰的氧化作用除去杂质。平炉钢质量较好，但能耗高，生产效率低，成本高，现已基本被淘汰。

（2）氧气转炉炼钢法。氧气转炉炼钢法已成为现代炼钢法的主要方法。根据风口位置分底吹、顶吹、侧吹三种；根据所鼓风的不同分空气转炉和氧气转炉。

（3）电弧炉炼钢法。分电弧炉、感应炉、电渣炉三种。用电热进行高温冶炼，温度易控制，钢的质量最好，但成本高，多炼制合金钢。电炉也分酸性和碱性两种。

8.1.2 钢的分类

8.1.2.1 按化学成分分类

(1) 碳素钢。碳素钢的化学成分主要是铁，其次是碳，故也称铁碳合金。其含碳量为 $0.02\%\sim2.06\%$ 。此外尚含有极少量的硅、锰和微量的硫、磷等元素。碳素钢按含碳量又可分为低碳钢（含碳量小于 0.25%）、中碳钢（含碳量为 $0.25\%\sim0.60\%$）和高碳钢（含碳量大于 0.60%）三种。其中低碳钢在建筑工程中应用最多。

(2) 合金钢。是指在炼钢过程中，有意识地加入一种或多种能改善钢材性能的合金元素而制得的钢种。常用合金元素有硅、锰、钛、钒、铌、铬等。按合金元素总含量的不同，合金钢可以分为低合金钢（合金元素总含量小于 5%）、中合金钢（合金元素总含量为 $5\%\sim10\%$）和高合金钢（合金元素总含量大于 10%）。低合金钢为建筑工程中常用的主要钢种。

8.1.2.2 按冶炼时脱氧程度分类

冶炼时脱氧程度不同，钢的质量差别很大，通常可分为以下四种。

(1) 沸腾钢。炼钢时仅加入锰铁进行脱氧，脱氧不完全。这种钢水浇入锭模时，有大量的 CO 气体从钢水中外逸，引起钢水呈沸腾状，故称沸腾钢，代号为"F"。沸腾钢组织不够致密，成分不太均匀，硫、磷等杂质偏析较严重，故质量较差。但因其成本低、产量高，故被广泛用于一般建筑工程。

(2) 镇静钢。炼钢时采用锰铁、硅铁和铝锭等做脱氧剂，脱氧完全，且同时能起去硫作用。这种钢水铸锭时能平静地充满锭模并冷却凝固，故称镇定钢，代号为"Z"。镇定钢虽成本较高，但其组织致密，成分均匀，性能稳定，故质量好。适用于预应力混凝土等重要的结构工程。

(3) 半镇静钢。脱氧程度介于沸腾钢和镇静钢之间，为质量较好的钢，其代号为"b"。

(4) 特殊镇静钢。比镇静钢脱氧程度还要充分彻底的钢，故其质量最好，适用于特别重要的结构，代号为"TZ"。

8.1.2.3 按有害杂质含量分类

按钢中有害杂质磷（P）和硫（S）含量的多少，钢材可分为以下四类。

(1) 普通钢。磷含量不大于 0.045%；硫含量不大于 0.050%。

(2) 优质钢。磷含量不大于 0.035%；硫含量不大于 0.035%。

(3) 高级优质钢。磷含量不大于 0.030%；硫含量不大于 0.030%。

(4) 特级优质钢。磷含量不大于 0.025%；硫含量不大于 0.020%。

8.1.2.4 按用途分类

(1) 结构钢。主要用做工程结构构件及机械零件的钢。

(2) 工具钢。主要用于各种刀具、量具及模具的钢。

(3) 特殊钢。具有特殊物理、化学或机械性能的钢，如不锈钢、耐热钢、耐酸钢、耐磨钢、磁性钢等。

由于桥梁结构需要承受车辆等荷载的作用，同时需要经受大气因素的考验，对于桥梁用钢材要求具有高的强度，良好的塑性、韧性和可焊性。因此，桥梁建筑用钢材，钢筋混凝土用钢筋，就其用途分类来说，均属于结构钢；就其质量分类来说，都属于普通钢；按其含碳量来说，均属于低碳钢。所以，桥梁结构用钢和混凝土用钢筋是属于碳素结构钢或低合金结构钢。

8.2　建筑钢材的主要技术性质

钢材的技术性能包括力学性能和工艺性能两个方面。力学性能主要包括拉伸性能、冲击韧性、疲劳强度、硬度等；工艺性能是钢材在加工制造过程中所表现的特性，包括冷弯性能、焊接性能等。

8.2.1　建筑钢材的力学性质

8.2.1.1　拉伸性能

钢材的拉伸性能，典型地反映在广泛使用的软钢（低碳钢）拉伸试验时得到的应力 σ 与应变 ε 的关系上，如图 8.1 所示。钢材从拉伸到拉断，在外力作用下的变形可分为四个阶段，即弹性阶段、屈服阶段、强化阶段和颈缩阶段。

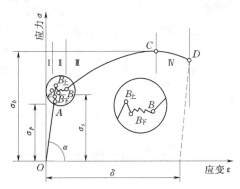

图 8.1　低碳钢受拉应力—应变图

在拉伸的开始阶段，OA 为直线，说明应力与应变成正比，即 $\sigma/\varepsilon = E$。A 点对应的应力 σ_p 称为比例极限。当应力超过比例极限时，应力与应变开始失去比例关系，但仍保持弹性变形。所以，e 点对应的应力 σ_e 称为弹性极限。OA 为弹性阶段。

当荷载继续增大，线段呈曲线形，开始形成塑性变形。应力增加到 $B_上$ 点后，变形急剧增加，应力则在不大的范围（$B_上$、$B_下$、B）内波动，呈现锯齿状。把此时应力不增加，应变增加时的应力 σ_s，定义为屈服极限强度。屈服点 σ_s 是热轧钢筋和冷拉钢筋的强度标准值确定的依据，也是工程设计中强度取值的依据。该阶段为屈服阶段。超过屈服点后，应力增加又产生应变，钢材进入强化阶段，C 点所对应的应力，即试件拉断前的最大应力 σ_b，称为抗拉强度。抗拉强度 σ_b 是钢丝、钢绞线和热处理钢筋强度标准值确定的依据。BC 为强化阶段。超过 C 点后，塑性变形迅速增大，试件出现颈缩，应力随之下降，试件很快被拉断，CD 为颈缩阶段。

钢材的 σ_s 和 σ_b 越高，表示钢材对小量塑性变形的抵抗能力越大。因此，在不发生塑性变形的条件下，所能承受的应力就越大。σ_s 与 σ_b 差值越大的钢，说明超过屈服点后的强度储备能力越大，结构的安全性高。

试件拉断后，将拉断后的两段试件拼对起来，量出拉断后的标距长 l_1，如图 8.2 所示。按式（8.1）计算伸长率：

$$\delta = \frac{l_1 - l_0}{l_0} \times 100\%$$

$$(8.1)$$

式中　δ——试件的伸长率,%；

　　　l_0——拉伸前的标距长度，mm；

　　　l_1——拉断后的标距长度，mm。

伸长率是衡量钢材塑性的重要指标，其值越大说明钢材的塑性越好。塑性变形能力强，可使应力重新分布，避免应力集中，结构的安全性增大。标距的大小影响伸长率的计算结果，通常以 δ_5 和 δ_{10} 分别表示 $l_0 = 5d_0$ 和 $l_0 = 10d_0$ 时的伸长率。同一种钢材，其 δ_5

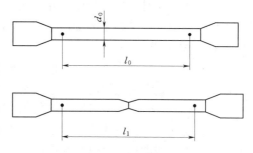

图 8.2　试件拉伸前和断裂后标距长度

大于 δ_{10}。某些线材的标距用 $l_0 = 100mm$，伸长率用 δ_{100} 表示。

中碳钢和高碳钢（硬钢）的拉伸曲线与低碳钢不同，屈服现象不明显，伸长率小。这类钢材由于没有明显的屈服阶段，不能测定屈服点，故常以发生残余变形为 0.2% 原标距长度时所对应的应力值，作为规定的屈服极限，用 $\sigma_{0.2}$ 表示。

8.2.1.2　冲击韧性

钢材抵抗冲击荷载不被破坏的能力称为冲击韧性。用于重要结构的钢材，特别是承受冲击振动荷载的结构所使用的钢材，必须保证冲击韧性。

钢材的冲击韧性用标准试件做冲击试验时，将按规定制成有槽口的标准试件，以横梁式放在试验机的支座上，然后将试验机的摆锤放至规定高度，突然松开，摆锤自由下落，冲断试件，如图 8.3 所示。试验表盘上指示出冲断试样所消耗的功能，每平方厘米所吸收的冲击断裂功（J/cm^2）表示，其符号为 α_k。显然，α_k 值越大，钢材的冲击韧性越好。

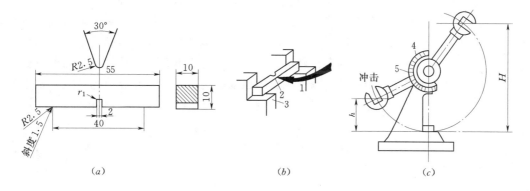

图 8.3　冲击韧性试验示意图（尺寸单位：mm）

（a）试件尺寸；（b）试验装置；（c）试验机

1—摆锤；2—试件；3—试验台；4—刻度盘；5—指针

影响钢材冲击韧性的因素很多，当钢材内硫、磷的含量高，存在化学偏析，含有非金属夹杂物及焊接形成的微裂缝时，钢材的冲击韧性都会显著降低。

环境温度对钢材的冲击功影响很大。试验证明，冲击韧性随温度的降低而下降，开始时下降缓和，当达到一定温度范围时，突然下降很多而呈脆性，这种性质称为钢材的冷脆性。这时的温度称为脆性临界温度，其数值愈低，钢材的低温冲击韧性愈好。所以，在负温下使用的结构，应选用脆性临界温度较使用温度低的钢材。

冲击韧性将随时间的延长而下降的现象称为时效。时效敏感性越大的钢材，经过时效后冲击韧性的降低越显著。为了保证安全，对于承受动荷载的重要结构，应当选用时效敏感性小的钢材。

总之，对于直接承受动荷载，而且可能在负温下工作的重要结构，必须按照有关规范要求进行钢材的冲击韧性检验。

8.2.1.3 疲劳强度

钢材在交变荷载反复多次作用下，可在最大应力远低于屈服强度的情况下突然破坏，这种破坏称为疲劳破坏。钢材的疲劳破坏指标用疲劳强度（或称疲劳极限）来表示，它是试件在交变应力作用下，不发生疲劳破坏的最大应力值。一般将承受交变荷载达 10^7 周次时不发生破坏的最大应力，定义为疲劳强度。在设计承受反复荷载且须进行疲劳验算的结构时，应当了解所用钢材的疲劳强度。

研究表明，钢材的疲劳破坏是拉应力引起的，首先在局部开始形成微细裂缝，由于裂缝尖端处产生应力集中而使裂缝迅速扩展直至钢材断裂。因此，钢材内部成分的偏析和夹杂物的多少以及最大应力处的表面光洁程度、加工损伤等，都是影响钢材疲劳强度的因素。疲劳破坏常常是突然发生的，往往造成严重事故。

8.2.1.4 硬度

硬度是指钢材抵抗外物压入表面产生塑性变形的能力。

钢材的硬度是以一定的静荷载，把一定直径的淬火钢球压入试件表面，然后测定压痕的面积或深度来定的。测定钢材硬度的方法有布氏法、洛氏法和维氏法等，较常用的为布氏法和洛氏法。相应的硬度试验指标称布氏硬度（HB）、洛氏硬度（HR）。

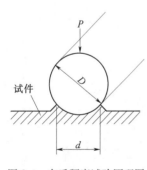

布氏法是利用直径为 D（mm）的淬火钢球，以 P（N）的荷载将其压入试件表面，经规定的持续时间后卸除荷载，以压痕表面积 F（mm²）（图 8.4）去除荷载 P，所得的应力值即为试件的布氏硬度值。各类钢材的 HB 值与抗拉强度之间有较好的相关关系。钢材的强度越高，塑性变形抵抗力越强，硬度值也越大。对于碳素钢，当 $HB<175$ 时，抗拉强度 $\sigma_b=3.6HB$；当 $HB>175$ 时，抗拉强度 $\sigma_b=3.5HB$。根据这一关系，可以直接在钢结构上测出钢材的 HB 值，并估算出该钢材的抗拉强度。

图 8.4 布氏硬度试验原理图

8.2.2 建筑钢材的工艺性质

8.2.2.1 冷弯性能

冷弯性能是指常温下对钢材试件按规定进行弯曲（$90°$ 或 $180°$），钢材承受弯曲变形的能力。冷弯性能是钢材的重要工艺性能。

试验时采用的弯曲角度愈大，弯心直径对试件厚度（或直径）的比值愈小，表示对冷弯性能的要求愈高。冷弯检验是：按规定的弯曲角度和弯心直径进行弯曲后，检查试件弯曲处外面及侧面不发生裂缝、断裂或起层，即认为冷弯性能合格。冷弯试验图如图 8.5 所示。

冷弯是钢材处于不利变形条件下的塑性，而伸长率则是反映钢材在均匀变形下的塑

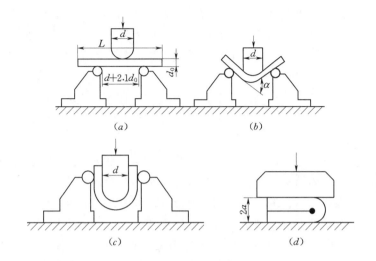

图 8.5 冷弯试验图

(a) 金属冷弯装置；(b) 弯曲至 90°；(c) 弯曲至两臂平行；(d) 弯曲至两臂重合

性。因此，冷弯是对钢材塑性更严格的检验，它能揭示钢材是否存在内部组织不均匀、内应力和夹杂物等缺陷。冷弯试验对焊接质量也是一种严格的检验，能揭示焊件在受弯表面存在未熔合、微裂纹及夹杂物等缺陷。

8.2.2.2 焊接性能

钢材的可焊性是指钢材是否适应通常的焊接方法与工艺的性能。可焊性能的好坏，主要取决于钢材的化学成分。含碳量小于 0.25% 的碳素钢具有良好的可焊性。加入合金元素（如硅、锰、钒、钛等）也将增大焊接处的硬脆性，降低可焊性。

8.2.2.3 钢材的冷加工

在常温下，钢材经拉、拔或轧等加工，使其产生塑性变形，而调整其性能的方法称为冷加工。常见的冷加工方式有冷拉、冷拔、冷轧、冷扭、刻痕等。

钢材经冷加工后，产生一定的塑性变形，屈服点明显提高，即强度和硬度明显提高，但塑性和韧性有所降低，这种现象称为钢材的冷加工硬化（或冷作硬化）。通常冷加工变形越大，则硬化越明显，即屈服强度提高越多，而塑性与韧性降低也越大。土木工程中对大量使用的钢筋，往往是冷加工和时效处理同时采用，常用的冷加工方法是冷拉和冷拔。

（1）冷拉。将热轧钢筋用拉伸设备在常温下拉长，使之产生一定的塑性变形称为冷拉。冷拉后的钢筋不仅屈服强度提高 20%～30%，同时还增加钢筋长度（4%～10%），因此冷拉是节约钢材（一般 10%～20%）的一种措施。钢材经冷拉后屈服阶段缩短，伸长率减小，材质变硬。

（2）冷拔。冷拔是将光圆钢筋通过硬质合金拔丝模孔强行拉拔。钢筋在冷拔过程中，不仅受拉，同时还受到挤压作用。经过一次或多次冷拔后，钢筋的屈服强度可提高 40%～60%，但塑性大大降低，具有硬钢的性质。

8.2.2.4 钢材的时效反应

将经过冷加工后的钢材，在常温下存放 15～20d，或加热至 100～200℃ 并保持 2h 左右，其屈服强度、抗拉强度及硬度进一步提高，伸长率和冲击韧性逐渐降低，弹性模量得以恢复的现象称为时效处理。前者称为自然时效，后者称为人工时效。通常对强度较低的钢筋可采用自然时效，强度较高的钢筋则需采用人工时效。

8.3　建筑钢材的晶体组织和化学成分

8.3.1　钢的晶体组织

钢的内部组织构造是直接影响钢材性能的主要因素。钢材是无数微细的晶粒构成的，钢是铁碳合金晶体，晶体结构中各个原子是以金属键相结合的，这是钢材具有较高强度和良好塑性的基础。铁和碳结合的方式不同，所形成的晶粒组织各异。

钢材中铁和碳原子结合有三种基本形式：固溶体、化合物和机械混合物。固溶体是以铁为溶剂，碳为溶质所形成的固体溶液；化合物是因铁、碳化合而成的化合物（Fe_3C）；机械混合物是由上述固溶体与化合物混合而成。钢的组织就是由上述的单一结合形式或多种结合形式构成的、具有一定形态的聚合体。钢材的基本组织有铁素体、渗碳体、珠光体等三种。

其基本性能见表 8.1。

表 8.1　　　　　　　　　　　　　　钢的基本晶体组织及性能

名　称	含碳量（%）	结　构　特　征	性　　　　能
铁素体	≤0.02	碳溶于 α—铁中的固溶体	强度、硬度很低，塑性好，冲击韧性很好
渗碳体	6.67	化合物 Fe_3C	抗拉强度很低，硬脆，很耐磨，塑性几乎为零
珠光体	0.8	铁素体与 Fe_3C 的机械混合物	强度较高，塑性和韧性介于铁素体和渗碳体之间

8.3.2　化学成分对钢材性能的影响

钢材的性能主要决定于其中的化学成分。钢的化学成分主要是铁和碳，此外还有少量的硅、锰、磷、硫、氧、氮等杂质元素，这些元素的存在对钢材性能有不同的影响，其中碳的影响最大。

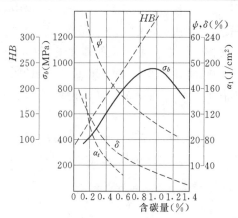

图 8.6　含碳量对普通碳素钢性能的影响

1. 碳对碳钢性能的影响

碳（C）是钢中除铁之外含量最多的元素，对钢材的性能有非常明显的影响，含碳量对普通碳素钢性能的影响如图 8.6 所示。当钢中含碳量在 0.8% 以下时，随着含碳量的增加，钢材的屈服点、抗拉强度和硬度提高，而塑性、冲击韧性、冷弯性能和抗腐蚀性降低；但当含碳量超过 0.8% 以后，随着含碳量的增加，钢材的强度反而下降。

2. 其他元素对碳钢性能的影响

（1）硅（Si）。在炼钢过程中加硅作为还原剂和脱氧剂，硅的脱氧能力较锰强。硅溶入铁素体可提高钢的强度和硬度。但由于硅在碳钢中的含量很低，因此这一效果并不明显。镇静钢中含有 0.15%～0.30% 的硅。如果钢中含硅量超过 0.50%～0.60%，硅就算合金元素。硅能显著提高钢的弹性极限、屈服点和抗拉强度。但随着含硅量的增加，塑性和韧性明显下降，焊接性能变差，并增加钢材的冷脆性。

（2）锰（Mn）。在炼钢过程中，锰也是良好的脱氧剂和脱硫剂，一般钢中含锰 0.30%～0.50%。钢中含锰量在 0.8% 以下时，锰对钢的性能影响不显著。若将锰作为合金元素加入钢中，使钢中锰的含量提高到 0.8%～1.2% 或者更高，就成为力学性能优于一般碳钢的锰钢。含锰 11%～14% 的钢有极高的耐磨性，用于挖土机铲斗、球磨机衬板等。但当锰含量大于 1.0% 时，会降低钢材的耐腐蚀和焊接性能。

（3）氮（N）。氮虽可以使钢的屈服点、抗拉强度和硬度提高，但塑性、韧性、焊接性能和冷弯性能下降，且钢的时效敏感性和冷脆性增大。如果在钢中加入少量的铝、钒、锆和铌，使它们变为氮化物，则能细化晶粒，可改变钢的性能。

（4）磷（P）。磷是钢中的有害元素，对钢材起硬化作用，即钢的屈服点和抗拉强度提高，磷还可提高钢抗锈蚀能力，但塑性、韧性冷弯性能和焊接性能显著降低，特别是在温度较低时促使钢材变脆，称为冷脆。因此，在各品种钢中，都严格规定了磷的允许含量范围，普通碳素钢中的含磷量不得超过 0.045%，优质钢要求更低些。磷能使钢材产生冷脆性，但它也能有效地改善钢的切削加工性能，因此在易削钢中还要提高磷的含量。

（5）硫（S）。硫是极其有害的杂质，随着含硫量的增加，将大大降低钢的热加工性、可焊性、冲击韧性、疲劳强度和抗腐蚀性。此外，非金属硫化物夹杂经热轧加工后还会在厚钢板中形成局部分层现象，在采用焊接连接的节点中，沿板厚方向承受拉力时，会发生层状撕裂破坏，这种现象称为热脆性。因而应严格限制钢材中的含硫量，一般不得超过 0.065%。

（6）氧（O）。氧是钢中非常有害杂质，它会使钢的塑性、韧性、冷弯性能、焊接性能及强度等所有的性能降低，且热脆性增加，特别是显著降低疲劳强度。氧在钢中其一般不得超过 0.05%。但氧有促进时效性的作用，氧常以氧化铁（FeO）的形式存在于钢中。

（7）钛（Ti）、钒（V）、铌（Ni）等。这些都是较强的脱氧剂，是加入钢中的合金元素，可改善组织结构，使晶体细化，显著提高钢的强度，改善钢的韧性，又可保持良好的塑性。

8.4　建筑钢材的标准与选用

8.4.1　建筑钢材的主要钢种

建筑钢材可分为钢结构用钢和钢筋混凝土结构用钢两大类，前者主要应用型钢和钢板，后者主要采用钢筋和钢丝。

8.4.1.1　碳素结构钢

1. 碳素结构钢的牌号及其表示方法

GB/T 700—1988《碳素结构钢》规定，碳素结构钢按其屈服点分 Q195、Q215、Q235、Q255 和 Q275 五个牌号。各牌号钢又按其硫、磷含量由多至少分为 A、B、C、D 四个质量等级。根据 GB 221—2000《钢铁产品牌号表示方法》规定，碳素结构钢采用代表屈服点的拼音字母"Q"，屈服点数值（单位为 MPa）和规定的质量等级（A、B、C、D），脱氧方法（F、b、Z、TZ）等符号，按顺序组成牌号。例如 Q235AF，它表示屈服点为 235MPa、质量等级为 A 级的沸腾碳素结构钢。碳素结构钢的牌号组成中，表示镇静钢的符号"Z"和表示特殊镇静钢的符号"TZ"可以省略。

2. 技术性能

按照 GB 700—88《碳素结构钢》规定，碳素结构钢的技术要求如下。

（1）化学成分。各牌号碳素结构钢的化学成分应符合表 8.2 的规定。

（2）力学性能。碳素结构钢的强度、冲击韧性等指标应符合表 8.3 的规定，冷弯性能应符合表 8.4 的要求。

表 8.2　　　　　碳素结构钢的化学成分（GB/T 700—1988）

牌号	质量等级	化学成分（%）					脱氧方法
		C	Mn	Si ≤	S ≤	P ≤	
Q195	—	0.06～0.12	0.25～0.50	0.30	0.050	0.045	F、b、Z
Q215	A	0.09～0.15	0.25～0.55	0.30	0.050	0.045	F、b、Z
	B				0.045		
Q235	A	0.14～0.22	0.30～0.65*	0.30	0.050	0.045	F、b、Z
	B	0.12～0.20	0.30～0.70*		0.045		
	C	≤0.18	0.35～0.80		0.040	0.040	Z
	D	≤0.17			0.035	0.035	TZ
Q255	A	0.18～0.28	0.40～0.70	0.30	0.050	0.045	F、b、Z
	B				0.045		
Q275	—	0.28～0.38	0.50～0.80	0.35	0.050	0.045	Z

*　表示 Q235 A、B 级沸腾钢的锰含量上限值为 0.60%。

从表 8.2、表 8.3 和表 8.4 可以看出，碳素结构钢随着牌号的增大，其含碳量和含锰量增加，强度和硬度提高，而塑性和韧性降低，冷弯性能逐渐变差。

3. 碳素结构钢的应用

Q235 号钢既具有较高的强度，又具有较好的塑性和韧性，可焊性也好，且经焊接及气割后力学性能亦仍稳定，有利于冷加工，故广泛地用于桥梁构件及钢筋混凝土结构中的钢筋等，是目前应用最广泛的钢种。

Q195 号、Q215 号钢强度低，塑性和韧性较好，易于冷加工，常用做钢钉、铆钉、螺栓及铁丝等。Q215 号钢经冷加工后可代替 Q235 号钢使用。

表 8.3　　　　　　　　　　碳素结构钢的力学性能（GB 700—1988）

牌号	等级	拉伸试验														冲击试验	
		屈服点 σ_s（MPa）						抗拉强度 σ_b（MPa）	伸长率 δ_5（%）						温度（℃）	V形冲击功（纵向）（J）
		钢材厚度或直径（mm）							钢材厚度或直径（mm）							
		≤16	16~40	40~60	60~100	100~150	>150		≤16	16~40	40~60	60~100	100~150	>150		
		≥							≥							≥
Q195	—	(195)	(185)	—	—	—	—	315~430	33	32	—	—	—	—	—	—
Q215	A	215	205	195	185	175	165	335~450	31	30	29	28	27	26	—	—
	B														20	27
Q235	A	235	225	215	205	195	185	375~500	26	25	24	23	22	21	—	—
	B														20	27
	C														0	
	D														−20	
Q255	A	255	245	235	225	215	205	410~550	24	23	22	21	20	19	—	—
	B														20	27
Q275	—	275	265	255	245	235	225	490~630	20	19	18	17	16	15	—	—

表 8.4　　　　　　　　　　碳素结构钢的冷弯性能（GB 700—1988）

牌号	试样方向	冷弯试验 $B=2a$，180°		
		钢材厚度或直径（mm）		
		≤60	60~100	100~200
		弯心直径		
Q195	纵	0	—	—
	横	0.5a		
Q215	纵	0.5a	1.5a	2a
	横	a	2a	2.5a
Q235	纵	a	2a	2.2a
	横	1.5a	2.5a	3a
Q255	—	2a	3a	3.5a
Q275	—	3a	4a	4.5a

注　B 为试样宽度，a 为钢材厚度（直径）。

　　Q255 号、Q275 号钢强度较高，但塑性、韧性和可焊性较差，不易焊接和冷加工，可用于轧制钢筋、制作螺栓配件等。

8.4.1.2　低合金高强度结构钢（GB 1591—1994）

　　低合金高强度结构钢是在碳素结构钢的基础上，加入少量的一种或几种合金元素制成的一种结构钢。具有强度高，塑性和低温冲击韧性好，耐蚀性好等特点。

表 8.5　　低合金高强度结构钢的化学成分(GB 1591—1994)

牌号	质量等级	化学成分(%)										
		C≤	Mn	Si	P≤	S≤	V	Nb≤	Ti≤	Al≥	Cr≤	Ni≤
Q295	A	0.16	0.08~1.50	0.55	0.045	0.045	0.02~0.15	0.015~0.060	0.02~0.20	—		
	B	0.16	0.08~1.50	0.55	0.040	0.040	0.02~0.15	0.015~0.060	0.02~0.20	—		
Q345	A	0.02	1.00~1.60	0.55	0.045	0.045	0.02~0.15	0.015~0.060	0.02~0.20	—		
	B	0.02	1.00~1.60	0.55	0.040	0.040	0.02~0.15	0.015~0.060	0.02~0.20	—		
	C	0.20	1.00~1.60	0.55	0.035	0.035	0.02~0.15	0.015~0.060	0.02~0.20	0.015		
	D	0.18	1.00~1.60	0.55	0.030	0.030	0.02~0.15	0.015~0.060	0.02~0.20	0.015		
	E	0.18	1.00~1.60	0.55	0.025	0.025	0.02~0.15	0.015~0.060	0.02~0.20	0.015		
Q390	A	0.20	1.00~1.60	0.55	0.045	0.045	0.02~0.20	0.015~0.060	0.02~0.20	—	0.030	0.70
	B	0.20	1.00~1.60	0.55	0.040	0.040	0.02~0.20	0.015~0.060	0.02~0.20	—	0.030	0.70
	C	0.20	1.00~1.60	0.55	0.035	0.035	0.02~0.20	0.015~0.060	0.02~0.20	0.015	0.030	0.70
	D	0.20	1.00~1.60	0.55	0.030	0.030	0.02~0.20	0.015~0.060	0.02~0.20	0.015	0.030	0.70
	E	0.20	1.00~1.60	0.55	0.025	0.025	0.02~0.20	0.015~0.060	0.02~0.20	0.015	0.030	0.70
Q420	A	0.20	1.00~1.70	0.55	0.045	0.045	0.02~0.20	0.015~0.060	0.02~0.20	—	0.040	0.70
	B	0.20	1.00~1.70	0.55	0.040	0.040	0.02~0.20	0.015~0.060	0.02~0.20	—	0.040	0.70
	C	0.20	1.00~1.70	0.55	0.035	0.035	0.02~0.20	0.015~0.060	0.02~0.20	0.015	0.040	0.70
	D	0.20	1.00~1.70	0.55	0.030	0.030	0.02~0.20	0.015~0.060	0.02~0.20	0.015	0.040	0.70
	E	0.20	1.00~1.70	0.55	0.025	0.025	0.02~0.20	0.015~0.060	0.02~0.20	0.015	0.040	0.70
Q460	C	0.20	1.00~1.70	0.55	0.035	0.035	0.02~0.20	0.015~0.060	0.02~0.20	0.015	0.70	0.70
	D	0.20	1.00~1.70	0.55	0.030	0.030	0.02~0.20	0.015~0.060	0.02~0.20	0.015	0.70	0.70
	E	0.20	1.00~1.70	0.55	0.025	0.025	0.02~0.20	0.015~0.060	0.02~0.20	0.015	0.70	0.70

注　表中的 Al 为全铝含量。如化验酸溶铝时,其含量应不小于 0.010%。

表 8.6　　低合金高强度结构钢的力学性能（GB 1591—1994）

牌号	质量等级	屈服点 σ(MPa) 厚度（直径、边长）(mm) 不小于				抗拉强度 σb (MPa)	伸长率 δ5 (%)	冲击功 A_kv（纵向）(J) 不小于				180°弯曲试验 d=弯心直径；a=试样厚度（直径）mm 钢材厚度（直径）mm	
		≤15	16~35	35~50	50~100			20℃	0℃	-20℃	-40℃	≤16	16~100
Q295	A	295	275	255	235	390~570	23					d=2a	d=3a
	B	295	275	255	235	390~570	23	34				d=2a	d=3a
Q345	A	345	325	295	275	470~630	21					d=2a	d=3a
	B	345	325	295	275	470~630	21	34				d=2a	d=3a
	C	345	325	295	275	470~630	22		34			d=2a	d=3a
	D	345	325	295	275	470~630	22			34		d=2a	d=3a
	E	345	325	295	275	470~630	22				27	d=2a	d=3a
Q390	A	390	370	350	330	490~650	19					d=2a	d=3a
	B	390	370	350	330	490~650	19	34				d=2a	d=3a
	C	390	370	350	330	490~650	20		34			d=2a	d=3a
	D	390	370	350	330	490~650	20			34		d=2a	d=3a
	E	390	370	350	330	490~650	20				27	d=2a	d=3a
Q420	A	420	400	380	360	520~680	18					d=2a	d=3a
	B	420	400	380	360	520~680	18	34				d=2a	d=3a
	C	420	400	380	360	520~680	19		34			d=2a	d=3a
	D	420	400	380	360	520~680	19			34		d=2a	d=3a
	E	420	400	380	360	520~680	19				27	d=2a	d=3a
Q460	A	460	440	420	400	550~720	17					d=2a	d=3a
	B	460	440	420	400	550~720	17			34		d=2a	d=3a
	C	460	440	420	400	550~720	17				27	d=2a	d=3a

1. 牌号及其表示方法

根据 GB 1591—1994《低合金高强度结构钢》规定，低合金高强度结构钢共有五个牌号，即 Q295、Q345、Q390、Q420 和 Q460。所加入元素主要有锰、硅、钒、钛、铌、铬、镍及稀土元素。其牌号的表示是由屈服点字母 Q、屈服点数值、质量等级（A、B、C、D、E）三个部分组成。

2. 技术要求及应用

按照 GB 1591—1994《低合金高强度结构钢》规定，低合金高强度结构钢的化学成分与力学性能应符合表 8.5 和表 8.6 的要求。

低合金高强度结构钢与碳素结构钢相比，具有较高的强度，综合性能好，所以在相同使用条件下，可比碳素结构钢节省用钢 20%～30%，对减轻结构自重有利。同时还具有良好的塑性、韧性、可焊性、耐磨性、耐蚀性、耐低温性等性能。

低合金高强度结构钢主要用于轧制各种型钢、钢板、钢管及钢筋，广泛用于钢结构和钢筋混凝土结构中，特别适用于各种重型结构、高层结构、大跨度结构及桥梁工程等。

8.4.2　钢筋混凝土结构用钢

钢筋混凝土结构用钢，主要由碳素结构钢和低合金结构钢轧制而成，主要有热轧钢筋、冷加工钢筋、热处理钢筋、预应力混凝土用钢丝和钢绞线等，按直条或盘条（也称盘圆）供货。

8.4.2.1　热轧钢筋

钢筋混凝土用热轧钢筋是经过热轧成型并自然冷却的成品钢筋。根据其表面形状分为光圆钢筋和带肋钢筋两类。

1. 热轧光圆钢筋

根据 GB 1499.1—2007《钢筋混凝土用热轧光圆钢筋》的规定，热轧光圆钢筋级别为Ⅰ级，强度等级代号为 R235。"R"表示"热轧"，"235"表示屈服强度要求值（MPa），其力学性能和工艺性能应符合表 8.7 的规定。

表 8.7　　　　　　　　　　　热轧钢筋性能指标

钢筋级别	表面形状	强度等级代号	公称直径（mm）	屈服强度（MPa），≥	抗拉强度（MPa），≥	伸长率（%），≥	冷弯 180°	主　要　用　途
Ⅰ	光圆	R235	8～20	235	370	25	$d=1d_0$	非预应力钢筋
Ⅱ	月牙肋	HRB335	6～25 28～50	335	490	16	$d=3d_0$ $d=4d_0$	非预应力和预应力钢筋月牙肋
Ⅲ	月牙肋	HRB400	6～25 28～50	400	570	14	$d=4d_0$ $d=5d_0$	非预应力和预应力钢筋
Ⅳ	等高肋	HRB500	6～25 28～50	500	630	12	$d=6d_0$ $d=7d_0$	预应力钢筋

注　表中 d 为弯心直径；d_0 为钢筋公称直径。

光圆钢筋是用 Q215 或 Q235 碳素结构钢轧制而成的钢筋。其强度较低，塑性及焊接性能好，伸长率高，便于弯折成形和进行各种冷加工，广泛用于普通钢筋混凝土构件中，作为中小型钢筋混凝土结构的主要受力钢筋、构造筋和各种钢筋混凝土结构的箍筋等。

2. 热轧带肋钢筋

热轧带肋钢筋表面有两条纵肋，并沿长度方向均匀分布。带肋钢筋有月牙肋钢筋和等高肋钢筋等，如图 8.7 所示。

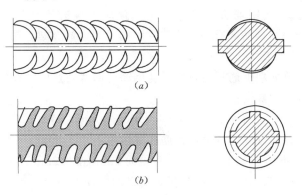

图 8.7　热轧带肋钢筋
(a) 月牙肋钢筋；(b) 等高肋钢筋

根据 GB 1499—1998《钢筋混凝土用热轧带肋钢筋》的规定，热轧带肋钢筋分为 HRB335、HRB400、HRB500 三个牌号。其中 H、R、B 分别为热轧、带肋和钢筋三个词的英文首字母，数字表示相应的屈服强度要求值（MPa）。热轧带肋钢筋的力学性能和工艺性能应符合表 8.7 的规定。

HRB335 和 HRB400 钢筋的强度较高，塑性和焊接性能较好，广泛用于大、中型钢筋混凝土结构的受力筋。HRB500 钢筋强度高，但塑性和焊接性能较差，可用做预应力钢筋。

带肋钢筋是用低合金镇静钢和半镇静钢轧制成的钢筋，其强度较高，塑性和焊接性能较好，因表面带肋，加强了钢筋与混凝土之间的黏结力，广泛用于大、中型钢筋混凝土结构的受力钢筋，经过冷拉后可用做预应力钢筋。

热轧直条钢筋按屈服点分为四个强度等级：R235、RL335、RL400、RL540。强度等级中的 R、L 分别表示热轧和带肋，一般分为 Ⅰ、Ⅱ、Ⅲ、Ⅳ 级钢筋。Ⅰ 级钢筋的强度较低，但塑性及焊接性较好，便于各种冷加工，因而广泛用于小型钢筋混凝土结构中的主要受力筋以及各种钢筋混凝土结构中的构造筋；Ⅱ 级钢筋的强度较高，塑性及焊接性也较好，是钢筋混凝土的常用钢筋，广泛用于大、中型钢筋混凝土结构中的主要受力筋；Ⅲ 级钢筋的性能和 Ⅱ 级钢筋相近；Ⅳ 级钢筋的轻度高，但塑性和可焊接性较差。

8.4.2.2　冷拔钢丝和冷轧带肋钢筋

冷拔低碳钢丝是由 $\phi6 \sim 8mm$ 的 Q235 或 Q215 热轧圆盘条经冷拔而成。

低碳钢经冷拔后，屈服点可提高 $40\% \sim 60\%$，同时塑性降低。因此冷拔低碳钢丝已失去低碳钢的特性，变得硬脆。冷拔低合金钢丝的抗拉强度比冷拔低碳钢丝更高，其抗拉强度标准值为 800MPa，可用于中小型混凝土构件中的预应力筋。

根据 GB 13788—2000《冷轧带肋钢筋》的规定，冷轧带肋钢筋按抗拉强度最小值可分为三级牌号，即 LL550、LL650、LL800，其中 L、L 分别表示"冷轧"、"带肋"，后面的数字表示钢筋抗拉强度最小数值。

与冷拔低碳钢丝相比，冷轧带肋钢筋具有强度高、塑性好、与混凝土黏结牢固、节约钢材、质量稳定等优点。

LL650 级和 LL800 级钢筋宜用做中、小型预应力混凝土结构构件中的受力主筋，LL550 级钢筋宜用做普通钢筋混凝土结构构件中的受力主筋、架立筋、箍筋和构造钢筋。

8.4.2.3 预应力混凝土用热处理钢筋

预应力混凝土用热处理钢筋是由热轧带肋钢筋（即普通热轧中碳低合金钢筋）经淬火和回火等调质处理制成的螺纹钢筋。

热处理钢筋规格，有公称直径 6mm、8.2mm、10mm 三种。钢筋经热处理后应卷成盘。每盘应由一整根钢筋盘成，且每盘钢筋的重量应不小于 60kg。每批钢筋中允许由 5％的盘数不足 60kg，但不得小于 25kg。公称直径为 6mm 和 8.2mm 的热处理钢筋盘的内径不小于 1.7m；公称直径为 10mm 的热处理钢筋盘的内径不小于 2.0m。

热处理钢筋的牌号有 40Si$_2$Mn、48Si$_2$Mn 和 45Si$_2$Cr 三个，为低合金钢。各牌号钢的化学成分应符合有关标准规定。热处理钢筋的力学性能应符合表 8.8 的规定。

表 8.8 预应力混凝土用热处理钢筋的力学性能

公称直径（mm）	牌　号	$\sigma_{0.2}$（MPa），$\geqslant$	σ_b（MPa），$\geqslant$	δ_{10}（%），$\geqslant$
6	40Si$_2$Mn			
8.2	48Si$_2$Mn	1325	1470	6
10	45Si$_2$Cr			

热处理钢筋具有较高的综合力学性能，除具有很高的强度和稳定的预应力值外，还具有高韧性和高握裹力等优点，主要用于预应力混凝土桥梁轨枕，还用于预应力梁、板结构及吊车梁等。钢筋成盘供应，开盘后能自行伸直，可省去冷拉，不需调直和焊接，施工方便，且节约钢材。但其应力腐蚀及缺陷敏感性强，应防止产生锈蚀及刻痕等现象。热处理钢筋不适用于焊接和点焊的钢筋。

8.4.2.4 预应力混凝土用钢丝和钢绞线

1. 预应力混凝土用钢丝

预应力混凝土用钢丝简称预应力钢丝，是以优质碳素结构钢盘条为原料，经淬火、酸洗、冷拉制成的用做预应力混凝土骨架的钢丝。

根据 GB/T 5223—2002《预应力混凝土用钢丝》规定，按加工状态分为冷拉钢丝（代号为 RCD）、消除应力光圆钢丝（代号为 S）、消除应力刻痕钢丝（代号为 SI）、消除应力螺旋肋钢丝（代号为 SH）四种；刻痕钢丝与螺旋肋钢丝与混凝土的黏结力好，即钢丝与混凝土的整体性好；消除应力钢丝的塑性比冷拉钢丝好。

按松弛性能分为低（Ⅱ级）松弛钢丝（代号为 WLR）和普通（Ⅰ级）松弛钢丝（代号为 WNR）两种。

钢丝为成盘供应。每盘由一根组成，其盘重应不小于 50kg，最低质量不小于 20kg，每个交货批中最低质量的盘数不得多于10%。消除应力钢丝的盘径不小于1700mm；冷拉钢丝的盘径不小于600mm。经供需双方协议，也可供应盘径不小于550mm的钢丝。

钢丝的抗拉强度比低碳钢热轧圆盘条、热轧光圆钢筋、热轧带肋钢筋的强度高1～2倍。在构件中采用钢丝可节约钢材、减小构件截面积和节省混凝土。钢丝主要用做桥梁、吊车梁、电杆、楼板、大口径管道等预应力混凝土构件中的预应力筋。

2. 预应力混凝土用钢绞线

预应力混凝土用钢绞线简称预应力钢绞线，是由多根直径为2.5～5.0mm的高强度钢丝捻制而成。

根据GB/T 5224—2003《预应力混凝土用钢绞线》规定，钢绞线按应力松弛性能分为两级：Ⅰ级松弛（代号Ⅰ）、Ⅱ级松弛（代号Ⅱ）。钢绞线的公称直径有9.0mm、12.0mm、15.0mm三种规格，其直径允许偏差、中心钢丝直径加大范围和公称重量应符合标准规定。

根据钢丝的股数分为三种结构类型：1×2、1×3和1×7。1×7结构钢绞线以一根钢丝为芯、六根钢丝围绕其周围捻制而成。每盘成品钢绞线应由一整根钢绞线盘成，钢绞线盘的内径不小于1000mm。如无特殊要求，每盘钢绞线的长度不小于200m。

钢绞线与其他配筋材料相比，具有强度高、柔性好、松弛率低、抗腐蚀性强、无接头、质量稳定、成盘供应不需接头等优点。适用于做大型建筑、公路或铁路桥梁、大跨度吊车梁等大跨度预应力混凝土构件的预应力钢筋，广泛地应用于大跨度、重荷载的结构工程中。

8.4.3 钢结构用钢

1. 热轧型钢

在钢结构用钢中一般可直接选用各种规格与型号的型钢，构件之间可直接连接或附以板进行连接。连接方式为铆接、螺栓连接或焊接。因此，钢结构所用钢材主要是型钢和钢板。型钢和钢板的成型有热轧和冷轧。我国建筑用热轧型钢主要采用碳素结构钢和低合金钢，其中应用最多的是碳素钢Q235-A，低合金钢Q345（16Mn）及Q390（15MnV），碳素结构钢Q235-A制成的热轧型钢，强度适中，塑性和可焊性较好，冶炼容易，成本低，适用于土木工程中的各种钢结构。低合金钢制成的热轧型钢，强度高，可用于大跨度、承受动荷载的钢结构工程。

2. 冷弯薄壁型钢

冷弯薄壁型钢一般由厚度为1.5～6mm的钢板或钢带经冷弯或模压制成。其特点是壁薄、截面形式和尺寸均可按受力特点合理设计，能充分利用钢材的强度。因而与面积相同的热轧型钢相比，其截面惯性矩大，是一种高效经济的截面。一般用于跨度小、荷载轻大轻型钢结构中。

3. 热压圆钢和方钢

热压圆钢的规格以"直径"（mm）表示，规格范围为5.5～250mm；方钢的规格以"边长"（mm）表示，规格范围为5.5～200mm。圆钢和方钢在普通钢结构中很少采用；圆钢可用于轻型钢结构，用做一般杆件和连接件。

4. 压型钢板

压型钢板是由厚度为 0.4～2mm 的钢板压制而成，大波纹状钢板波纹高度约在 10～200mm 范围内，钢板表面涂漆、镀锌涂有机层（又称彩色压型钢板）以防止锈蚀。其优点是轻质、高强、耐久性好、美观、施工快，常用做屋面板、墙板及楼板等。

5. 钢管

钢管的品种很多，按制造方法不同，钢结构所用钢管分为热轧无缝钢管和焊接钢管两大类。

（1）无缝钢管。热轧无缝钢管以优质碳素钢和低合金结构钢为原材料，多采用热轧—冷拔联合工艺生产，也可用冷轧方式生产，但后者成本高昂。主要用于压力管道和一些特定的钢结构。

（2）焊接钢管。采用优质或普通碳素钢钢板卷焊而成，按其焊缝形式有直缝电焊钢管和螺旋焊钢管。价格较低，适用于各种结构、输送管道等用途。焊接钢管成本较低，容易加工，但多数情况下抗压性能较差。

钢管在相同截面积下，刚度较大，因而是中心受压构件的理想截面；在建筑结构上，钢管多用于制作桁架、塔桅、钢管混凝土等，广泛应用于高层建筑、厂房柱、塔柱、压力管道等工程中。

8.4.4　建筑钢材的选用原则

土木工程中钢筋混凝土用钢材和钢结构用钢材，主要根据结构的重要性、荷载性质（动荷载或静荷载）、连接方法（焊接或铆接）、温度条件（正温或负温）等，综合考虑钢种或钢牌号、质量等级和脱氧程度等进行选用，以保证结构的安全。

建筑钢材的选用一般遵循下面原则。

（1）荷载性质。对于经常承受动力或振动荷载的结构，容易产生应力集中，从而引起疲劳破坏，需要选用材质高的钢材。

（2）使用温度。对于经常处于低温状态的结构，钢材容易发生冷脆断裂，特别是焊接结构更甚，因而要求钢材具有良好的塑性和低温冲击韧性。

（3）连接方式。对于焊接结构，当温度变化和受力性质改变时，焊缝附近的母体金属容易出现冷、热裂纹，促使结构早期破坏。所以焊接结构对钢材化学成分和机械性能要求应较严。

（4）钢材厚度。钢材力学性能一般随厚度增大而降低，钢材经多次轧制后，钢的内部结晶组织更为紧密，强度更高，质量更好。故一般结构用的钢材厚度不宜超过 40mm。

（5）结构重要性。选择钢材要考虑结构使用的重要性，如大跨度结构、重要的建筑物结构，须相应选用质量更好的钢材。

建筑钢材常用的氧气转炉钢或平炉钢，最少应保证具有屈服点、抗拉强度、伸长率三项机械性能指标和硫、磷含量两项化学成分的合格保证。对于较大型构件、直接承受动力荷载的结构，钢材还应具有冷弯试验的合格保证；对于大、重型结构和直接承受动力荷载的结构，根据冬季工作温度情况，钢材应具有常温或低温冲击韧性的合格保证。

高层建筑结构用钢宜采用 B、C、D 等级的 Q235 碳素结构钢和 B、C、D、E 等级的 Q345 低合金高强度结构钢。抗震结构钢材的屈强比不应小于 1.2，应有明显的屈服台阶，伸长率应大于 20%，且有良好的可焊性。Q235 沸腾钢不宜用于下列结构：重级工作制焊接结构，冬季工作温度不大于－20℃的轻、中级工作制焊接结构和中级工作制的非焊接结构，冬季工作温度不大于－30℃的其他承重结构。

8.5　建筑钢材的锈蚀及防止

8.5.1　钢材锈蚀的原因

钢材表面与其存在环境接触，在一定条件下，可发生相互作用而使钢材表面产生腐蚀。钢材表面与其周围介质发生化学反应而遭到的破坏，称为钢材的锈蚀。根据锈蚀作用的机理，钢材的锈蚀可分为化学锈蚀和电化学锈蚀两种。钢材的锈蚀以电化学腐蚀为主。

1. 化学锈蚀

化学锈蚀是指钢材直接与周围介质发生化学反应而产生的锈蚀。这种锈蚀多数是氧化作用，使钢材表面形成疏松的氧化物。在常温下，钢材表面能形成一薄层起保护作用的氧化膜 FeO，可以防止钢材进一步锈蚀。因而在干燥环境下，钢材锈蚀进展缓慢，但在温度和湿度较高的环境中，这种锈蚀发展迅速。

2. 电化学锈蚀

电化学锈蚀是建筑钢材在存放和使用中发生锈蚀的主要形式。它是指钢材与电解质溶液接触而产生电流，形成微电池而引起的锈蚀。由于钢材中的不同晶体组织和杂质成分的电极电位不同，于是在钢材表面形成许多微小电池。也就是说，在电解质溶液中，铁素体失去电子而成为阳极，渗碳体成为阴极。在阳极，铁失去电子成为 Fe^{2+} 进入水膜；在阴极，溶于水膜中的氧被还原生成 OH^-，随后两者结合生成不溶于水的 $Fe(OH)_2$，并进一步氧化成为 $Fe(OH)_3$ 及其脱水产物 Fe_2O_3，这就是疏松易剥落的红褐色铁锈的主要成分，使钢材遭到锈蚀。由于铁素体基体的逐渐锈蚀，钢组织中的渗碳体等暴露出来的越来越多，于是形成的微电池数目也越来越多，钢材的锈蚀速度也就愈益加速。锈蚀的结果是在钢材表面形成疏松的氧化物，使钢结构实际的断面减小，降低钢材的性能，因而承载力降低。

影响钢材锈蚀的主要因素是水、氧及介质中所含的酸、碱、盐等。同时钢材本身的组织成分对锈蚀影响也很大。埋于混凝土中的钢筋，由于普通混凝土的 pH 值为 12 左右，处于碱性环境，使之表面形成一层碱性保护模，它有较强的阻止锈蚀继续发展的能力，故混凝土中的钢筋一般不易锈蚀。

8.5.2　防止钢材锈蚀的措施

钢材的腐蚀既有内因（材质），又有外因（环境介质的作用），要防止或减少钢材的腐蚀可以从改变钢材本身的易腐蚀件、隔离环境中的侵蚀性介质或改变钢材表面的电化学过程三方面入手。在工程上，防止钢材锈蚀的主要措施有三种。

1. 保护层法

通常的方法是采用在表面施加保护层，使钢材与周围介质隔离。保护层可分为金属保护层和非金属保护层两类。

非金属保护层常用的是在钢材表面刷漆，常用底漆有红丹、环氧富锌漆、铁红环氧底漆等,面漆有调和漆、醇酸磁漆、酚醛磁漆等,该方法简单易行,但不耐久。此外,还可以采用塑料保护层、沥青保护层、搪瓷保护层等。

金属保护层是用耐蚀性较好的金属,以电镀或喷镀的方法覆盖在钢材表面,如镀锌、镀锡、镀铬等。薄壁钢材可采用热浸镀锌或镀锌后加涂塑料涂层等措施。

混凝土配筋的防锈措施,根据结构的性质和所处环境条件等考虑混凝土的质量要求,主要是保证混凝土的密实度(控制最大水比和最小水泥用量、加强振捣),保证足够的保护层厚度,限制氯盐外加剂的掺和量和保证混凝土一定的碱度等;还可掺用阻锈剂(如亚硝酸钠等)。对于预应力钢筋,一般含碳量较高,又经过变形加工或冷加工,因而对锈蚀破坏较敏感,特别是高强度热处理钢筋,容易产生应力锈蚀现象。故重要的预应力承重结构,除禁止掺用氯盐外,应对原材料进行严格检验。

2. 电化学保护法

对于一些不易或不能覆盖保护层的地方(如轮船外壳、地下管道、道桥建筑等),可采用电化学保护法。阴极保护法是根据电化学原理进行保护的一种方法,这种方法可用两种方式来实现。

(1)牺牲阳极保护法。此法是在要保护的钢结构上,特别是位于水下的钢结构上,接以较钢材更为活泼的金属,如锌、镁等。于是这些更为活泼的金属在介质中成为原电池的阳极而遭到腐蚀,而钢结构均成为阴极而得到保护。

(2)外加电流保护法。此法是在钢结构的附近,安放一些废钢铁或其他难熔金属,如高硅铁、铅银合金等。将外加直流电源的负极接在被保护的钢结构上,正极接在废钢铁或难熔金属上。通电后阳极被腐蚀,钢结构成为阴极而得到保护。另外,也可采用保护膜与外加电源联合保护法,效果更好。

3. 制成合金

钢材的组织及化学成分是引起锈蚀的内因。通过调整钢的基本组织或加入某些合金元素、可有效地提高钢材的抗腐蚀能力。例如,在钢中加入一定量的合金元素铬、镍、钛等,制成不锈钢,可以提高耐锈蚀能力。

另外,在水泥的水化产物中,埋于混凝土中的钢筋经常有一层碱性保护膜(新浇混凝土的 pH 值约为 13),故在碱性介质中不致锈蚀。但是一些外加剂中含有的氯离子会破坏保护膜,促进钢材的锈蚀。因此,混凝土的防锈措施应考虑限制水灰比和水泥用量,限制氯盐外加剂的使用,采取措施保证混凝土的密实性,还可以采用掺加防锈剂(如重铬酸盐等)的方法。

复 习 思 考 题

1. 低碳钢拉伸过程经历了哪几个阶段?各阶段有何特点?低碳钢拉伸过程的指标如何?

2. 钢材的脱氧程度对钢材的质量有何影响?沸腾钢和镇静钢各有哪些优缺点?

3. 什么是钢材的冷弯性能?怎样判定钢材冷弯性能合格?对钢材进行冷弯试验的目的是什么?

4. 工地上为何常对强度偏低而塑性偏大的低碳盘条钢筋进行冷拉?

5. 对钢材进行冷加工和时效处理的目的是什么？

6. 什么是钢的冲击韧性？如何表示？其影响因素有哪些？

7. 钢中含碳量的高低对钢的性能有何影响？

8. 钢材中的有害化学元素主要有哪些？它们对钢材的性能各有何影响？

9. 为什么碳素结构钢中 Q235 号钢在建筑钢材中得到广泛的应用？

10. 钢材是如何分类的？建筑工程常用的钢材有哪些？

11. 简述钢筋混凝土用钢的主要种类等级及适用范围。

12. 预应力混凝土用钢绞线的特点和用途如何？结构类型有哪几种？

13. 什么是钢材的锈蚀？钢材产生锈蚀的原因有哪些？防止锈蚀的方法如何？

第9章 常用建筑装饰材料

内容概述：本章讲述建筑装饰材料的定义、分类、作用、基本功能和选用原则，介绍常用装饰材料中的建筑玻璃、建筑饰面材料、建筑涂料、建筑陶瓷的技术性质及应用。

学习目标：重点掌握建筑装饰材料的功能和常用品种性能以及使用要点。

建筑装饰材料也称装修材料。它是在建筑施工中的结构工程和水、电、暖管道安装等工程基本完成后，在最后装修阶段所使用的各种起装饰作用的材料。随着现代化建筑的发展，人们不单要求建筑物的功能良好，造型新颖大方，还要求立面丰富多彩，这就要求发展各种新型建筑材料来满足人们不同的审美要求。建筑装饰材料浩如烟海，品种花色非常繁杂，通常按它在建筑中的装饰部位分类，可分为以下几种。

（1）外墙装饰材料。包括外墙、阳台、台阶、雨篷等建筑物全部外露的外部结构装饰所用的材料，如玻璃制品、外墙涂料、彩色水泥、铝塑复合板、外墙面砖、花岗岩、装饰混凝土等。

（2）内墙装饰材料。包括内墙墙面、墙裙、踢脚线、隔断、花架等全部内部构造装饰所用的材料，如墙纸与墙布、内墙涂料、浮雕艺术装饰板、防火内墙装饰板、金属吸音板、复合制品等。

（3）天棚装饰材料。主要指室内顶棚装饰用材料，如塑料吊顶、铝合金吊顶、石膏装饰板、涂料、复合吊顶等。

（4）地面装饰材料。包括地面、楼面、楼梯等结构的全部装饰材料，如塑料地板、地面涂料、陶瓷地砖、花岗岩、木地板、地毯、彩色复合材料等。

（5）室内装饰用品及配套设备。包括门窗、龙骨、卫生洁具、装饰灯具、家具、空调设备及厨房设备等。

（6）其他。其他常用建筑装饰材料如街心、庭院小品及雕塑等。

建筑装饰材料是建筑装饰工程的物质基础。装饰工程的总体效果及功能的实现，无一不是通过运用装饰材料及其配套设备的形体、质感、图案、色彩、功能等所表现出来的。建筑装饰材料在整个建筑材料中占有重要的地位。据资料分析，一般在普通建筑物中，装饰材料的费用占其建筑材料成本的 50％左右，而在豪华型建筑物中，装饰材料的费用要占到 70％以上。

9.1　建筑装饰材料的基本要求及选用原则

9.1.1　建筑装饰材料基本要求

建筑装饰材料应具有装饰功能、保护功能及其他特殊功能。

9.1.1.1　装饰功能

建筑装饰材料主要通过材料特有的装饰性能来美化建筑物，提高建筑物的艺术效果。而装饰材料的装饰性能主要是通过以下内容来体现的。

1. 材料的颜色、光泽、透明性

颜色是材料对光谱选择吸收的结果。不同的颜色给人以不同的感觉，但材料颜色的表观不是本身所固有的，它与入射光谱成分及人们对光的敏感程度有关。

光泽是材料表面方向性反射光线的性质。材料表面愈光滑，则光泽度愈高。当为定向反射时，材料表面具有镜面特征，又称镜面反射。不同的光泽度，可改变材料表面的明暗程度，并可扩大视野或造成不同的虚实对比。

透明性是光线透过材料的性质。分为透明体（可透光、透视）、半透明体（透光，但不透视）、不透明体（不透光、不透视）。利用不同的透明度可隔断或调整光线的明暗，造成特殊的光学效果，也可使物象清晰或朦胧。

2. 花纹图案、形状、尺寸

在生产或加工材料时，利用不同的工艺将材料的表面做成不同的表面组织，如粗糙、平整、光滑、镜面、凸凹、麻点等；或将材料的表面制作成各种花纹图案（或拼镶成各种图案），如山水风景画、人物画、仿木花纹、陶瓷壁画、拼镶陶瓷锦砖等。

建筑装饰材料的形状和尺寸对装饰效果有很大的影响。改变装饰材料的形状和尺寸，并配合花纹、颜色、光泽等可拼镶出各种线型和图案，从而获得不同的装饰效果，以满足不同建筑型体和线型的需要，最大限度地发挥材料的装饰性。

3. 质感

质感是材料的表面组织结构、花纹图案、颜色、光泽、透明性等给人的一种综合感觉，如钢材、陶瓷、木材、玻璃、呢绒等材料在人的感官中的软硬、粗犷、细腻、冷暖等感觉。

4. 耐沾污性、易洁性与耐擦性

材料表面抵抗污物作用保持其原有颜色和光泽的性质称为材料的耐沾污性。材料表面易于清洗洁净的性质称为材料的易洁性，它包括在风雨等作用下的易洁性以及在人工清洗作用下的易洁性。良好的耐沾污和易洁性是建筑装饰材料经久常新，长期保持其装饰效果的重要保证。用于地面、台面、外墙以及卫生间、厨房等的装饰材料有时须考虑材料的耐沾污性和易洁性。材料的耐擦性实质就是材料的耐磨性，分为干擦（称为耐干擦性）和湿擦（称为耐洗刷性）。耐擦性越高，则材料的使用寿命越长。内墙涂料常要求具有较高的耐擦性。

9.1.1.2　保护功能

建筑物的墙体、楼板、屋顶均是建筑物的承重部分，除承担结构荷载，还要考虑遮挡风雨、保温隔热、防止噪音、防火、防渗漏、防风砂等诸多因素，即有一定的耐久性。这些要求，有的可以靠结构材料来满足，但有的需要做装饰面，靠装饰材料来满足。此外，装饰材料还可以弥补与改善结构的功能不足。总之，装饰材料可以保护结构，提高结构的耐久性，并可以降低维修费用。

9.1.1.3　其他特殊功能

装饰材料除了有装饰和保护功能外，为了保证人们有良好的工作生活环境，室内环境必须清洁、明亮、安静，而装饰材料自身具备的声、光、电、热性能可带来吸声、隔热、保温、隔音、反光、透气等物理性能，从而改善室内环境条件。如通过对光线的反射使远离窗口的墙面、地面不致太暗；吸热玻璃、热反射玻璃可吸收或反射太阳辐射热能起隔热作用；化纤地毯、纯毛地毯具有保温隔音的功能等。这些物理性能，使装饰材料在装饰美化环境、居室的同时，还可改善我们的生活工作环境，满足使用要求。

9.1.2　建筑装饰材料的选用原则

选用建筑装饰材料的原则是：好的装饰效果、良好的适应性、合理的耐久性和经济性。要使得建筑物获得好的装饰效果，应结合以下几个方面。

（1）应考虑到设计的环境、气氛。选用的装饰材料要运用美感的鉴别力和敏感性去着力表现材料的色泽，并且合理配置、充分表现装饰材料的质感与和谐，以达到优美的环境和舒适的气氛。

（2）还需要充分考虑材料的色彩。色彩是构造人造环境的重要内容，合理而艺术地运用色彩去选择装饰材料，可以把建筑物外部点缀得丰富多彩，情趣盎然，可以让室内舒适、美观、整洁。

（3）选择装饰材料还应考虑到功能的需要，并且要充分发挥材料的特性。如外墙装饰材料必须具有足够的耐水性、耐污染性、自洁或耐洗刷性，室内墙面装饰材料应具有良好的吸声、防火和耐洗刷性，天棚是内墙的一部分，需要具有一定的防水、耐燃、轻质等功能，地面装饰材料需要具有良好的耐磨性、防滑等功能。

从经济角度考虑装饰材料的选择，应有一个总体观点，即不仅考虑到一次投资，也应考虑装饰材料的耐久性和维修费用。

9.2　建　筑　玻　璃

玻璃是现代建筑工程中重要的装饰材料，它的用途除采光、透视、隔声、隔热外，还有艺术装饰作用。特种玻璃还兼有吸热、保温、耐辐射、防爆等特殊功能。

9.2.1　玻璃的基本知识

玻璃是以石英砂、纯碱、石灰石和长石等为原料，于 $1550\sim1600℃$ 高温下烧至熔融，成型、急冷而形成的一种无定形非晶态硅酸盐物质。其主要化学成分为 SiO_2、Na_2O、CaO 及 MgO，有时还有 K_2O，这些氧化物及其相对含量，对玻璃的性质影响很大。玻璃的主要性质如下。

（1）玻璃的密度为 $2.45\sim2.55g/cm^3$，其孔隙率接近于零。

（2）玻璃没有固定熔点，液态时有极大的黏性。

（3）普通玻璃的抗压强度一般为 $600\sim1200MPa$，抗拉强度为 $40\sim80MPa$，是脆性较大的材料。

（4）玻璃的透光性良好。玻璃光透射比随厚度增加而降低，随入射角增大而减小。

（5）玻璃的折射率为 $1.50\sim1.52$。玻璃对光波吸收有选择性，因此，内掺入少量着色剂，可使某些波长的光波被吸收而使玻璃着色。

（6）热物理性质。玻璃的比热一般为 $0.33 \times 10^3 \sim 1.05 \times 10^3$ J/kg，导热系数一般为 $0.75 \sim 0.92$ W/(m·K)，其导热系数约为铜的 1/400。由于玻璃导热性差，传热速度慢，是热的不良导体，所以当急热急冷时，玻璃容易破碎。

（7）玻璃具有较高的化学稳定性，在通常情况下对水、酸、碱以及化学试剂或气体等具有较强的抵抗能力。但是长期遭受侵蚀性介质的腐蚀，也能导致变质和破坏，如玻璃的风化、发霉都会导致玻璃外观的破坏和透光能力的降低。

9.2.2 常用建筑玻璃

9.2.2.1 平板玻璃

平板玻璃是建筑玻璃中用量最大的一种。习惯上将窗用玻璃、压花玻璃、磨砂玻璃、磨光玻璃、有色玻璃等统称为平板玻璃。

1. 平板玻璃的规格、质量标准

GB 4871—1995《普通平板玻璃》和 GB 11614—1999《浮法玻璃》规定，玻璃按其厚度分为以下几种规格。

（1）引拉法玻璃。按厚度分为 2mm、3mm、4mm、5mm、6mm 五种。

（2）浮法玻璃。按厚度分为 2mm、3mm、4mm、5mm、6mm、8mm、10mm、12mm、15mm、19mm 十种。

按标准规定，引拉法生产的 2mm、3mm 厚玻璃尺寸不得小于 400mm × 300mm，4mm、5mm、6mm 厚玻璃不得小于 600mm × 400mm，浮法玻璃尺寸一般不小于 1000mm × 1200mm，但也不大于 2500mm × 3000mm。

浮法玻璃的外观质量见表 9.1，厚度允许偏差、尺寸允许偏差、可见光透射比应满足相应的规范要求。

表 9.1　　　　　　　　　　建筑级浮法玻璃外观质量

缺陷种类	质 量 要 求			
气泡	长度及个数允许范围			
	长度 L 0.5mm≤L≤1.5mm	长度 L 1.5mm≤L≤3.0mm	长度 L 3.0mm≤L≤5.0mm	长度 L L>5.0mm
	5.0×S 个	0.44×S 个	0.22×S 个	0 个
夹杂物	长度及个数允许范围			
	长度 L 0.5mm≤L≤1.0mm	长度 L 1.0mm≤L≤2.0mm	长度 L 2.0mm≤L≤3.0mm	长度 L L>3.0mm
	2.2×S 个	0.44×S 个	0.22×S 个	0 个
点状缺陷密集度	长度大于 1.5mm 的气泡和长度大于 1.0mm 的夹杂物：气泡与气泡、夹杂物或气泡与夹杂物的间距应大于 300mm			
线道	肉眼不应看见			

续表

缺陷种类	质 量 要 求
划伤	长度及个数允许范围及条数
	宽 0.5mm，长 60mm，3×S，条
光学变形	入射角：2mm，40°；3mm，45°；4mm 以上，50°
表面裂纹	检验肉眼不应看见
断面缺陷	爆边、凹凸、缺角等不应超过玻璃板的厚度

　　注　S 为以平方米为单位的玻璃板面积，保留小数点后两位。气泡、夹杂物的个数及划伤条数范围为各系数与 S 相乘所得的数值，应按 GB/T 8170 修约至整数。

　　2. 各种平板玻璃的应用与保管

　　平板玻璃的用途有两个方面：一般建筑采光用玻璃多为 3mm 厚的普通平板玻璃，用做玻璃幕墙、采光屋面、商店橱窗或柜台等时，多采用厚度为 5mm 或 6mm 的钢化玻璃，公共建筑的大门、隔断或玻璃构件，玻璃则常用经钢化后的 8mm 以上的厚玻璃；平板玻璃的另一个重要用途是作为钢化、夹层、镀膜、中空等深加工玻璃的原片，小量用做工艺玻璃。

　　玻璃保管不当，易破碎和受潮发霉。透明玻璃一旦受潮发霉，轻者出现白斑、白毛或红绿光，影响外观质量和透光度；重者发生黏片而难分开。

9.2.2.2　饰面玻璃

　　饰面玻璃是指用于建筑物表面装饰的玻璃制品，包括板材和砖材。

　　1. 彩色玻璃

　　彩色玻璃有透明和不透明的两种。透明的彩色玻璃是在玻璃原料中加入一定量的金属氧化物而制成；不透明彩色玻璃又名釉面玻璃，它是以平板玻璃、磨光玻璃或玻璃砖等为基料，在玻璃表面涂敷一层易熔性色釉，加热到彩釉的熔融温度，使釉层与玻璃牢固结合在一起，再经退火或钢化而成。

　　彩色玻璃可用以镶拼成各种图案花纹，并有耐蚀、抗冲刷，易清洗等特点，主要用于建筑物的内外墙、门窗及对光线有特殊要求的部位。有时在玻璃原料中加入乳浊剂（萤石等）可制得乳浊有色玻璃，这类玻璃透光而不透视，具有独特的装饰效果。

　　2. 玻璃贴面砖

　　玻璃贴面砖是以要求尺寸的平板玻璃为主要基材，在玻璃的一面喷涂釉液，再在喷涂液表面均匀地洒上一层玻璃碎屑，以形成毛面，然后经 500～550℃ 热处理，使三者牢固地结合在一起制成，可用做内外墙的饰面材料。

　　3. 玻璃锦砖

　　玻璃锦砖又称玻璃马赛克，它含有未熔融的微小晶体（主要是石英）的乳浊状半透明玻璃质材料，是一种小规格的饰面玻璃制品。其一般尺寸为 20mm×20mm、30mm×30mm、40mm×40mm，厚 4～6mm，背面有槽纹，有利于与基面黏结。玻璃锦砖颜色绚丽，色泽众多，且有透明、半透明、不透明三种。它的化学稳定性、冷热稳定性好，能雨天自洗，经久常新，是一种良好的外墙装饰材料。

4. 压花玻璃

压花玻璃是将熔融的玻璃液在急冷中通过带图案花纹的辊轴滚压而成的制品。可一面压花，也可两面压花。压花玻璃分普通压花玻璃、真空冷膜压花玻璃和彩色膜压花玻璃等三种，一般规格为 800mm×700mm×3mm。压花玻璃具有透光不透视的特点，且因有各种图案花纹，具有一定的艺术装饰效果。多用于办公室、会议室、浴室、卫生间以及公共场所分离室的门窗和隔断等处，使用时应将花纹朝向室内。

5. 磨砂玻璃

磨砂玻璃又称毛玻璃，是将平板玻璃的表面经机械喷砂或手工研磨或氢氟酸溶蚀等方法处理成均匀的毛面。其特点是透光不透视，且光线不刺目，用于要求透光而不透视的部位，安装时应将毛面朝向室内。

9.2.2.3　控温、控声和控光玻璃

1. 吸热玻璃

吸热玻璃是能吸收大量红外线辐射能，并保持较高可见光透过率的平板玻璃。生产吸热玻璃的方法有两种：一种是在普通钠钙硅酸盐玻璃的原料中加入一定量的有吸热性能的着色剂，如氧化铁、氧化镍、氧化钴以及硒等；另一种是在平板玻璃表面喷镀一层或多层金属或金属氧化物薄膜而制成。吸热玻璃还可进一步加工制成磨光、钢化、夹层或中空玻璃。

吸热玻璃已广泛用于建筑物的门窗、外墙以及用做车、船挡风玻璃等，起到隔热、防眩、采光及装饰等作用。

2. 热反射玻璃

热反射玻璃是有较高的热反射能力而又保持良好透光性的平板玻璃，其热反射率高，如 6mm 厚浮法玻璃的总反向热仅 16%，同样条件下，吸热玻璃的总反射热为 40%，而热反射玻璃则可达 61%，因而常用它制成中空玻璃或夹层玻璃以增加其绝热性能。镀金属膜的热反射玻璃还有单向透像的作用，即白天能在室内看到室外景物，而室外却看不到室内的景像。热反射玻璃适用于有绝热要求的建筑物门窗、高层建筑物幕墙（玻璃幕墙）、汽车和轮船的玻璃窗等。

3. 中空玻璃

中空玻璃是以同尺寸两片或多片平板玻璃、镀膜玻璃、彩色玻璃、压花玻璃、钢化玻璃等，四周用高强、高气密性黏结剂将其与铝合金框或橡皮条、玻璃条胶结密封而成，是一种很有发展前途的新型节能建筑装饰材料。中空玻璃主要用于高级住宅、饭店、宾馆、学校、医院以及严寒地区及设有空调设施的建筑物玻璃窗。

9.2.2.4　安全玻璃

安全玻璃指的是强度较高，抗冲击性能较好，被击碎时，其碎块不会飞溅伤人，并兼有防火功能和装饰效果。常用的品种有钢化玻璃、夹丝玻璃和夹层玻璃等。

1. 钢化玻璃

钢化玻璃也称强化玻璃或安全玻璃。它是将平板玻璃经物理（淬火）钢化或化学钢化处理的玻璃。钢化处理可使玻璃中形成可缓解外力作用的均匀预应力，因而其产品的强度、抗冲击性、热稳定性大幅度提高。

钢化玻璃的抗弯强度比普通玻璃大 5～6 倍，抗弯强度可达 125MPa 以上，韧性提高约 5 倍，弹性好。这种玻璃破碎时形成的碎块不易飞射伤人。热稳定性离，最高安全温度为 288℃，能承受 204℃ 的温度变化，故可用来制造炉门上的观测窗、辐射式气体加热器、干燥器和弧光灯等。在建筑工程中，主要用于高层建筑门窗、车间天窗及高温车间的防护玻璃。

2. 夹丝玻璃

夹丝玻璃也称防碎玻璃。系以压延法生产的玻璃，当玻璃经过两个压延辊的间隙成型时，加入预先加热处理的金属丝或金属网，使之压于玻璃板中加工而成。表面有压花的或平面的或彩色的。

夹丝玻璃强度大，不易破碎，即使破碎，碎片附着在金属丝网上，不易脱落，使用比较安全。夹丝玻璃受热炸裂后，仍能保持原形。当发生火灾时能起到隔绝火势的作用，故又称防火玻璃。夹丝玻璃适用于有振动的工业厂房门窗、仓库的门窗、地下采光窗、防火门窗及其他要求安全、防盗、防震、防火之处。

3. 夹层玻璃

夹层玻璃是安全玻璃的一种，系在两片或多片平板玻璃、钢化玻璃、磨光玻璃或其他玻璃之间嵌夹透明的塑料薄片，经热压黏合而成。这种玻璃受到剧烈振动或撞击破坏时，由于衬片的黏合作用，玻璃裂而不碎，具有防弹、防震、防爆性能。在建筑工程中用于高层建筑的门窗，工业厂房的门窗，水下工程或银行、储蓄所柜台橱窗等处。

9.2.2.5　结构玻璃

1. 玻璃幕墙

所谓幕墙建筑，是用一种薄而轻的建筑材料把建筑物的四周围起来代替墙壁。作为幕墙的材料不承受建筑物荷载，只起围护作用，它悬挂或嵌入建筑物的金属框架内，目前多用玻璃做幕墙。玻璃幕墙是以铝合金型材为边框，玻璃为外敷面，内衬以绝热材料的复合墙体，并用结构胶进行密封。玻璃幕墙所用的玻璃已由浮法玻璃、钢化玻璃发展到用吸热玻璃、热反射玻璃、夹层玻璃、中空玻璃、镀膜玻璃等，其中热反射玻璃是玻璃幕墙采用的主要品种。

2. 玻璃砖

玻璃砖有实心和空心的两类，它们均具有透光不透视的特点。空心玻璃砖又有单腔和双腔两种。空心玻璃砖具有较好的绝热、隔声效果，双腔玻璃砖的绝热隔声性能更佳，它在建筑上的应用更广泛。

玻璃砖的形状和尺寸有多种，砖的内外表面可制成光面或凹凸花纹面，有无色透明或彩色的多种。形状有正方形、矩形以及各种异型砖，规格尺寸以 115mm、145mm、240mm、300mm 的正方形砖居多。

玻璃砖的透光率为 40%～80%。钢钙硅酸盐玻璃制成的玻璃砖，其热膨胀系数与烧结黏土砖、混凝土均不相同，因此砌筑时在玻璃砖与混凝土或黏土砖连接处应加弹性衬垫，起缓冲作用。砌筑玻璃砖可采用水泥砂浆，还可用钢筋作加筋材料埋入水泥砂浆砌缝内。玻璃砖主要用作建筑物的透光墙体，如建筑物承重墙、隔墙、淋浴隔断、门厅、通道等。

3. 异形玻璃

异形玻璃是近 20 年来新发展起来的一种新型建筑玻璃，它是采用硅酸盐玻璃，通过压延法、浇注法和辊压法等生产工艺制成，呈大型长条玻璃构件。

异型玻璃有无色的和彩色的、配筋的和不配筋的、表面带纹的和不带花纹的、夹丝的和不夹丝的以及涂层的等多种。就其外形分主要有槽、波形、箱形、肋形、三角形、Z 形和 V 形等品种。异形玻璃具有良好的透光、隔热、隔音和机械强度高等优良性能。主要用做建筑物外部竖向非承重的围护结构，也可用做内隔墙、天窗、透光屋面、阳台和走廊的围护屏壁以及月台、遮雨棚等。

4. 仿石玻璃

采用玻璃原料可制成仿石玻璃制品。仿大理石玻璃的颜色、耐酸和抗压强度均已超过天然大理石，可以代替天然大理石做装饰材料和地坪。仿花岗石玻璃是将玻璃经过一定的加工后，烧成具有花岗石般花纹和性质的板材。产品的表面花纹、光泽、硬度和耐酸、碱性等指标与天然花岗岩相近，与水泥浆的黏结力超过天然花岗石，可用做装饰与地坪材料。

9.3　建筑饰面材料

建筑饰面材料是指建筑饰面工程中使用的材料，常用的材料有金属类装饰板和复合装饰板、塑料类饰面板材、木材类的饰面板材、石材类饰面板材、裱糊类的墙纸墙布、水泥类装饰混凝土和装饰砂浆等。

9.3.1　金属材料类装饰板材

金属是建筑装饰装修中不可缺少的重要材料之一，因为它有特殊的装饰性和质感，又有其优良的物理力学性能。金属材料中，作为装饰应用最多的是铝材，如铝合金门、窗、百叶窗帘及装饰板等。近年来，不锈钢的应用大大增加。同时，由于防蚀技术的发展，各种普通钢材的应用也逐渐增加。

金属装饰材料的主要形式为各种板材，如花纹板、波纹板、压型板、冲孔板等。其中波纹板可增加强度，降低板材厚度，并具有其特殊形状风格。冲孔板主要为增加其吸声性能，大多用做顶棚装饰。

金属饰面板是建筑装饰中的中高档装饰材料，主要用于墙面的点缀和柱面的装饰。由于金属装饰板易于成型，能满足造型方面的要求，同时具有防火、耐磨、耐腐蚀等一系列优点。因而，在现代建筑装饰中，金属装饰板以独特的金属质感、丰富多变的色彩与图案、美满的造型而获得广泛应用。

9.3.1.1　铝合金装饰板材

铝合金装饰板是一种中档次的装饰材料，装饰效果别具一格，价格便宜，易于成型，表面经阳极氧化和喷漆处理，可以获得不同色彩的氧化膜或漆膜。铝合金装饰板具有质量轻、经久耐用、刚度好、耐大气腐蚀等特点，可连续使用 20～60 年，适用于饭店、商场、体育馆、办公楼、高级宾馆等建筑的墙面和屋面装饰。建筑中常用的铝合金装饰板材主要有如下几种。

1. 铝合金花纹板

铝合金花纹板是采用防锈铝合金坯料，用特殊的花纹轧辊轧制而成。花纹美观大方，筋高适中，不易磨损，防滑性好，防腐蚀性能强，便于冲洗，通过表面处理可以得到各种美丽的色彩。花纹板板材平整，裁剪尺寸精确，便于安装，广泛用于现代建筑的墙面装饰以及楼梯踏板等处。

2. 铝合金压型板

铝合金压型板质量轻，外形美，耐腐蚀，经久耐用，安装容易，施工快速，经表面处理可得各种优美的色彩，是目前广泛应用的一种新型建筑装修材料，主要用作墙面和屋面。该板也可作复合外墙板，用于工业与民用建筑的非承重外挂板。

3. 铝合金冲孔平板

铝合金冲孔平板是用各种铝合金平板经机械冲孔而成。孔型根据需要有圆孔、方孔、长圆孔、长方孔、三角孔、大小组合孔等，这是近年来开发的一种降低噪音并兼有装饰作用的新产品。铝合金冲孔板材质轻，耐高温，耐高压，耐腐蚀，防火，防潮，防震，化学稳定性好，造型美观，色泽幽雅，立体感强，装饰效果好，组装简单。可用于宾馆、饭店、剧场、影院、播音室等公共建筑和中、高级民用建筑以改善音质条件，也可作为降噪声措施用于各类车间厂房、机房、人防地下室等。

9.3.1.2 装饰用钢板

装饰用不锈钢板主要是厚度小于 4mm 的薄板，用量最多的是厚度小于 2mm 的板材。分为平面钢板和凹凸钢板两类。前者通常是经研磨、抛光等工序制成，后者是在正常的研磨、抛光之后再经辊压、雕刻、特殊研磨等工序而制成。平面钢板又分为镜面板（板面反射率大于 90%）、有光板（反射率大于 70%）、亚光板（反射率小于 50%）三类。凹凸板也有浮雕花纹板、浅浮雕花纹板和网纹板三类。

9.3.1.3 铝塑板

铝塑板是由面板、核心、底板三部分组成。面板是在 0.2mm 铝片上，以聚酯做双重涂层结构（底漆＋面漆）经烤焗程序而成；核心是 2.6mm 无毒低密度聚乙烯材料；底板同样是涂透明保护光漆的 0.2mm 铝片。通过对芯材进行特殊工艺处理的铝塑板可达到难燃材料等级。

常用的铝塑板分为外墙板和内墙板两种。内墙板是现代新型轻质防火装饰材料，具有色彩多样、质量轻、易加工、施工简便、耐污染、易清洗、耐腐蚀、耐粉化、耐衰变、色泽保持长久、保养容易等优异的性能；而外墙板则比内墙板在弯曲强度、耐温差性、导热系数、隔音等物理特性上有更高要求。铝塑板面漆有亚克力、聚酯、氟碳。氟碳面漆铝塑板因其极佳的耐候性及耐腐蚀性，能长期抵御紫外光、风、雨、工业废气、酸雨及化学药品的侵蚀，并能长期保持不变色、不退色、不剥落、不爆裂、不粉化等特性，故大量地使用在室外。

铝塑板适用于高档室内及店面、大楼外墙帷幕墙板、天花板及隔间、电梯、阳台、包柱、柜台、广告招牌等装修。金属材料与高分子材料的热压复合，使铝塑板综合具备了高强度、隔音、隔热、易成型、豪华美观等诸多特异性能，因此它也成为装饰建材的新潮流。

9.3.1.4　镁铝曲面装饰板

镁铝曲面装饰板简称镁铝曲板，是由铝合金箔（或木纹皮面、塑胶皮面、镜面）、硬质纤维板、底层纸与胶黏剂贴合后经深刻等工艺加工的建筑装饰、装修材料。镁铝曲面装饰板具有耐磨、防水、不积污垢、外形美观等特点，可广泛用于室内装饰的墙面、柱面、造型面，以及各种商场、饭店的门面装饰。

9.3.2　有机材料类装饰板材

9.3.2.1　塑料装饰板材

1. 聚氯乙烯（PVC）塑料装饰板

聚氯乙烯塑料装饰板是以 PVC 为基材，添加填料、稳定剂、色料等经捏和、混炼、拉片、切粒、挤出或压延而成的一种装饰板材。其特点是表面光滑，色泽鲜艳，防水，耐腐蚀，不变形，易清洗，可钉、可锯、可刨。可用于各种建筑物的室内装修和家具台面的铺设等。

2. 塑料贴面装饰板

塑料贴面装饰板是以酚醛树脂的纸质压层为基胎，表面用三聚氰胺树脂浸渍过的花纹纸为面层，经热压制成的一种装饰贴面材料，有镜面型和柔光型两种，它们均可覆盖于各种基材上。其厚度为 0.8～1.0mm，幅面为（920～1230）mm×（1880～2450）mm。

塑料贴面板的图案、色调丰富多彩，耐磨、耐湿、耐烫、不易燃，平滑光亮、易清洗，装饰效果好，并可代替装饰木材，适用于室内、车船、飞机及家具等的表面装饰。

3. 覆塑装饰板

覆塑装饰板是以塑料贴面板或塑料薄膜为面层，以胶合板、纤维板、刨花板等板材为基层，采用胶合剂热压而成的一种装饰板材。覆塑装饰板既有基层板的厚度、刚度，又具有塑料贴面板和薄膜的光洁，质感强，美观、装饰效果好，并具有耐磨、耐烫、不变形不开裂、易于清洗等优点，可用于汽车、火车、船舶、高级建筑的装修及家具、仪表、电器设备的外壳装修。

4. 卡布隆板

卡普隆板材又称阳光板、PC 板，它的主要原料是高分子工程塑料。根据其采用的原材料的不同可分为聚碳酸酯卡布隆、透明聚氯乙烯卡布隆、玻璃钢卡布隆、聚甲基丙烯酸甲酯卡布隆。卡布隆板是理想的建筑和装饰材料，它适用于车站、机场等候厅及通道的透明顶棚，商业建筑中的顶棚，园林、游艺场所奇异装饰及休息场所的廊亭、泳池、体育场馆顶棚，工业采光顶，温室、车库等各种高格调透光场合。

5. 防火板

防火板是用三层三聚氰胺树脂浸渍纸和十层酚醛树脂浸渍纸，经高温热压而成的热固性层积塑料。它是一种用于贴面的硬质薄板，具有耐磨、耐热、耐寒、耐溶剂、耐污染和耐腐蚀等优点，其质地牢固，使用寿命比油漆、蜡光等涂料长久得多，尤其是板面平整、光滑、洁净，有各种花纹图案，色调丰富多彩，表面硬度大，并易于清洗，是一种较好的防尘材料。该板可粘贴于木材面、木墙裙、木格栅、木造型体等木质基层的表面；餐桌、茶几、酒吧柜和各种家具的表面；柱面、吊顶局部等部位的表面。防火板一般用做装饰面板，粘贴在胶合板、刨花板、纤维板、细木工板等基层上，该板饰面效果较为高雅，色彩均匀，效果较好，属中高档饰面材料。

9.3.2.2　木质饰面材料

1. 木地板

分为条木地板和拼花木地板两种。其中条木地板更为普遍，条木地板具有弹性好、脚感舒适、木质感强等特点，条板宽度一般不超过 120mm，板厚 15～30mm，条木地板拼缝处可平头、企口或错口，适用于体育馆、舞台、住宅的地面装饰。拼花木地板主要用不易腐蚀的硬木材制作成条状小板条，施工时拼装成美观的图案花纹，如芦席纹、轻水墙纹、人字纹等，主要适用宾馆、饭店、会议室、展览室、体育馆等较高档的地面装饰。

2. 胶合板

胶合板是一组单板（经刨切、锯制、旋切等方法生产的薄片状木材），按照相邻的单板木纹方向互相垂直组坯胶合而成的板材。单板的层数应为奇数，主要有 3 层、5 层、7 层、9 层、11 层，分别成为三合板、五合板等依此类推。胶合板最大的特点是改变了木材的各向异性，材质均匀、吸湿变形小、幅面大、不易翘曲，而且有着美丽的花纹，是使用非常广泛的装饰板材之一。

3. 纤维板

纤维板采用植物纤维为主要原料，经过纤维分离、成型、干燥、热压等工艺制成的一种人造板材。主要原料包括树皮、刨花、树枝、稻草、秸秆、竹子等。按照纤维板的表观密度不同可分为硬质纤维板、软质纤维板和半硬质纤维板。硬质纤维板的强度高、耐磨性好，因而主要用于墙面、地面、家具等；半硬质纤维板主要用于隔断、隔墙和家具等；软质纤维板结构松软、强度低但保温隔热和吸声性好，因此主要用于吊顶和墙面吸声材料。

4. 木装饰线条

木装饰线条主要用于平面接合处、分界面、层次面、衔接口等的收边封口材料。线条在室内装饰材料中起着平面构成和线形构成的重要角色，可起固定、连接和加强装饰饰面的作用。木线条主要选用质硬、木质细、耐磨、黏结性好、可加工性好的木材，经干燥处理后用机械加工或手工加工而成。木装饰线条可作为墙腰饰线、护壁板和勒脚的压条线及门窗的镶边线等，增添室内古朴、高雅和亲切的美感。

9.3.2.3　玻璃钢装饰板

玻璃钢装饰板是以玻璃布为增强材料，不饱和聚酯树脂为胶结剂，在固化剂、催化剂的作用下加工而成。规格有 1850mm×850mm×0.5mm、2000mm×850mm×0.5mm 等多种。色彩多样，主要图案有木纹、石纹、花纹等，美观大方。漆膜亮、硬度高、耐磨、耐酸碱、耐高温，适用于粘贴在各种基层、板材表面，做建筑装修和家具饰面。

9.3.3　石材类装饰面材料

建筑用饰面石材大致可分为花岗石、大理石、砂石、板石、人造石材等五大类。这里只介绍花岗石、大理石、人造石材。

9.3.3.1　花岗石

1. 花岗石的结构及主要化学成分

花岗石为全晶质结构，按结晶颗粒的大小，通常分为粗粒、中粒、细粒和斑状等多种构造。花岗石的颜色取决于其所含长石、云母及暗色矿物的种类及数量。

花岗石的化学成分随产地不同而有所区别，各种花岗岩 SiO_2 含量均很高，一般为 $67\%\sim75\%$，属酸性岩石。花岗石主要化学成分见表 9.2。

表 9.2　　　　　　　　　　天然花岗石化学成分

化学成分	SiO_2	Al_2O_3	CaO	MgO	Fe_2O_3
含量（%）	67~75	12~17	1~2	1~2	0.5~1.5

2. 天然花岗岩板材的规格

天然花岗岩板材的规格见表 9.3，品种也很多。

表 9.3　　　　　　　　　　天然花岗石普型板材产品规格

长（mm）	300	400	600	600	900	1070	305	610	610	915	1067
宽（mm）	300	400	300	600	900	759	305	305	610	610	762
厚（mm）	20	20	20	20	20	20	20	20	20	20	20

3. 花岗石的性能及应用

天然花岗石板材是由天然花岗石荒料经锯切、研磨、抛光及切割而成的，其性能指标见表 9.4。

表 9.4　　　　　　　　　　天 然 花 岗 石 性 能

项目	体积密度（kg/m^3）	强度（MPa）			吸水率（%）	膨胀系数	平均韧性（cm）	平均质量磨耗率（%）	耐用年限（年）
		抗压	抗折	抗剪					
指标	2500~2700	120~250	8.5~15	13~19	<1	5.6~7.34	8	11	75~200

花岗岩结构致密，抗压强度高，吸水率低，表面硬度大，化学稳定性好，耐久性强，但耐火性差。花岗岩是一种优良的建筑石材，它常用于基础、桥墩、台阶、路面，也可用于砌筑房屋、围墙，尤其适用于修建有纪念性的建筑物，天安门前的人民英雄纪念碑就是由一整块 100t 的花岗岩琢磨而成的。在我国各大城市的大型建筑中，曾广泛采用花岗岩作为建筑物立面的主要材料，也可用于室内地面和立柱装饰，耐磨性要求高的台面和台阶踏步等。

9.3.3.2　大理石

1. 大理石的结构及主要化学成分

它的结晶主要由方解石或白云石组成，具有致密的隐晶结构。纯大理石为白色，称汉白玉，如在变质过程中混进其他杂质，就会出现不同的颜色与花纹、斑点。如含碳呈黑色；含氧化铁呈玫瑰色、橘红色；含氧化亚铁、铜、镍呈绿色；含锰呈紫色等。大理石的主要化学成分见表 9.5。

表 9.5　　　　　　　　　　天然大理石化学成分

化学成分	CaO	MgO	SiO_2	Al_2O_3	Fe_2O_3	其他（Mn、K、Na）
含量（%）	28~54	3~22	0.5~23	0.1~2.5	0~3	微量

2. 天然大理石板材的规格

中国的大理石资源丰富，分布甚广，品种也很多，可做饰面材料的就有 80 余种。大理石板材的规格见表 9.6。

表 9.6　　　　　　　　　　天然大理石普型板材产品规格

长（mm）	宽（mm）	厚（mm）	长（mm）	宽（mm）	厚（mm）
300	150	20	600	600	20
300	300	20	900	600	20
400	200	20	1070	750	20
400	400	20	1200	600	20
600	300	20	1200	900	20
305	152	20	915	610	20
305	305	20	1067	762	20
610	305	20	1220	915	20

3. 大理石的性能及应用

采石场开采的大理石块称为荒料，经锯切、磨光后，制成大理石装饰板材。大理石天然生成的致密结构和色彩、斑纹、斑块可以形成光洁细腻的天然纹理。其物理性能指标要求见表 9.7。

表 9.7　　　　　　　　　大理石建筑装饰板材的物理性能指标要求

项目	体积密度（g/cm³），≥	吸水率（%），≤	干燥压缩强度（MPa），≥	弯曲强度（MPa），≥	
				干燥	水饱和
指标	2.60	0.50	50.0	7.0	

大理石的主要成分为碳酸钙，空气和雨中所含酸性物质及盐类对它有腐蚀作用。纯大理石是白色的，当含有各种杂质时，则呈灰、黑、红、黄、绿等色，常常带有美丽的花纹。除少数高度致密均质的可加工成塑像或纪念碑并放置于露天外，绝大多数都用做室内装饰材料，如墙面、地面、柱面、窗台、楼梯、栏杆等。开采和加工中的废料，可再加工成工艺品，或经轧碎作为生产水磨石、人造大理石、水刷石、干黏石等的优质集料。

现在采用大理石作为室内地面和墙面装饰材料的日益增多，板材正向大规格（宽度×长度大于 600mm×900mm）、薄板（厚度小于 12mm）发展。用不饱和聚酯制造的人造大理石也日益增多。

9.3.3.3　人造石材饰面板

人造石材一般指人造大理石和人造花岗岩，以人造大理石的应用较为广泛。由于天然石材的加工成本高，现代建筑装饰业常采用人造石材。它具有重量轻、强度高、装饰性强、耐腐蚀、耐污染、生产工艺简单以及施工方便等优点，因而得到了广泛应用。

人造石材按照使用的原材料分为四类：水泥型人造石材、树脂型人造石材、复合型人造石材及烧结型人造石材。

1. 水泥型人造石材

水泥型人造石材是以水泥为黏结剂，砂为细集料，碎大理石、花岗岩、工业废渣等为粗集料，经配料、搅拌、成型、加压蒸养、磨光、抛光等工序而制成。通常所用的水泥为硅酸盐水泥，现在也用铝酸盐水泥做黏结剂，用它制成的人造大理石具有表面光泽度高、花纹耐久的特点，抗风化、耐火性、防潮性都优于一般的人造大理石。这是因为铝酸盐水泥的主要矿物成分——铝酸一钙水化生成了氢氧化铝胶体，在凝结过程中，与光滑的模板表面接触，形成氢氧化铝凝胶层；与此同时，氢氧化铝胶体在硬化过程中不断填塞水泥石的毛细孔隙，形成致密结构。所以制品表面光滑，具有光泽且呈半透明状。

2. 树脂型人造石材

这种人造石材多是以不饱和聚酯为黏结剂，与石英砂、大理石、方解石粉等搅拌混合，浇铸成型，经固化、脱模、烘干、抛光等工序制成。目前，国内外人造大理石以聚酯型为多。这种树脂的黏度低，易成型，常温固化。其产品光泽性好，颜色鲜亮，可以调节。

3. 复合型人造石材

这种石材的黏结剂中既有无机材料，又有有机高分子材料。先将无机填料用无机胶黏剂胶结成型。养护后，再将坯体浸渍于有机单体中，使其在一定条件下聚合。板材制品的底材要采用无机材料，其性能稳定且价格较低；面层可采用聚酯和大理石粉制作，以获得最佳的装饰效果。无机胶结材料可用快硬水泥、白水泥、铝酸盐水泥以及半水石膏等。有机单体可以采用苯乙烯、甲基丙烯酸甲酯、醋酸乙烯、丙烯腈、二氯乙烯、丁二烯等，这些树脂可单独使用或组合起来使用，也可以与聚合物混合使用。

4. 烧结型人造石材

这种类型的人造石材的生产工艺与陶瓷的生产工艺相似，是将斜长石、石英、辉石、石粉及赤铁矿粉和高岭土等混合，一般用 40% 的黏土和 60% 的矿粉制成泥浆后，采用注浆法制成坯料，再用半干压法成型，经 1000℃ 左右的高温焙烧而成。

9.3.4　石膏装饰材料

在装饰工程中，建筑石膏和高强石膏往往先加工成各种制品，然后镶贴、安装在基层或龙骨支架上。石膏装饰材料主要有装饰板、装饰吸声板、装饰线角、花饰、装饰浮雕壁画、建筑艺术造型等。

9.3.4.1　纸面石膏板

纸面石膏板是以建筑石膏为主要原料，掺入纤维和外加剂构成芯材，并与护面纸牢固地结合在一起的轻质建筑板材。生产纸面石膏板是将拌好的石膏浆体浇注在行进中的下护面纸上，在铺浆成型后再覆护面纸，之后经凝结、切断、烘干、修边等工艺制成。可分为普通纸面石膏板、耐水纸面石膏板和耐火纸面石膏板。

1. 普通纸面石膏板

普通纸面石膏板具有质轻、抗弯和抗冲击性高、防火、保温隔热、抗震性好、可加工性能好，并具有较好的隔声性和可调节室内湿度等优点，但是耐水性差，耐火极限也仅为 5～15 分钟，是目前广泛使用的轻质板材之一。普通纸面石膏板适用于办公楼、影剧院、宾馆、候车室等建筑的室内墙面、顶棚装饰材料，但仅适用于干燥环境中，不宜用于厨房、卫生间以及空气湿度大于 70% 的潮湿环境中。

2. 耐水纸面石膏板

耐水纸面石膏板是以建筑石膏为主要原料，掺入适量耐水外加剂构成耐水芯材，并与耐水的护面纸牢固黏结在一起的轻质建筑板材。耐水石膏板具有较好的耐水性，其他性能与普通纸面石膏板相同，主要用于厨房、卫生间等潮湿场合的装饰。

3. 耐火纸面石膏板

耐火纸面石膏板是以建筑石膏为主，掺入适量无机耐火纤维材料构成芯材，并与护面纸牢固黏结在一起的耐火轻质建筑板材。

9.3.4.2　其他石膏板

装饰石膏板以建筑石膏为胶凝材料，加入适量的增强纤维、胶黏剂、改性剂等辅料，与水拌和成料浆，经成型、干燥而成的不带护面纸的装饰板材装饰石膏板的表面细腻，花纹、图案丰富，立体感强，并且具有质轻、强度较高、保温、吸声、防火、可调节室内湿度的功能，广泛应用于各类建筑物的吊顶、墙面等。

1. 嵌装式装饰石膏板

嵌装式装饰石膏板是带有嵌装企口的装饰石膏板，性质和装饰石膏板类似，只是还可以具备各种色彩、浮雕图案、不同孔洞形式和排列方式，因而装饰性更强。

2. 吸声用穿孔石膏板

吸声用穿孔石膏板是以装饰石膏板、纸面石膏板为基板，在其上设置孔眼而成的轻质建筑板材。吸声用穿孔石膏板按基板的不同可分为普通板、防潮板、耐水板和耐火板等。板后可以贴有吸声材料（如岩棉、矿棉等）或背覆材料（贴于石膏板背面的透气性材料）。吸声用穿孔石膏板主要用于播音室、音乐厅、影剧院、会议室等对音质要求高的或对噪声限制较严的场所，作为吊顶、墙面的吸声装饰材料。

9.3.4.3　石膏浮雕装饰件

石膏浮雕装饰件主要包括装饰石膏线脚、花饰、造型等艺术石膏制品，它可划分为平板、浮雕板系列，浮雕饰件系列（阴型饰件和阳型饰件），艺术顶棚、灯圈、角花系列，艺术廊柱系列，浮雕壁画、画框系列、艺术花饰系列和人体造型系列等。

9.3.5　壁纸和墙布

壁纸和墙布是使用广泛的室内墙面装饰材料。它图案多变、色泽丰富，通过压花、印花不仅适用于墙面，而且也适用于柱面能方面除有良好的装饰功能外，还有吸声、隔热、防火、防菌、防霉、耐水等功能，维护保养简单，用久后调换更新也容易，因而乐于被人们接受。

9.3.5.1　塑料壁纸

塑料壁纸是纸为基层，聚氯乙烯塑料薄膜为面层，经复合印花、压花等工序而制成的壁纸。在国际市场上，塑料壁纸大致可分为三类，即普通壁纸（也称纸基涂塑壁纸）、发泡壁纸、特种壁纸。

1. 普通壁纸

有单色压花、印花压花、有光印花、平花印花四种。壁纸品种多，适用面广，价格低，一般住宅、公共建筑的内墙装饰均用这类壁纸。

2. 发泡壁纸

在纸基上涂布掺有发泡剂的糊状 PVC 树脂后，印花再加热发泡而成。发泡壁纸表面有凹凸花纹，图样逼真，有立体感，并有弹性，适用于室内墙裙、客厅和内走廊装饰。

3. 特种壁纸

有耐水壁纸、防水壁纸、彩色砂粒壁纸等品种。耐水壁纸基材不用纸，而用不怕水的玻璃纤维毡，适用于卫生间、浴室墙面装饰。防火壁纸基材则用具有耐火性能的石棉纸，并在树脂内加阻燃剂，用于防火要求较高的建筑木材面装饰。彩色砂粒壁纸则在基材上散布彩色石英砂，再喷涂黏结剂加工而成，一般用于门厅、柱头、走廊等局部装饰。

9.3.5.2　其他壁纸墙布

1. 纺织纤维墙布（无纺贴墙布）

纺织纤维墙布是采用天然纤维（如棉、毛、麻、丝）或涤、腈等合成纤维，经无纺成型、上树脂、印制彩色花纹而成的一种新型贴墙布。这种墙布色泽柔和典雅，立体感强，吸声效果好，擦洗不退色，粘贴方便。特别是涤纶棉无纺贴墙布，除具有麻质无纺贴墙布的特点外，还具有质地细洁、光滑的优点，特别适用于高级宾馆、高级住宅的建筑物内墙装饰。

2. 玻璃纤维贴墙布

玻璃纤维贴墙布，系在中碱玻璃纤维布上涂以合成树脂，经加热塑化，印上彩色图案而成。该墙布防潮性好，可以刷洗，色泽鲜艳，不燃、无毒，粘贴方便。玻璃纤维墙布适用于招待所、旅店、宾馆、会议室、餐厅、居民住宅的内墙装饰。

3. 装饰墙布

装饰墙布是以纯棉布经预处理、印花、涂层制作而成。该墙布强度大，无光、无毒、无味，且色泽美观，适用于宾馆、饭店、较高级民用住宅内墙装饰，也适用于基层为砂浆墙面、混凝土墙、白灰浆墙、石膏板、胶合板等的粘贴和浮挂。

9.3.6　装饰混凝土与装饰砂浆（在第 5 章中已述）

装饰混凝土是指具有一定色彩、线型、质感或饰面与结构结合的混凝土，是经过建筑艺术加工的饰面混凝土。它将装饰和功能结合为一体，也可制成仅有装饰功能的挂墙板。

9.3.6.1　清水装饰混凝土

清水装饰混凝土是利用混凝土组成材料的结构线型或几何外形的处理而获得装饰性的。它具有简单、明快大方、自然的立面装饰效果。这类混凝土构件基本上保持了混凝土原有的外观质地，故称为清水装饰混凝土。其成型方法如下。

（1）正打成型工艺。正打成型工艺多用在大板建筑的墙板预制，它是在混凝土墙板浇筑完毕初凝前后，在混凝土表面进行压印，使之形成各种线条和花饰。

（2）反打成型工艺。反打成型工艺即在浇筑混凝土的底面模板上做出凹槽，或在底模上加垫具有一定花纹、图案的衬模，拆模后使混凝土表面具有线型或立体感。衬模材料有硬质、软质两种。硬质的有钢材、玻璃钢或硬塑料，软质的有橡胶、软塑料等。

（3）立模工艺。正打反打均为预制条件下的成型工艺。立模工艺即在现浇混凝土墙面时作饰面处理，利用墙板升模工艺，在外模内侧安置衬模，脱模时使模板先平移，离开新浇筑混凝土墙面再提升，这样随着模板提升形成具有直条形纹理的装饰混凝土，立面效果别具一格。

9.3.6.2 露集料混凝土

露集料混凝土是在混凝土硬化前或硬化后，通过一定工艺手段使混凝土集料适当外露，以集料的天然色泽和不规则的分布，达到一定的装饰效果。露集料混凝土的制作方法有水洗法、缓凝剂法、水磨法、喷砂法、抛丸法、火焰喷射法和劈裂法等。

（1）水洗法就是在水泥硬化前冲刷水泥浆以暴露集料的一种方法，该法适用于预制墙板正打工艺。

（2）缓凝剂法是指在混凝土浇筑前将缓凝剂涂于模板上，使浇筑的混凝土表面水泥不硬化，待脱模后再冲洗，以达到露出集料的装饰效果的一种施工方法。

（3）水磨法即制作水磨石的方法，所不同的是水磨露集料工艺一般不抹水泥石渣浆，而是将抹平的混凝土表面磨至露出集料。

（4）抛丸法是指利用抛丸机抛出的铁丸将混凝土制品表面的水泥浆剥离，以露出集料的一种方法。此方法能同时将集料表皮打毛，故其装饰效果如花锤剁斧，自然逼真。

9.3.6.3 白色水泥和彩色水泥混凝土

以白色水泥或彩色水泥为胶凝材料制作的混凝土即为白色水泥混凝土或彩色水泥混凝土，它是一种整体着色的装饰混凝土。从建筑物的装饰功能出发，白水泥混凝土和彩色水泥混凝土所用的集料与普通水泥混凝土有所不同。彩色水泥混凝土用的集料，除了一般集料外，还需使用价格较高的彩色集料。

9.3.6.4 彩色混凝土

目前我国白水泥和彩色水泥产量少，价格较高。实际上，整体着色的白水泥和彩色水泥混凝土应用较少，而更多的是在普通混凝土中掺入适量的着色剂，制作彩色混凝土。常用着色方式有化学着色剂、无机氧化物颜料、干撒着色硬化剂等多种。

在普通混凝土基材表面加工做饰面层，制成的面层彩色混凝土面砖已有广泛应用。不同颜色的水泥混凝土花砖，按设计图案铺设，外形美观，色彩鲜艳，成本低，施工方便，用于园林、花园、庭院和人行道，可获得良好的装饰效果。

9.4 建 筑 涂 料

9.4.1 建筑涂料的功能与品种

涂料是指涂敷于物体表面，并能与物体表面材料很好黏结形成连续性薄膜，从而对物体起到装饰、保护或使物体具有某些特殊功能的材料。建筑涂料主要指用于建筑物表面的涂料，其主要功能是保护建筑物、美化环境及提供特种功能。

建筑涂料的品种很多，根据 GB/T 2705—2003《涂料产品分类、命名和型号》，建筑涂料分类见表 9.8。

9.4.2 建筑涂料的组成

各种涂料组分虽不相同，但基本上由主要成膜物质、次要成膜物质和辅助成膜物质组成。

表 9.8　　　　　　　　　　　　　　　建 筑 涂 料 分 类

	主要产品类型		主要成膜物类型
建筑涂料	墙面涂料	合成树脂乳液内墙涂料 合成树脂乳液外墙涂料 溶剂型外墙涂料 其他墙面涂料	丙烯醋酸类及其改性共聚乳液 醋酸乙烯及其改性共聚乳液 聚氨酯、氟碳等树脂 无机黏合剂等
	防水涂料	溶剂型树脂防水涂料 聚合物乳液防水涂料 其他防水涂料	EVA、丙烯酸酯类乳液；聚氨酯、沥青、PVC 胶泥 或油青、聚丁二烯等树脂
	地坪涂料	水泥基等非木质地面用 涂料	聚氨酯、环氧等树脂
	功能性建筑涂料	防火涂料 防霉（藻）涂料 保温隔热涂料 其他功能性建筑涂料	聚氨酯、环氧、丙烯酸醋类、乙烯类、氟碳等树脂

注　主要成膜物类型中树脂类型包括水性溶剂型、无溶剂型等。

9.4.2.1　主要成膜物质

主要成膜物质又称为基料、黏结剂或固着剂，在涂料中主要起到成膜及黏结填料和颜料的作用，使涂料在干燥或固化后能形成连续的涂层。主要分无机质和有机质两大类。

无机质涂料中的主要成膜物质包括水泥浆、硅溶胶系、磷酸盐系、硅酸酮系、无机聚合物系和碱金属硅酸盐系等，其中硅溶胶和水溶性硅酸钾、硅酸钠、硅酸钾钠系涂料的应用发展较快。

有机质涂料中的主要成膜物质为各种合成树脂。树脂是一种无定型状态存在的有机物，通常指高分子聚合物。过去，涂料使用天然树脂为成膜物质，现代则广泛应用合成树脂，例如：醋酸乙烯树脂系、醇酸树脂、丙烯酸树脂、丁基树脂氯化橡胶树脂、环氧树脂等。

9.4.2.2　次要成膜物质

次要成膜物质主要是指涂料中所用的颜料。它也是构成涂料的主要成分，但它不能离开主要成膜物质单独构成涂膜。在涂料中加入颜料，不仅能使涂膜具有各种颜色，增多涂料的品种，而且能增加涂膜强度，提高涂膜的耐久性和抵抗大气的老化作用。

颜料的品种很多，按其主要作用分为以下几种。

（1）着色颜料。主要作用是着色和遮盖物面。按它们在涂料中显示的色彩有红、黄、蓝、黑、白、金属光泽等。

（2）体质颜料。又称填充颜料，主要作用是增加涂膜的厚度和体质，提高涂膜的耐磨性。主要品种有滑石粉、硫酸钡、碳酸钙和碳酸钡。

（3）防锈颜料。主要作用是防止金属生锈。品种有红丹、锌铬黄、氧化铁红、铝粉等。

9.4.2.3　辅助成膜物质

辅助成膜物质主要包括有机溶剂和水。有机溶剂主要起到溶解或分散主要成膜物质、改善涂料的施工性能、增加涂料的渗透能力、改善涂料和基层的黏结、保证涂料的施工质量等，施工结束后，溶剂逐渐挥发或蒸发，最终形成连续和均匀的涂膜。常用的有机溶剂有二甲苯、乙醇、乙酸乙酯和溶剂油等。水也可作为溶剂，用于水溶性涂料和乳液型涂料。

辅助成膜物质虽然不是构成涂膜的材料，但它与涂膜质量和涂料的成本有很大的关系，选用溶剂一般要考虑其溶解能力、挥发率、易燃性和毒性等问题。

9.4.3　建筑涂料技术性质

建筑涂料的技术性质主要包括施工前涂料的性状及施工后涂膜的性能两个方面。施工前涂料的性状对涂膜的性能有很大的影响，施工条件及施工工艺操作对涂膜的质量影响也较大。

9.4.3.1　施工前涂料的性能

施工前涂料的性能主要包括涂料在容器中的状态、施工操作性能、干燥时间、最低成膜温度和含固量等。

涂料在容器中的状态主要指储存稳定性及均匀性。储存稳定性是指涂料在运输和存放过程中不产生分层离析、沉淀、结块、发霉、变色及改性等。均匀性指每桶溶液内上、中、下三层的颜色、稠度及性能均匀性，以及桶与桶、批与批和不同存放时间因素的均匀性。

施工操作性能主要包括涂料的开封，搅匀，提取方便与否，是否有流挂、油缩、拉丝、涂刷困难等现象，还包括便于重涂和补涂的性能。

干燥时间分为表干时间与实干时间。表干是指以手指轻触标准试样涂膜，如感到有些发黏，但无涂料黏在手指上，即认为表面干燥，时间一般不得超过 2h；实干时间一般要求不超过 24h。

涂料的最低成膜温度规定了涂料的施工作业最低温度，水性及乳液型涂料的最低成膜温度一般大于 0℃，否则水有可能结冰而难以挥发干燥。溶剂型涂料的最低成膜温度主要与溶剂的沸点及固化反应特性有关。

含固量指涂料在一定温度下加热挥发后余留部分的含量。它的大小对涂膜的厚度有直接影响，同时影响涂膜的致密性和其他性能。

9.4.3.2　施工后涂膜的性能

（1）遮盖力。遮盖力反映涂料对基层颜色的遮盖能力，即把涂料均匀地涂刷在物体表面上，使其底色不再呈现的最小用料量。

（2）涂膜外观质量。涂膜与标准样板相比较，观察其是否符合色差范围，表面是否平整光洁，有无结皮、皱纹、气泡及裂痕等现象。

（3）附着力与黏结强度。附着力即为涂膜与基层材料的黏附能力，能与基层共同变形不致脱落。影响附着力和黏结强度的主要因素有涂料及基层的渗透能力，涂料本身的分子结构以及基层的表面性状。

（4）耐磨损性。建筑涂料在使用过程中要受到风沙雨雪的磨损，尤其是地面涂料，摩擦作用更加强烈。一般采用漆膜耐磨仪在一定荷载下磨转一定次数后，以重量损失克数表示耐磨损性。

（5）耐老化性。建筑涂料的耐老化性能直接影响到涂料的使用年限，即耐久性。老化因素主要来自涂料品种及质量、施工质量以及外界条件。例如阳光照射紫外线、最低最高气温、风沙尘埃、有害液体或气体、霉菌虫害及各种水分（雨水、结露水、水蒸气、冰霜等）等外界因素对涂膜的使用耐久性有严重影响。涂膜老化的主要表现有光泽降低、粉化析白、污染、变色、褪色、龟裂、起粉、磨损露底等。

9.4.4　常用建筑涂料

9.4.4.1　常用外墙涂料

（1）过氯乙烯外墙涂料。这种涂料的主要特性为干燥速度快，常温下 2h 全干；耐大气稳定性好；具有良好的化学稳定性，在常温下能耐 25％的硫酸和硝酸、40％的烧碱以及酒精、润滑油等物质。但这种涂料的附着力较差；热分解温度低（一般应在 60℃以下使用）以及溶剂释放性差；此外，含固量较低，很难形成厚质涂层，且苯类溶剂的挥发污染环境、伤害人体。

（2）氯化橡胶外墙涂料。这种涂料又称橡胶水泥漆。它是以氯化橡胶为主要成膜物质，再辅以增塑剂、颜料、填料和溶剂经一定工艺制成。为了改善综合性能有时也加入少量其他树脂。这种涂料具有优良的耐碱性、耐候性，且易于重涂维修。

（3）聚氨酯系列外墙涂料。这类涂料是以聚氨酯树脂或聚氨酯与其他树脂复合物为主要成膜物质的优质外墙涂料。固化后的涂膜具有近似橡胶的弹性，能与基层共同变形，有效地阻止开裂。这种涂料还具有许多优良性能，如耐酸碱性、耐水性、耐老化性、耐高温性等均十分优良，涂膜光泽度极好，呈瓷质感。

（4）苯—丙乳胶漆。这种乳胶漆具有丙烯酸酯类的高耐光性、耐候性和不泛黄性等特点。而且耐水、耐酸碱、耐湿擦洗性能优良，外观细腻、色彩艳丽、质感好，与水泥混凝土等大多数建筑材料有良好的黏附力。是目前质量较好的乳液型外墙涂料之一。

（5）氯—偏共聚乳液厚涂料。它是以氯乙烯—偏氯乙烯共聚乳液为主要成膜物质，添加其他高分子溶液（如聚乙烯醇水溶液）等混合物为基料制成。这类涂料产量大、价格低，使用十分广泛，常用于六层以下住宅建筑外墙装饰。耐光、耐候性较好，但耐水性较差，耐久性也较差，一般只有 2～3 年的装饰效果，容易沾污和脱落。

（6）彩色砂壁状外墙涂料。这种涂料简称彩砂涂料。着色集料一般采用高温烧结彩色砂料、彩色陶料或天然带色石屑。彩砂涂料可用不同的施工工艺做成仿大理石、仿花岗石质感和色彩的涂料，因此又成为仿石涂料、石艺漆、真石漆。涂层具有丰富的色彩和质感，保色性、耐水性、耐候性好，涂膜坚实，集料不易脱落，使用寿命可达 10 年以上。

（7）水乳型合成树脂乳液外墙涂料。这类涂料是由合成树脂配以适量乳化剂、增稠剂和水通过高速搅拌分散而成的稳定乳液为主要成膜物质配制而成。

其他乳液型外墙涂料品种还很多，如乙-顺乳胶漆、乙-丙乳胶漆、丙烯酸酯乳胶漆、乙-丙乳液厚涂料等。所有乳液型外墙涂料由于以水为分散介质，故无毒，不易发生火灾，环境污染少，对人体毒性小，施工方便，易于刷涂、滚涂、喷涂，并可以在潮湿的基面上施工，涂膜的透气性好。目前存在的主要问题是低温成膜性差，通常必须在 10℃以上施工才能保证质量，因而冬季施工一般不宜采用。

（8）复层建筑涂料。它是有两种以上涂层组成的复合涂料。复层建筑涂料一般由基层封闭涂料（底层涂料）、主层涂料、面层涂料组成。

（9）硅溶胶无机外墙涂料。它是以胶体二氧化硅为主要成膜物质，加入多种助剂经搅拌、研磨调制而成的水溶性建筑涂料。涂膜的遮盖力强，细腻，颜色均匀明快，装饰效果好，而且涂膜致密性好，坚硬耐磨，可用水砂纸打磨抛光，不易吸附灰尘，对基层渗透力强，耐高温性及其他性能均十分优良。硅溶胶还可与某些有机高分子聚合物混溶硬化成膜，构成兼有无机和有机涂料的优点。

9.4.4.2　内墙和顶棚涂料

（1）乳胶漆。乳胶漆是由合成树脂乳液为主要成膜物质以水作为分散剂，随水分蒸发干燥成膜，涂膜的透气性好，无结露现象，且具有良好的耐水、耐碱和耐候性。

（2）聚乙烯醇类水溶性内涂料。这类涂料是以聚乙烯醇树脂及其衍生物为主要成膜物质，涂料资源丰富，生产工艺简单，具有一定装饰效果，且价格便宜，但涂料的耐水性、耐水洗刷性和耐久性差。是目前生产和应用较多的内墙顶棚涂料。

（3）多彩内墙涂料。简称多彩涂料，是目前国内外流行的高档内墙涂料，它经一次喷涂即可获得多种色彩的立体涂膜的涂料。多彩涂料的色彩丰富，图案变化多样，立体感强，具有良好的耐水性、耐油性、耐碱性、耐洗刷性。多彩涂料宜在 5～30℃ 下储存，且不宜超过半年。多彩涂料不宜在雨天或湿度高的环境中施工，否则易使涂膜泛白，且附着力也会降低。

9.4.4.3　地面涂料

（1）溶剂型地面涂料。这类涂料是以合成树脂为基料，添加多种辅助材料制成。性能及生产工艺与溶剂型外墙涂料相似，所不同的是在选择填料及其他辅助材料时比较注重耐磨性和耐冲击性等。

（2）合成树脂厚质地面涂料。这类涂料实际上也属溶剂型涂料，由于它能形成厚质涂膜，且多为双组分反应固化型，故单独为一类。通常有环氧树脂地面厚质涂料和聚氨酯地面厚质涂料。

9.4.4.4　特种涂料

特种涂料是各种功能性涂料的总称。许多建筑物涂刷涂料除了一般的装饰要求外，往往还某些特殊功能，如防水功能、防火功能、防霉功能等。防水涂料的种类很多，在建筑工程中地位重要。详见本书第 12 章"防水材料"。

1. 防火涂料

防火涂料主要涂刷在某些易燃材料的表面，以提高易燃材料的耐火能力，或减缓火焰蔓延传播速度，为人们灭火提供时间。

防火涂料阻燃的基本原理如下。

（1）隔离火源与可燃物接触。如某些防火涂料的涂层在高温或火焰作用下能形成熔融的无机覆盖膜（如聚磷酸铵、硼酸等），把底材覆盖住，有效地隔绝底材与空气的接触。

（2）降低环境及可燃物表面温度。某些涂料形成的涂层具有高热反射性能，及时辐射外部传来的热量。有些涂料的涂层在高温或火焰作用下能发生相变，吸收大量的热，从而达到降低温度的目的。

（3）降低周围空气中氧气的浓度。某些涂料的涂层受热分解出 CO_2、NH_3、HCl、

HBr 及水汽等不燃气体，达到延缓燃烧速度或窒息燃烧。

2. 防水涂料

防水涂料的品种很多，但是装饰性的防水涂料主要有聚氨酯、丙烯酸防水涂料和有机硅憎水剂三种。聚氨酯防水涂料的弹性高、延伸率大，耐高低温性、耐腐蚀和耐油性好，能适应任何复杂形状的基层，使用寿命可达 15 年。丙烯酸防水涂料具有温度稳定性好、不透水性高、无毒等优点，但是延伸率较小，使用寿命 10 年以上。有机硅憎水剂在固化后形成一层肉眼觉察不到的透明薄膜，该薄膜具有优良的憎水性、透气性，可起到防水、抗风化、抗玷污的作用，使用寿命 3～7 年。

3. 防霉涂料

霉菌在一定的自然条件下大量存在，温度、湿度适宜时会腐蚀建筑物的表面，即使普通的装饰涂料也会受霉菌不同程度的侵蚀。防霉涂料是在某些普通涂料中掺加适量相容性防霉剂制成。

4. 防腐蚀涂料

对建筑物的腐蚀主要来自两方面：一是空气、水汽、阳光、海水等自然因素；二是酸、碱、盐及各类有机腐蚀质等污染源引起的腐蚀。建筑物常用防腐涂料主要有环氧树脂系、聚氨酯系、橡胶树脂系和呋喃树脂系防腐涂料四大类。

其他特种涂料还有防雾涂料、防辐射涂料、防振涂料、杀虫涂料（灭蚊、防白蚁）、耐油涂料、隔热涂料（屋面热反射涂料、保温涂料）、隔声涂料（吸声或隔声）、香型涂料等。所有上述特种涂料，基本上是在普通涂料的生产工艺中掺入相应的特种外掺料制得，因而兼有普通涂料的性能，这里不一一详述。

9.5　建　筑　陶　瓷

9.5.1　建筑陶瓷的基本知识

我国建筑陶瓷源远流长，自古以来就作为建筑物的优良装饰材料之一。传统的陶瓷产品如日用陶瓷、建筑陶瓷、卫生陶瓷都是以黏土类及其他天然矿物为主要原料经过坯料制备、成型、焙烧等过程得到的产品。

从产品的种类来说，陶瓷制品可分为陶质、瓷质和炻质三大类。陶质制品烧结程度相对较低，为多孔结构，通常吸水率较大（10%～22%）、强度较低、抗冻性较差，断面粗糙无光、不透明，敲击时声粗哑，分无釉和施釉两种制品，适用于室内使用。瓷质制品烧结程度高，结构致密，断面细致并有光泽，强度高，坚硬耐磨，基本上不吸水（吸水率小于1%），有一定的半透明性，通常施有釉层。炻质制品介于两者之间，其构造比陶质致密，吸水率较小（1%～10%），但又不如瓷器洁白，其坯体多带有颜色，且无半透明性。

9.5.2　常用建筑陶瓷制品

常用建筑饰面陶瓷制品有釉面内墙砖、墙地砖和陶瓷锦砖三大类。

9.5.2.1　釉面内墙砖

釉面内墙砖简称内墙砖或瓷砖。以烧结后成白色的耐火黏土、叶蜡石或高岭土等为原材料制成坯体，面层为釉料，经高温烧结而成。釉面砖是厨房、卫生间和公共卫生设施不可替代的装饰和护面材料。

1. 釉面砖的外观质量

釉面砖按釉面颜色分为单色（包括白色）、花色和图案色三种。按正面形状分为正方形、长方形和异形配件砖三类。为增强与基层的黏结力，釉面砖的背面均有凹槽纹，背纹深度一般不小于 0.2mm。釉面砖的尺寸规格很多，有 300mm×200mm×5mm、150mm×150mm×5mm、100mm×100mm×5mm、300mm×150mm×5mm 等。异形配件砖的外形及规格尺寸更多，可根据需要选配。

2. 釉面砖的主要技术性能

釉面砖的主要技术性能应符合 GB/T 4100—2006《陶瓷砖》的有关规定，主要包括以下几方面。

（1）尺寸偏差。通常要求在 0.5mm 以内。

（2）外观质量。釉面砖根据表面缺陷、色差、平整度、边直度和直角度、白度等。

（3）物理力学性能。釉面砖的物理力学性能主要包括：吸水率不大于 21%；弯曲强度不小于 16MPa；当厚度大于或等于 7.5mm 时，弯曲强度应不小于 13MPa；经急冷急热试验和抗龟裂试验后，釉面不应出现裂纹。

3. 釉面砖的应用

由于釉面砖的热稳定性好，防火、防潮、耐酸碱，表面光滑，易清洗，故常用于厨房、浴室、卫生间、实验室、医院等室内墙面、台面等的装饰。

釉面砖一般不宜用于室外，因为坯体吸水率较大，而面层釉料吸水率较小，当坯体吸水后产生的膨胀应力大于釉面抗拉强度时，会导致釉面层的开裂或剥落，严重影响装饰效果。

釉面砖在粘贴前通常要求浸水 2h 以上，取出晾干至表面干燥，才可进行粘贴。否则，因干坯吸走水泥浆中的大量水分，影响水泥浆的凝结硬化，降低黏结强度，造成空鼓、脱落等现象。另一方面，通常在水泥浆中掺入一定量的建筑胶水，以改善水泥浆的和易性，延缓水泥的凝结时间，提高铺贴质量，提高与基层的黏结强度。

9.5.2.2 墙地砖

墙地砖包括建筑外墙装饰贴面砖和室内外地面装饰砖。由于这类材料通常可墙、地两用，故称为墙地砖。

墙地砖以优质陶土为原料，经半干压成型后在 1100℃ 左右焙烧而成。墙地砖按表面是否施釉分为彩色釉面陶瓷地砖和无釉陶瓷同质墙地砖两类。

墙地砖的表面质感可以通过配料和制作工艺制成多种多样，如平面、麻面、毛面、磨面、抛光面、纹点面、仿花岗石面、压花浮雕面、无光釉面、金属光泽面、防滑面和耐磨面等，且均可通过着色颜料制成各种色彩。主要技术性能指标如下。

1. 产品等级和规格

通常按表面质量和变形允许偏差分为优等品、一级品和合格品三等。规格尺寸很多，可根据要求选用，这里不一一详列。

2. 外观质量

墙地砖的外观质量主要包括表面缺陷、色差、平整度、边直度和直角度等。同时在产品的侧面和背面不允许有妨碍黏结的明显附着釉及其他缺陷。尺寸偏差应符合标准的规定，且背纹深度一般不小于 0.5mm。

3. 物理力学性能

（1）吸水率。不宜大于 10%。吸水率越小，抗变形能力和抗冻性越好，寒冷地区应选用吸水率较低的产品。

（2）耐急冷急热性。经 3 次急冷急热循环不出现裂纹或炸裂。

（3）抗冻性。经 20 次冻融循环不出现破裂、剥落或裂纹。

（4）抗弯强度。平均值不低于 24.5MPa。

（5）耐磨性。仅指地砖，根据釉面出现可见磨损时的研磨转数，将墙地砖分为 Ⅰ 类（<150r）、Ⅱ 类（300~600 r）、Ⅲ 类（750~1500 r）、Ⅳ 类（>1500r）四个级别。

（6）耐化学腐蚀性。根据耐酸和耐腐蚀试验，分为 AA、A、B、C、D 共五个等级。

4. 新型墙地砖

主要有劈离砖、彩胎砖、麻面砖、金属光泽釉面砖、玻化砖、陶瓷艺术砖、大型陶瓷装饰面板等。

5. 墙地砖的特性和应用

墙地砖质地较致密，强度高、吸水率小、热稳定性好、耐磨性和抗冻性均较好。主要用于室内外地面装饰和外墙装饰。用于室外铺装的墙地砖吸水率一般不宜大于 6%，严寒地区，吸水率应更小。

墙地砖通过垂直或水平、错缝或齐缝、宽缝或密缝等不同排列组合，可获得各种不同的装饰效果。

9.5.2.3　陶瓷锦砖

陶瓷锦砖俗称马赛克，是由边长不大于 50mm，具有多种几何形状的小瓷片组拼成不同的图案，用于地面或外墙面的铺饰。出厂前按设计图案反贴在牛皮纸上，每张大小约 30cm×30cm，称作一联。按其表面性质分为无釉和有釉两大类，按其允许尺寸偏差和外观质量分为优等品和合格品两个等级。

1. 主要技术性质

（1）尺寸偏差和色差。尺寸偏差和色差均应符合 JC/T 456—1996《陶瓷锦砖》标准要求。

（2）吸水率。无釉面砖吸水率不宜大于 0.2%，釉面砖不宜大于 1.0%。

（3）抗压强度。要求在 15~25MPa。

（4）耐急冷急热。釉面砖应无裂缝，无釉面砖不作要求。

（5）耐酸碱性。要求耐酸度大于 95%，耐碱度大于 84%。

（6）成联性。锦砖与牛皮纸黏结牢固，不得在运输或铺贴施工时脱落。但浸水后应脱纸方便。

2. 陶瓷锦砖的特点和应用

陶瓷锦砖具有色泽明净、图案美观、质地坚硬、抗压强度高、耐污染、耐酸碱、耐磨、耐水、易清洗等优点，且造价便宜。主要用于车间、化验室、门厅、走廊、厨房、盥洗室等的地面装饰，用于外墙饰面，具有一定的自洁作用。还可用于镶拼壁画、文字及花边等。

9.5.3 建筑琉璃制品

建筑琉璃制品是以黏土为主要原料，经成型、施釉、烧成而制得的用于建筑物的瓦类、脊类、饰件类陶瓷制品。是一种具有中华民族文化特色和风格的传统建筑材料，它不仅适用于传统建筑物，也适用于具有民族风格的现代建筑物。

琉璃制品是用难熔黏土经制坯、干燥、素烧、施釉、釉烧而成。建筑琉璃制品分为瓦类（板瓦、滴水瓦、筒瓦、沟头等）、脊类（正脊筒瓦等）和饰件类（吻、兽、博古等）三类。

JG/T 765—2006《建筑琉璃制品》未对琉璃制品的规格尺寸作具体规定，而由供需双方商定，但是对尺寸偏差有具体规定。外观质量、尺寸偏差在允许范围，吸水率要求不大于 12%；经 10 次冻融循环不出现裂纹或剥落；经 10 次耐急冷急热性循环不出现炸裂、剥落及裂纹延长现象；弯曲破坏荷重不低于 1300N。

建筑琉璃制品的特点是质地致密、表面光滑、不易沾污，坚实耐久，色彩绚丽，造型古朴。常用颜色有金黄、翠绿、宝蓝、青、黑、紫色。主要用于具有民族特色的宫殿式建筑以及少数纪念性建筑物上，此外还用于建造园林的亭、台、楼阁、围墙等。

复 习 思 考 题

1. 用于室外和室内的建筑装饰材料，对其要求的主要功能有何不同？

2. 装饰材料的选择原则是什么？

3. 玻璃的基本性质有哪些？

4. 吸热玻璃与热反射玻璃在性质和应用上的主要区别是什么？

5. 磨砂玻璃与普通压花玻璃的性质和用途有何异同？

6. 为什么釉面砖只适用于室内，而不宜用于室外？

7. 釉面砖在粘贴前为什么要浸水？

8. 墙地砖的主要物理力学性能指标有哪些？

9. 天然大理石与花岗岩主要性能有何区别？

10. 人造大理石的主要性能特点有哪些？

11. 涂料的主要组成材料是什么？

12. 施工前涂料的主要技术性能指标有哪些？

13. 施工后涂膜的主要技术性能指标有哪些？

14. 塑料墙纸的主要技术要求有哪些？

15. 常用装饰混凝土主要有哪些？是如何施工的？

第 10 章 合成高分子材料

内容概述：本章主要讲述高分子材料的基本概念、分类和性能特点，重点介绍了建筑塑料制品和胶黏剂的特点和用途。

学习目标：通过本章的学习，使学生初步掌握高分子化合物的基本知识，熟悉合成高分子材料的分类和性能特点，了解常用建筑塑料制品和胶黏剂的种类、特性与应用。

合成高分子材料是指由人工合成的高分子化合物为基础所组成的材料。合成高分子材料是以不饱和的低分子碳氢化合物（称为单体）为主要成分，含少量氧、氮、硫等，经人工加聚或缩聚而合成的分子量很大的物质，常称为高分子聚合物。

合成高分子材料包括塑料、合成橡胶、涂料、胶黏剂和高分子防水材料等。这些高分子化合物具有许多优良的性能，如密度小、比强度大、弹性高、电绝缘性能好、耐腐蚀、装饰性能好等。作为土木工程材料，由于它能减轻构筑物自重，改善性能，提高工效，减少施工安装费用，获得良好的装饰及艺术效果，因而在土木工程中得到了广泛的应用。

10.1 高分子材料的基本知识

10.1.1 合成高分子材料的分类与命名

1. 高聚物的分类

高聚物的分类方法很多，经常采用的方法有下列几种。

（1）按高聚物材料的性能与用途可分为塑料、合成橡胶和合成纤维，此外还有胶黏剂、涂料等。

（2）按高聚物的链节在空间排列的几何形状分为线型、支链型和体型三种。

（3）按高聚物的合成反应类别分加聚反应和缩聚反应，其反应产物分别为加聚聚合物和缩聚聚合物两类。

（4）按受热时的性质可分为热塑性聚合物和热固性聚合物两种。

2. 高聚物的命名

高聚物的命名方法很多，也比较复杂，但主要有系统命名法和通俗命名法两种。其中系统命名法比较复杂，这里不作详细介绍，在土木工程材料工业领域常采用通俗命名法。

（1）在单体名称前冠以"聚"字命名高聚物。如单体氯乙烯聚合形成的高聚物称为聚氯乙烯。

（2）在单体名称后缀"树脂"二字命名高聚物。如用单体苯酚与甲醛聚合形成的高聚物称为苯酚甲醛树脂（简称酚醛树脂）。因为"树脂"已扩大到成型加工前的原料，所以人们对某高聚物名称的后面也加上"树脂"二字来命名，如聚乙烯树脂、聚丙烯树脂、聚酯树脂等。

（3）在单体名称中取代表字加附"橡胶"二字命名高聚物。如用单体丁二烯与苯乙烯聚合形成的高聚物简称为丁苯橡胶。

（4）以高聚物的结构特征命名高聚物。如用单体对苯二甲酸与乙二醇聚合形成的高聚物称为聚对苯二甲酸乙二醇酯。

10.1.2　合成高分子材料的应用

在土木工程材料工业领域中，高分子聚合物主要用于制成塑料、橡胶、合成纤维，还广泛用于制成胶黏剂、涂料及各种功能材料。塑料、橡胶和合成纤维被称为三大合成材料。

1. 塑料

塑料是一种以高分子聚合物为主要成分，再加入一定量的填充剂、增塑剂等填料，在一定条件下（如温度、压强等）塑制成的一定形状的材料，这种材料能够在常温下保持形状不变。

塑料用做建筑材料始于 20 世纪 50 年代，目前，发达国家在建筑上使用的塑料已占塑料总产量的 30％以上，有着非常广阔的发展前景。

2. 合成橡胶

合成橡胶是一种在室温下呈高弹状态的高分子聚合物。橡胶经硫化作用后制成橡皮，橡皮可制成各种橡皮止水材料、橡皮管及轮胎等；橡胶也可作为橡胶涂料的成膜物质，主要用于化工设备防腐及水工钢结构的防护涂料；合成橡胶的胶乳可作为混凝土的一种改性外加剂，以改善混凝土的和易性。工程中常用的橡胶有丁苯橡胶、丁腈橡胶、氯丁橡胶、聚氨基甲酸酯橡胶及乙丙橡胶等。

3. 合成纤维

合成纤维是将液态树脂经高压通过喷头喷入稳定液后而得到的一种纤维状产品。其具有结构坚韧、强度高、变形小、耐磨、耐腐蚀等特点，广泛用于工业及日常生活中，如纤维混凝土、护坡和反滤工程中的土工合成材料。聚酰胺纤维素、聚酯纤维、聚丙烯腈纤维、聚乙烯醇缩甲醛纤维是我国合成纤维的四大品种。

10.2　建　筑　塑　料

塑料是以合成树脂为主要原料，在一定温度和压力下塑制成型的一种合成高分子材料。用于建筑上的塑料制品统称为建筑塑料。塑料作为一种新兴的建筑材料，具有很多优点，符合现代材料的发展趋势，在保护环境、改善居住条件、节约能源等方面独具优势。塑料可作为装饰装修材料、防水工程材料，也可制成各种类型的水暖设备及隔热隔音材料，还可作为混凝土工程材料。

10.2.1　塑料的基本组成及分类

10.2.1.1　塑料的基本组成

1. 合成树脂

习惯上或广义地讲，凡作为塑料基材的高分子化合物（高聚物）都称为树脂。合成树脂是塑料的基本组成材料，在塑料中起黏结作用，树脂的种类、性质和用量决定了塑料的物理力学性质。合成树脂在塑料中的含量约占 40%～100%。因此，塑料常以所含合成树脂的名称来命名。

2. 填料

填料是塑料的另一个重要但不是必要的成分，通常占塑料的 20%～50%。填料决定了塑料的主要机械、电气和化学稳定性能，并能改变塑料的某些物理性能，如云母可以改善塑料的电绝缘性，石墨可提高塑料的导电性，玻璃纤维可以提高塑料的机械强度，石棉可提高塑料的耐热性等。此外，填料一般较便宜，加入填料还可以降低塑料生产成本。常用有机填料有木粉、木屑、棉布、纸等；无机填料有硅藻土、石灰石粉、云母、石墨、石棉、滑石粉、铝粉、玻璃纤维等。

3. 添加剂

添加剂是为了改变塑料的性能，以适应塑料使用或加工时的特殊要求而加入的辅助材料，如增塑剂、稳定剂、润滑剂、着色剂和固化剂等。

（1）增塑剂。增塑剂可增加塑料的可塑性和流动性，同时可改善塑料的低温脆性。塑料对增塑剂是有选择的，它必须能与树脂相混溶，并且具有良好的稳定性，其性能的变化不影响塑料的工程性质。常用的增塑剂有邻苯二甲酸二辛酯、磷酸三甲酚酯、樟脑、二苯甲酮等。

（2）稳定剂。为了防止塑料在外界环境作用下过早老化而加入的少量物质称为稳定剂。在塑料中，稳定剂的量虽然少，但往往又是必不可少的重要成分之一。加入稳定剂可使老化性能得以改善，能够长期保持原有的工程性质。常用的稳定剂有抗氧化剂和紫外线吸收剂，如硬脂酸盐、钛白粉等。

（3）润滑剂。润滑剂的作用是防止塑料在成型加工过程中将模子粘住，以便于脱模和使塑料制品表面光洁。常用的润滑剂有硬脂酯钙、石蜡等。

（4）着色剂。塑料中加入着色剂使塑料具有鲜艳的色彩和光泽，改善塑料制品的装饰性。常用的着色剂是一些有机染料和无机颜料，有时也采用能产生荧光或磷光的颜料。

（5）固化剂。固化剂也称硬化剂或熟化剂。它的主要作用是使线性高聚物交联成体型高聚物，使树脂具有热固性，形成稳定而坚硬的塑料制品。

除上述组成材料以外，根据建筑塑料使用及成型加工的需要还可添加入一定量的其他添加剂，使塑料制品的性能更好，用途更广泛。如加入发泡剂可以制成泡沫塑料，加入阻燃剂可以制成阻燃塑料。

10.2.1.2　塑料的分类

1. 按应用范围分

（1）通用塑料。是指产量大、用途广、价格低的一类塑料，主要包括聚氯乙烯、聚丙烯、聚苯乙烯、酚醛塑料和氨基塑料等几大品种。

（2）工程塑料。是指机械性能好，能作为工程材料使用或代替金属生产各种设备和零件的塑料，主要品种有聚碳酸酯、聚酰胺酯、聚酰胺（尼龙）、ABS 等。

（3）特种塑料。是指具有特种性能和特种用途的塑料，主要有氟塑料、有机树脂、环氧树脂和有机玻璃等。

2. 按受热形态分

按受热时形态性能变化的不同，合成树脂可分为热塑性树脂和热固性树脂两类。由热塑性树脂组成的塑料称为热塑性塑料；由热固性树脂组成的塑料称为热固性塑料。

(1) 热塑性塑料受热后软化，逐渐熔融，冷却后变硬成型，这种软化和硬化过程可重复进行。其优点是加工成型简便，机械性能较高；缺点是耐热性、刚性较差。用于塑料的热塑性树脂主要有聚乙烯、聚氯乙烯、聚苯乙烯、聚四氟乙烯等加聚高聚物。

(2) 热固性塑料加热时软化，产生化学变化，形成聚合物交联而逐渐硬化成型，再受热则不软化或改变其形状。其耐热性和刚性较高，但机械性能较差。用于塑料的热固性树脂主要有酚醛树脂、脲醛树脂、不饱和聚酯树脂、环氧树脂、有机硅树脂等缩聚高聚物。

10.2.2 建筑塑料的主要特性

(1) 质轻、比强度高。塑料质轻，一般塑料的密度都在 $0.9 \sim 2.3 g/m^3$ 之间。

(2) 优异的电绝缘性能。几乎所有的塑料都具有优异的电绝缘性能，如极小的介电损耗和优良的耐电弧特性，这些性能可与陶瓷媲美。

(3) 优良的化学稳定性能。一般塑料对酸碱等化学药品均有良好的耐腐蚀能力。

(4) 减摩、耐磨性能好。大多数塑料具有优良的减摩、耐磨和自润滑特性。许多工程塑料制造的耐摩擦零件就是利用塑料的这些特性，在耐磨塑料中加入某些固体润滑剂和填料时，可降低其摩擦系数或进一步提高其耐磨性能。

(5) 优良的加工性能。塑料可采用多种加工工艺塑制成各种形状、厚薄的塑料制品，如薄膜、板材、管材、门帘等，尤其是易加工成断面较复杂的异形板材和管材，有利于机械化规模生产。

(6) 出色的装饰性。通过现代先进的加工技术（如着色、印刷、压花、电镀等）可制得具有优异的装饰性能的各种塑料制品，其纹理和质感可模仿天然材料（如大理石、木纹等），图像异常逼真。

(7) 透光及防护性能。多数塑料都可以作为透明或半透明制品，其中聚苯乙烯和丙烯酸酯类塑料像玻璃一样透明。

(8) 减振、消音性能优良。某些塑料柔韧而富有弹性，当它受到外界频繁的机械冲击和振动时，内部产生黏性内耗，将机械能转变成热能，因此，工程上用做减振消音材料。

(9) 节能效果显著。建筑塑料在生产和使用两方面均显示出其明显的节能效益，如生产聚氯乙烯（PVC）的能耗仅为钢材的 1/4、铜材的 1/8，采暖地区采用塑料窗代替普通钢窗，可节约采暖能耗 30%～40%。

然而，塑料也有不足之处。例如，耐热性比金属等材料差，一般塑料仅能在 100℃ 以下温度使用，少数在 200℃ 左右使用；塑料的热膨胀系数要比金属大 3～10 倍，容易受温度变化而影响尺寸的稳定性；塑料的弹性模量较小，只有钢材的 1/10～1/20，在载荷作用下，塑料会缓慢地产生黏性流动或变形，即蠕变现象；建筑防火性差，有些塑料不仅可燃，燃烧时还会产生大量的烟雾，甚至产生有毒气体；此外，塑料在大气、阳光、长期的压力或某些介质作用下会发生老化，使性能变坏等。随着塑料工业的发展和塑料材料研究工作的深入，这些缺点正被逐渐克服，性能优异的新颖塑料和各种塑料复合材料正不断涌现。

10.2.3　塑料在建筑工程中的应用

塑料在土木工程的各个领域均有广泛的应用，建筑塑料大部分是用于非结构材料，只有小部分用于制造承受轻荷载的结构构件，如塑料波形瓦、候车棚、储水塔罐、充气结构等。更多的是与其他材料复合使用，可以充分发挥塑料的特性，如用做电线的绝缘材料，人造板的贴面材料，有泡沫塑料夹心层的各种复合外墙板、屋面板等。

常用的建筑塑料制品主要有以下几种。

1. 塑料门窗

塑料门窗主要采用改性硬质聚氯乙烯（PVC-U）经挤出机形成各种型材。型材经过加工，组装成建筑物的门窗。塑料门窗具有耐水、耐腐蚀，气密性、水密性、绝热性、隔声性、耐燃性、尺寸稳定性、装饰好等特点，而且不需粉刷油漆，维护保养方便，同时还能显著节能，在国外已广泛应用。

2. 塑料管材

塑料管材与金属管材相比，具有质轻、不生锈、不生苔、不易积垢，管壁光滑，对流体阻力小，安装加工方便、节能等特点。近年来，塑料管材的生产与应用已得到了较大的发展，它在工程塑料制品中所占的比例较大。以塑代铁是国际上管道发展的方向，塑料管材已成为整个管道行业中不可缺少的组成部分。

3. 塑料壁纸

壁纸是当前使用较广泛的墙面装饰材料，尤其是塑料壁纸，其图案变化多样，色彩丰富多彩。通过印花、发泡等工艺，可仿制木纹、石纹、锦缎、织物，也有仿制瓷砖、普通砖等，如果处理得当，甚至能达到以假乱真的程度，为室内装饰提供了极大的便利。

4. 塑料地板

塑料地板是建筑物地面的饰面层。它可以粘贴在各种基层如水泥混凝土、木材上。地面的装饰对形成一个适宜的生活和工作环境起着重要作用。

塑料地板与传统的地面材料相比，具有装饰效果好，色彩及图案不受限制，能满足各种用途的需要，也可以模仿天然材料，十分逼真；塑料地板种类多，有适用于公共建筑的硬质地板，也有适用于住宅建筑的软性发泡的地板。能满足各种建筑物的使用要求。此外，塑料地板还具有质轻、美观、耐磨、耐腐蚀、防潮、防火、吸声、绝热、有弹性、施工简便、易于清洗与保养等特点，使用较为广泛。

5. 玻璃钢

玻璃钢（简称GRP）又称为玻璃纤维增强材料，它是以玻璃纤维及其制品为增强材料，以合成树脂为胶黏剂，加入多种辅助材料，经过一定的成型工艺制作而成的复合材料。常用玻璃钢的种类有环氧玻璃钢、酚醛玻璃钢、呋喃玻璃钢和聚酯玻璃钢等。玻璃钢具有质轻、强度高、装饰好、耐水、耐化学腐蚀、耐高温、电绝缘性好等优点，广泛应用于建筑工程中，常见的玻璃钢建筑制品主要有耐酸玻璃钢管、玻璃钢波形瓦、玻璃钢采光罩、玻璃钢卫生洁具、玻璃钢盒子卫生间等。

6. 其他塑料制品

（1）塑料饰面板。可分为硬质、半硬质与软质。表面可印木纹、石纹和各种图案，可以粘贴装饰纸、塑料薄膜、玻璃纤维布和铝箔，也可制成花点、凹凸图案和不同立体造型；当原料中掺入萤光颜料，能制成萤光塑料板。此类板材具有质轻、绝热、吸声、耐水、装饰好等特点，适用于做内墙或吊顶的装饰材料。

（2）塑料薄膜。耐水、耐腐蚀、伸长率大，可以印花，并能与胶合板、纤维板、石膏板、纸张、玻璃纤维布等黏结、复合。塑料薄膜除用做室内装饰材料外，还可做防水材料、混凝土施工养护等。

10.3 胶 黏 剂

胶黏剂是一种具有良好黏结性能，能将两个相同或不同的材料黏结在一起的材料。黏结是通过物理或化学作用实现的，形成的薄膜在被黏材料之间起到应力传递的作用，是一种不同于铆接、螺纹连接和焊接的一种新型连接方法。这种连接方法有工艺简单、省工省料、接缝处应力分布均匀、密封和耐腐蚀等优点。

随着合成化学工业的发展，胶黏剂的品种和性能获得了很大发展，胶黏剂已成为现代建筑材料的重要组成部分，广泛地应用于施工、装饰、密封和结构黏结等领域。

10.3.1 胶黏剂的组成

胶黏剂通常是由主体材料和辅助材料配制而成。主体材料主要指黏料（又称基料），它是胶黏剂中起黏结作用并赋予胶层一定机械强度的物质，对胶黏剂的胶接性能起决定作用。合成胶黏剂的黏料，既可用合成树脂、沥青、水玻璃、合成橡胶，也可采用它们的共聚体和机械混合物。用于胶接结构受力部位的胶黏剂以热固性树脂为主，用于非受力部位和变形较大部位的胶黏剂以热塑性树脂和橡胶为主。

辅助材料是胶黏剂中用以完善主体材料的性能而加入的物质，如常用的固化剂、增塑剂、填料、稀释剂、催化剂等。固化剂能使基本黏合物质形成网状或体型结构，增加胶层的内聚强度，常用的固化剂有胺类、酸酐类、高分子类和硫磺类等；加入填料可改善胶黏剂的性能（如提高强度、降低收缩性，提高耐热性等），常用填料有金属及其氧化物粉末、水泥及木棉、玻璃等；为了改善工艺性（降低黏度）和延长使用期，常加入稀释剂，常用稀释剂有环氧丙烷、丙酮等。此外还有防老化剂、催化剂等。

10.3.2 建筑常用的胶黏剂

1. 热固性树脂胶黏剂

（1）环氧树脂胶黏剂。环氧树脂胶黏剂是由环氧树脂、硬化剂、增塑剂、稀释剂和填料等组成，能够有效地解决新旧砂浆、混凝土层之间的界面黏结问题，对金属、木材、玻璃、橡胶、皮革等也有很强的黏附力，是目前应用最多的胶黏剂，有"万能胶"之称。

（2）不饱和聚酯树脂胶黏剂。不饱和聚酯树脂胶黏剂主要用于制造玻璃钢，也可黏结陶瓷、玻璃钢、金属、木材、人造大理石和混凝土。不饱和聚酯树脂胶黏剂的接缝耐久性和环境适应性较好，并有一定的强度。

（3）酚醛树脂胶黏剂。酚醛树脂胶黏剂属热固型高分子胶黏剂，它具有很好的黏附性能、耐热性、耐水性好。缺点是胶层较脆，只能用来胶接木材、泡沫塑料，经改性后可用于金属、木材、塑料等材料的黏结。

（4）丙烯酸酯胶黏剂。丙烯酸酯胶黏剂是以丙烯酸醋树脂为基体配以合适的溶剂而成的胶黏剂，分为热塑性和热固性两大类。它具有黏结强度高，成膜性好，能在室温上快速固化，抗腐蚀性、耐老化性能优良的特点。可用于胶接木材、纸张、皮革、玻璃、陶瓷、有机玻璃、金属等。常见的 501 胶、502 胶即属热固性丙烯酸酯类胶黏剂。

2. 热塑性合成树脂胶黏剂

(1) 聚酯酸乙烯胶黏剂。聚酯酸乙烯乳液（俗称"白乳胶"）由醋酸乙烯单体、水、分散剂、引发剂以及其他辅助材料经乳液聚合而得。是一种使用方便、价格便宜、应用普遍的非结构胶黏剂。它对于各种极性材料有较好的黏附力，以黏结各种非金属材料为主，如玻璃、陶瓷、混凝土、纤维织物和木材。常温固化速度较快，且早期黏合强度较高。可单独使用，也可掺入水泥等作复合胶使用。但其耐热性、耐水性及对溶剂作用的稳定性均较差，且有较大的徐变，因此一般只能作为室温下工作的非结构胶，如粘贴塑料墙纸、聚苯乙烯或软质聚氯乙烯塑料板以及塑料地板等。

(2) 聚乙烯醇胶黏剂。聚乙烯醇由醋酸乙烯酯水解而得，是一种水溶液聚合物。这种胶黏剂适合胶接木材、纸张、织物等。其耐热性、耐水性和耐老化性很差，所以一般与热固性胶结剂一同使用。

(3) 聚乙烯缩醛胶黏剂。聚乙烯醇在催化剂存在下同醛类反应，生成聚乙烯醇缩醛。市面上常见的 107 胶、801 胶等均属聚乙烯醇缩甲醛胶黏剂。107 胶在水中的溶解度很高，成本低，现已成为建筑装修工程上常用的胶黏剂。如用来粘贴塑料壁纸、墙布、瓷砖等，在水泥砂浆中掺入少量 107 胶，能提高砂浆的黏结性、抗冻性、抗裂性、抗渗性、耐磨性和减少砂浆的收缩，也可以配制成地面涂料。

3. 合成橡胶胶黏剂

(1) 氯丁橡胶胶黏剂。氯丁橡胶胶黏剂是目前橡胶胶黏剂中广泛应用的溶液型胶。它是由氯丁橡胶、氧化镁、防老化剂、抗氧剂及填料等混炼后溶于溶剂而成。这种胶黏剂对水、油、弱酸、弱碱、脂肪烃和醇类都有良好的抵抗性，可在 -50～80℃下工作，具有较高的初黏力和内聚强度。但有徐变性，易老化。多用于结构黏结或不同材料的黏结。为改善性能可掺入油溶性酚醛树脂，配成氯丁酚醛胶，它可在室温下固化，适于黏结包括钢、铝、铜、陶瓷、水泥制品、塑料和硬质纤维板等多种金属和非金属材料。工程上常用在水泥砂浆墙面或地面上粘贴塑料或橡胶制品。

(2) 丁腈橡胶。丁腈橡胶是丁二烯和丙烯腈的共聚产物。丁腈橡胶胶黏剂主要用于橡胶制品，以及橡胶与金属、织物、木材的黏结。它的最大特点是耐油性能好，抗剥离强度高，接头对脂肪烃和非氧化性酸有良好的抵抗性，加上橡胶的高弹性，所以更适于柔软的或热膨胀系数相差悬殊的材料之间的黏结，如黏合聚氯乙烯板材、聚氯乙烯泡沫塑料等。为获得更大的强度和弹性，可将丁腈橡胶与其他树脂混合。

复 习 思 考 题

1. 高分子化合物有哪些特征？这些特征与高分子化合物的性质有何联系？

2. 与传统材料比，建筑塑料有哪些特性？简述建筑塑料的主要用途。

3. 试述塑料的组成成分。它们各起什么作用？

4. 什么是热塑性树脂？什么是热固性树脂？两者性质上主要不同之点有哪些？

5. 聚合树脂都是热塑性的，而缩合树脂则有热固性的也有热塑性的，这是什么缘故？

6. 塑料地面材料的基本要求有哪些？有哪些常用塑料地面材料？

7. 简述胶黏剂的组成成分。建筑工程中对胶黏剂有哪些基本要求？如何选用建筑胶黏剂？

8. 建筑胶黏剂的种类有哪些？试举两种建筑常用胶黏剂，并说明它们的特性与用途。

第11章 绝热材料与吸声材料

内容概述：本章主要介绍了绝热与吸声材料的基本原理、性能、影响因素及常用的类型等；同时，简要说明了目前在工程中应用的新型绝热材料与吸声材料。

学习目标：本章要求学生掌握绝热与吸声材料的基本原理和影响因素，理解常用的绝热材料与吸声材料的主要品种、技术指标等，了解各种绝热材料与吸声材料的应用和发展。

11.1 绝 热 材 料

绝热材料是指用于建筑围护或热工设备、阻抗热流传递的材料或者材料复合体，既包括保温材料，也包括保冷材料。绝热材料一方面满足了建筑空间或热工设备的热环境，另一方面在建筑中合理地采用绝热材料，能提高建筑物的使用性能，减少热损失，节约能源，降低造价。由于在建筑工程中，合理地使用绝热材料具有重要意义，因此越来越受到人们的重视，根据相关统计，绝热良好的建筑，其能源消耗可节省 $25\% \sim 50\%$。

11.1.1 绝热材料的基本原理、特点和要求

自然界中的每一个传热过程，几乎同时包括导热、对流、热辐射三种传热方式。如结构外墙的传热过程，主要是靠导热，但常用的建筑材料内部都存在少量的孔隙，在孔隙内部除存在气体的导热外，同时还有对流和热辐射。根据其绝热机理的不同，绝热材料大致可以分为多孔型、纤维型和反射型三种类型。

绝热材料的优劣，主要由材料热传导性能的高低所决定。材料的热传导愈难（即导热系数愈小），其绝热性能便愈好。一般地说，绝热材料的共同特点是轻质、疏松，呈多孔状或纤维状，以其内部不流动的空气来阻隔热的传导。

绝热材料有以下要求：导热性低 [导热系数小于 $0.23W/(m \cdot K)$]，表观密度小（不大于 $600kg/m^3$），有一定的强度（块状材料抗压强度大于 $0.3MPa$）。导热系数是绝热材料中最重要最基本的热物理指标。常用建筑材料的导热系数参见表 11.1。

表 11.1　　　　　　　　常用建筑材料导热系数

材　料	导热系数 $[W/(m \cdot K)]$	材　料	导热系数 $[W/(m \cdot K)]$	材　料	导热系数 $[W/(m \cdot K)]$
铁	50	软木	0.13	普通烧结砖	0.55
不锈钢	17	有机玻璃	0.18	普通混凝土	1.80
铜	180	刚性 PVC	0.17	膨胀珍珠岩	0.04
水	0.58	冰	2.3	空气	0.029

11.1.2 绝热材料的基本性能及影响因素

11.1.2.1 绝热材料的基本性能

（1）导热系数。一般建筑材料的导热系数（λ）介于 $0.035\sim3.49\text{W}/(\text{m}\cdot\text{K})$ 之间，λ 值越小说明该材料越不易导热，绝热效果越好。一般把导热系数值小于 $0.23\text{W}/(\text{m}\cdot\text{K})$ 的材料叫做绝热材料。值得注意的是，即便是使用同一种材料，其导热系数也并不是常数，它与材料本身的湿度和温度等其他因素有关。

（2）温度稳定性。温度对各类绝热材料导热系数均有直接影响，温度提高，材料导热系数上升。材料在受热作用下保持其原有性能不变的能力，称为绝热材料的温度稳定性。通常用其不致丧失绝热性能的极限温度来表示。

（3）吸湿性。绝热材料从潮湿环境中吸收水分的能力称为吸湿性。所有保温材料都具有多孔结构，容易吸湿，当含湿率大于 $5\%\sim10\%$，材料吸湿后水分占据了原来被空气充满的部分气孔空间，引起其有效导热系数明显升高。大多数绝热材料都具有一定的吸水、吸湿能力，故在实际使用时，需在材料表层加防水层或隔气层。

（4）强度。由于绝热材料含有大量孔隙，故其强度一般不大，因此在围护结构中，经常把绝热材料层与承重结构材料层复合使用。

11.1.2.2 材料绝热性能的影响因素

导热系数是评定建筑材料保温绝热性能好坏的主要指标，影响材料导热系数的主要因素有以下几个。

（1）材料的性质。不同材料的导热系数不同。由表 11.1 知，金属导热系数值最大，非金属次之，液体较小。

（2）表观密度。材料中由于固体物质的导热能力比空气大得多，故材料的表观密度较小时，其导热系数也较小。

（3）孔隙特征。材料的导热系数不仅与孔隙率有关，而且还取决于孔隙的大小和特征。在孔隙率相同的条件下，孔隙尺寸越大，导热系数就越大；材料内部孔隙互相连通比孔隙封闭导热性要高。

（4）湿度。材料吸湿受潮后，其导热系数增大，此现象在多孔材料中最为明显。这是由于材料的孔隙中有水或水蒸气后，孔隙中水汽的扩散和水分子将起主要传热作用，而水的导热系数［$\lambda=0.58\text{W}/(\text{m}\cdot\text{K})$］比空气的导热系数［$\lambda=0.029\text{W}/(\text{m}\cdot\text{K})$］大 20 倍左右。如果孔隙中的水结成了冰，冰的导热系数更大，其结果使材料的导热系数进一步增大。因此为了保证绝热材料功能的正常发挥，绝热材料在使用过程中必须防潮。

11.1.3 常用的绝热材料及其制成品

常用的绝热材料按其成分可分为有机和无机两大类。无机绝热材料是用矿物质原料（呈松散状、纤维状或多孔状的材料）加工成板、卷材或套管等形式的制品；有机保温材料是用有机原料（如各种树脂、软木、木丝、刨花等）制成。一般说来，无机绝热材料的表观密度大，不易腐蚀，耐高温；而有机绝热材料吸湿性大，不耐久，不耐高温，只能用于低温绝热。

11.1.3.1　无机绝热材料

1. 无机多孔类

(1) 硅藻土。硅藻土是一种无定型的硅质沉积岩。它是由远古时期生长在湖海中的微生物——硅藻虫、放射虫等在生长过程中所分泌出的硅质细胞壁，在生物死亡后保留下来的遗骸，经沉积、胶结而成。硅藻土孔隙率为 $50\% \sim 80\%$，导热系数为 $0.060W/(m \cdot K)$，其具有很好的绝热性能，最高使用温度可达 $900℃$，可用做填充料或制成制品。砖藻土在我国分布面积广，储量丰富，开发前景广阔。

(2) 微孔硅酸钙。微孔硅酸钙是以含 SiO_2 的酸性材料与含 CaO 的碱性材料进行水化合成而得到的一种水化硅酸钙质材料。其制品有两类——托贝莫来石和硬硅钙石，前者的主要水化产物微孔硅酸钙，导热系数为 $0.047W/(m \cdot K)$，最高使用温度约为 $650℃$；后者的主要水化产物微孔硅酸钙，导热系数为 $0.056W/(m \cdot K)$，最高使用温度可达 $1000℃$。

(3) 泡沫玻璃。泡沫玻璃是以天然玻璃或人工玻璃碎料为主要原料制成的一种内部多孔的块状绝热材料。其内部含有大量均匀、细小、互不连通、直径为 $0.1 \sim 5mm$ 的微孔，孔隙率达 $80\% \sim 95\%$，表观密度为 $150 \sim 600kg/m^3$，导热系数为 $0.04 \sim 0.05W/(m \cdot K)$，抗压强度为 $0.8 \sim 15MPa$。因此，它具有良好的防水抗渗性、不透气性、耐热性、抗冻性、防火性和耐腐蚀性，是一种性能优越的轻质高强建筑材料和装饰材料。

(4) 加气混凝土。加气混凝土是一类通过加气剂引入气泡，经搅拌、浇筑、发泡、切割及蒸压养护等工序生产而成的保温绝热性能良好的硅钙合成轻质材料。由于加气混凝土的表观密度小（$400 \sim 700kg/m^3$），导热系数为 $0.10 \sim 0.30W/(m \cdot K)$ 比黏土砖小几倍，因而 $24cm$ 厚的加气混凝土墙体，其保温绝热效果优于 $37cm$ 厚的砖墙，因此加气混凝土可广泛用于工业和民用建筑。

(5) 泡沫混凝土。泡沫混凝土是由水泥浆、泡沫剂（如松香）拌和后养护而成的一种多孔、轻质、保温、绝热材料。另外为了利用工业废料，也可用粉煤灰、石灰、石膏和泡沫剂制成粉煤灰泡沫混凝土。泡沫混凝土的表观密度约为 $300 \sim 500kg/m^3$，导热系数约为 $0.082 \sim 0.186W/(m \cdot K)$。采用泡沫混凝土作为建筑物墙体及屋面材料，具有良好的节能效果。

2. 无机散粒状类

散粒状类绝热材料主要有膨胀蛭石和膨胀珍珠岩。

(1) 膨胀蛭石及其制品。膨胀蛭石是由天然矿物——蛭石，经高温（$850 \sim 1000℃$）焙烧而成，其体积可迅速膨胀 $8 \sim 20$ 倍，具有很强的保温隔热性能。膨胀蛭石的主要特性是：表观密度为 $80 \sim 200kg/m^3$，导热系数为 $0.046 \sim 0.070W/(m \cdot K)$，可在 $1000 \sim 1100℃$ 温度下使用。其化学性质稳定，有无毒无味等特点，但吸水性较大。因此，常用于墙壁、楼板、屋面等夹层中，作为绝热、隔声之用。但使用时应注意防潮，以免吸水后影响绝热性能。

膨胀蛭石绝热制品是以膨胀蛭石为主要原料，水泥、水玻璃等胶凝材料配合，浇制成板，用于墙、楼板和屋面板等构件。

(2) 膨胀珍珠岩及其制品。膨胀珍珠岩是由天然珍珠岩煅烧而成，是一种高效能的绝热材料。外观呈白色，微孔结构，散粒状构造。微孔尺寸为 100nm～10μm 级，颗粒尺寸为 0.15～2.50mm，常温导热系数为 0.042～0.076W/(m·K)，安全使用温度－200～1000℃，化学性质稳定，是一种优质绝热材料。其具有吸湿小、无毒、不燃、抗菌、耐腐、施工方便等特点。建筑上广泛用做围护结构、低温及超低温保温设备、热工设备等的绝热保温材料，也可用于制作吸声制品。

膨胀珍珠岩绝热制品是以膨胀珍珠岩为主要原材料，配合适量胶凝材料（水泥、水玻璃、磷酸盐、沥青、合成高分子树脂等）经拌和、成型、养护（或干燥、固化）而成的有一定形状的砖、板和管等制品。这类产品由于资源丰富、生产简便、耐高温、耐酸碱、导热系数小，被广泛应用于围护结构及管道保温。

3. 无机纤维状类

无机纤维状类绝热材料以玻璃棉、矿棉、石棉为主，制成板或筒状制品。由于具有绝热、不燃、吸音、耐久、便宜、施工简便等优点，而广泛用于住宅建筑和热工设备的保温。

（1）矿棉及制品。矿棉一般包括矿渣棉和岩石棉。矿渣棉的原材料是一些冶金工业废渣，主要是钢铁工业的高炉矿渣，也有的使用铜矿渣、铅矿渣、磷矿渣等其他矿渣；岩石棉的主要原料是天然岩石，经熔融后吹制而成。

矿棉及制品由于轻质、不燃、绝热和电绝缘等性能，广泛用做建筑物的墙壁、屋顶、顶棚、工业锅炉等处的保温、隔热和吸声材料。

（2）玻璃棉及制品。玻璃棉是用硅砂、石灰石等原料经熔融后制成的一种纤维状材料。玻璃棉具有导热系数小、密度小、耐腐蚀、耐火性好的特性，其制成品沥青玻璃棉毡、板及酚醛玻璃棉毡和板，使用方便，被广泛应用在温度较低的热力设备和房屋建筑中。

11.1.3.2　有机绝热材料

1. 泡沫塑料

泡沫塑料是以各种树脂为基料，加入一定剂量的发泡剂、催化剂、稳定剂等辅助材料，经加热发泡制成的一种具有轻质、保温、绝热、吸声、防震性能的材料。目前我国生产的有聚氨酯泡沫塑料，其表观密度为 30～65kg/m³，导热系数为 0.035～0.042W/(m·K)，安全使用温度为－60℃～120℃；聚苯乙烯泡沫塑料，其表观密度为 30～60kg/m³，导热系数为 0.016～0.047W/(m·K)，最高使用温度约 75℃。该类绝热材料可用于屋面、墙面、冷藏库隔热，常填充在围护结构中或夹在两层其他材料中间做成夹芯板。

2. 植物纤维板

植物纤维板是用木材、稻草、麦秸、亚麻、芦苇等为原料经加工而成的一种绝热材料。其表观密度约为 200～1200kg/m³，导热系数为 0.058～0.307W/(m·K)，广泛用于民用、商用建筑、工业厂和体育馆、影剧院、医院、学校等公共建筑的墙体等。

3. 绝热涂料（新型绝热材料）

我国目前已成功研制出集高效、薄层、隔热节能、装饰、防水于一体的新型太空反射绝热涂料，其导热系数为 0.030W/(m·K)。该涂料选用了耐热、耐候性、耐腐蚀和防水性能的硅丙乳液和水性氟碳乳液为成膜物质，采用极细中空陶瓷颗粒为填料，由中空陶粒多组合排列制得的涂膜构成，它对 400～1800nm 范围的近红外区和可见光的太阳热进行高反射，同时在涂膜中加入导热系数很低的空气微孔层阻断热能的传递。这样通过强化反射太阳热和对流传递的显著阻抗性，能有效地降低辐射传热和对流传热，从而降低建筑物物体表面的热平衡温度，可使屋面温度最高降低 20℃，室内温度降低 5～10℃，热反射率可达 89%，是一种优秀的新型绝热材料。

11.2　吸　声　材　料

11.2.1　吸声材料的定义

为了降低室内的混响时间，消除来回反射的那部分噪声，从而达到降低噪声效果的材料，称为吸声材料。吸声材料多为蓬松装材料，它的穿孔透气设计使它具有很好的吸声性能，吸声材料在音乐厅、影剧院、录音室、演播厅、监听室、会议室等公众场所中大量使用，从而改善声波在室内传播的质量，获得良好的音响效果。

11.2.2　吸声材料的作用机理、基本要求及影响因素

11.2.2.1　吸声材料的作用机理

声音起源于物体的振动。正在发声的振动体就是声源。声源的振动迫使邻近的空气跟着振动而形成声波，并在空气介质中向四周传播。

声音在传播过程中，其能量一部分随着距离的增大而扩散，另一部分因空气分子的吸收而减弱，这种过程对声能削弱非常有限。吸声材料的机理是材料内部有大量微小的连通的孔隙，声音沿着这些孔隙可以深入材料内部，与材料发生摩擦作用将声能转化为热能，从而达到吸声目的。

通常，松软粗糙、具有内外贯穿微孔的多孔材料吸声能力好，但反射性能差，如半穿孔吸声装饰纤维板和微孔砖、泡沫塑料、玻璃棉、矿棉等；结构紧密且坚硬光滑的材料如水磨石、大理石、混凝土、水泥粉刷墙面等，吸声性能差，反射能力强。

11.2.2.2　吸声材料的基本要求

1. 吸声系数

当声波传播到某一材料表面时，一部分声能被材料表面反射，一部分声能被材料表面吸收，另有一部分则直接穿过材料本身。评定材料吸声性能优劣的主要指标，称为吸声系数 α，即

$$\alpha = \frac{E}{E_0} \tag{11.1}$$

式中　α——材料的吸声系数；

E——一定面积上被材料吸收的声能；

E_0——全部入射声能。

吸声系数介于 0 与 1 之间，是度量材料吸声性能的重要指标。吸声系数数值越大，材料的吸声效果越好。

2. 声波的入射方向和频率

材料的吸声性能除与声波方向有关外，还与声波的频率有密切关系。同一材料对高、

中、低不同频率声波的吸声系数可以有很大差别，故不能按一个频率的吸声系数来评定材料的吸声性能。为此吸声系数用声音从各方向入射的吸收平均值，并须说明是对哪一频率的吸收。工程上通常将对 125Hz、250Hz、500Hz、1000Hz、2000Hz、4000Hz 六个频率。

其实任何材料都具有或多或少的吸收声能，只是吸收的大小不同而已。吸声材料就是上述六个频率的平均吸声系数大于 0.2 的材料。常用材料的吸声系数见表 11.2。

表 11.2　　　　　常用材料的吸声系数

材料分类及名称		厚度（cm）	各频率下的吸声系数						装置情况
			125	250	500	1000	2000	4000	
有机材料	软木板	2.5	0.05	0.11	0.25	0.63	0.70	0.70	贴实钉在木龙骨上，后面留5cm空气层，或留10cm空气层
	木丝板	3.0	0.10	0.36	0.62	0.53	0.71	0.90	
	木质纤维板	1.1	0.06	0.15	0.28	0.30	0.33	0.31	
	胶合板（三夹板）	0.3	0.21	0.73	0.21	0.19	0.08	0.12	
	穿孔胶合板（五夹板）	0.5	0.01	0.25	0.55	0.30	0.16	0.19	
无机材料	水泥蛭石板	4.0	—	0.14	0.46	0.78	0.50	0.60	贴实粉刷在墙上
	水泥膨胀珍珠岩板	5.0	0.16	0.46	0.64	0.48	0.56	0.56	
	水泥砂浆	1.7	0.21	0.16	0.25	0.40	0.42	0.48	
	石膏板	—	0.03	0.05	0.06	0.09	0.04	0.06	
	石膏砂浆（掺水泥玻纤）	2.2	0.24	0.12	0.09	0.30	0.32	0.83	
纤维材料	矿渣棉	3.13	0.10	0.21	0.60	0.95	0.85	0.72	贴实钉在木龙骨上，后面留5cm空气层
	玻璃棉	5.0	0.06	0.08	0.18	0.44	0.72	0.82	
	酚醛玻璃纤维板	8.0	0.25	0.55	0.80	0.92	0.98	0.95	
	穿孔纤维板	1.6	0.13	0.38	0.72	0.89	0.82	0.66	
	工业毛毡	3.0	0.10	0.28	0.55	0.60	0.60	0.56	
多孔材料	泡沫玻璃	4.4	0.11	0.32	0.52	0.44	0.52	0.33	贴实
	泡沫塑料	1.0	0.63	0.06	0.12	0.41	0.85	0.67	
	泡沫水泥	2.0	0.18	0.05	0.22	0.48	—	0.32	
	脲醛泡沫塑料	5.0	0.22	0.29	0.40	0.68	0.95	0.94	
	吸声蜂窝板	—	9.9	0.12	0.42	0.86	0.48	0.30	

11.2.3　影响吸声材料吸声效果的因素

影响材料吸声性能的主要因素如下。

（1）材料的表观密度。材料的孔隙率减小时，其表观密度增大，可提高对低频声波的吸声效果，而对高频吸声效果则有所降低。

（2）材料的厚度。一般情况下增加多孔材料的厚度，对低频声波的吸声效果有所提高，而对高频声波的影响并不显著，随意增加材料的厚度并不能提高材料的吸声能力，而是通过计算得到一个经济有效的厚度。

（3）材料的孔隙特征。材料的孔隙特征对吸声效果影响最大。孔隙越多、越细小，吸声效果越好。如果孔隙尺寸太大，则效果较差；如果孔隙大部分为单独且封闭的气泡（如聚氯乙烯泡沫塑料），则因声波不能进入，就不属多孔性吸声材料。如果多孔材料表面涂刷油漆或材料吸湿时，因材料表面的孔隙被水分或涂料所堵塞，会极大降低材料的吸声效果。

（4）材料背后的空气层。相当于增大了材料的有效厚度，因此它的吸声性能一般来说随空气层厚度增加而提高，特别是改善对低频的吸收，它比增加材料厚度来提高低频的吸声效果更有效。通常将吸声材料的固定在木龙骨上，安装在离墙一定距离处，调整材料离墙面的安装距离（即空气层厚度）为 1/4 波长的奇数倍时，可获得最好的吸声效果。

（5）湿度和温度的影响。温度对材料的吸声性能影响并不明显，当材料吸湿时容易使孔口充水或孳生微生物，从而堵塞孔洞，使材料的吸声性能降低。温度的影响主要改变入射波的波长，使材料的吸声系数产生相应的改变。

11.2.4　常用吸声材料

1. 多孔吸声材料

多孔吸声材料构造特征使之具有大量的弹性泡沫塑料的封闭孔，声波进入材料内部互相贯通的孔隙，空气分子受到摩擦和黏滞阻力，使空气产生振动，从而使声能转化为机械能，最后因摩擦而转变为热能被吸收。当今市场上出售的多孔吸声材料品种很多，如：超细玻璃棉、矿棉、海草、麻绒、软质木纤维板、木丝板、微孔吸声砖、矿渣膨胀珍珠吸声砖、泡沫玻璃等。

2. 薄板振动吸声结构

这种结构是将薄木板或胶合板、石膏板、金属板、硬质纤维板、石棉水泥板等周边固定在墙或顶棚的龙骨上，并在背后保留一定的空气层，即构成薄板振动吸声结构。此种吸声结构是在声波作用下发生振动，由于板内部和龙骨间出现摩擦损耗，使声能转变为机械振动，达到吸声作用。由于低频声波更容易使薄板激起振动，所以具有低频吸声特性。

建筑中常用的薄板振动吸声结构的共振频率约在 80～300Hz 之间，在此共振频率附近吸声系数约为 0.2～0.5。

3. 共振吸声结构

共振吸声结构的形状为封闭的大的空腔、小的开口，很像个瓶子。当受到外力激荡时，瓶腔内空气会产生一定频率的振动，这就是共振吸声器，在其共振频率附近，处于颈部的空气分子在声波的作用下像活塞一样进行往复运动，因摩擦而消耗声能，起到吸声效果。如果此时在腔口蒙一层细布或疏松的棉絮，可以进一步加宽和提高共振率范围的吸声量。共振吸声结构在工程建筑中应用广泛。

4. 穿孔板组合共振吸声结构

该结构将穿孔的胶合板、硬质纤维板、石膏板、石棉水泥板、铝合金板、薄钢板等，周边固定在龙骨上，并在背后设置空气层而构成。穿孔板组合共振吸声结构类似许多单独共振吸声器的并联，目的是扩宽吸声频带的作用，特别对中频声波的吸声效果更好。直接影响吸声结构的吸声性能的因素有：穿孔板厚度、穿孔率、孔径、背后空气层厚度以及是否填充多孔吸声材料等。此种形式在建筑上使用得比较普遍。

5. 悬挂空间吸声体

这种吸声体是一种悬挂于室内的吸声构造，它有较宽的吸声频带，是噪声控制技术中一项被广泛采用的措施，在工业与民用建筑中均有大量的应用。将吸声材料制成平板形、球形、圆锥形、棱锥形等多种形式不仅增加了有效的吸声面积，也增加了声波的衍射作用，可以显著地提高实际吸声效果。

6. 帘幕吸声体

帘幕吸声体是用具有通气性能的纺织品，安装在离墙面或窗洞一定距离处，背后设置空气层。这种吸声体对中、高频都有一定的吸声效果。帘幕的吸声效果与材料种类和褶裥等有关。帘幕吸声体便于拉开和闭合，兼具装饰作用，因此多用于影院、会议室、体育馆等各种建筑物。

7. 柔性吸声材料

柔性吸声材料是具有一定弹性和密闭气泡的材料（如聚氨酯泡沫塑料）。声波引起的空气振动只能相应地引起材料自身振动，而不易直接传递至材料内部，在整个振动过程中克服材料内部的摩擦而消耗了声能，引起声波衰减。此种材料的吸声特性是在一定的频率范围内出现一个或多个吸收频率。

复 习 思 考 题

1. 什么是绝热材料？绝热材料有哪些基本要求？
2. 影响材料导热系数的主要因素有哪些？
3. 为什么在使用绝热材料时要防潮？
4. 什么是吸声材料？吸声系数有何物理意义？
5. 影响吸声的主要因素有哪些？
6. 绝热材料在选用时有哪些方面的性能要求？应考虑的问题是什么？
7. 绝热材料与吸声材料在孔隙结构上有何区别？为什么？

第12章 主要建筑材料试验

内容概述：建筑材料试验是本课程重要的实践性教学环节。本章内容按照高等职业教育教学大纲的要求进行选材，包括建筑材料的基本性质试验，水泥试验，混凝土用砂、石试验，普通混凝土试验，建筑砂浆试验，砌墙砖试验，石油沥青试验，弹（塑）性体改性沥青防水卷材试验和钢筋性能试验。

学习目标：通过试验，使学生对主要建筑材料的性状有进一步的了解，巩固和加深理解所学的理论知识，了解常用的试验仪器，掌握常用建筑材料性能的检验和评定；掌握各技术指标的检测方法、检测仪器的操作、试验数据的处理与报告的填写；培养学生严谨认真的科学态度，提高学生分析和解决问题的能力。了解本章介绍之外的其他的检测方法和新仪器、新设备的发展方向，了解试验所使用的国家标准。

12.1 建筑材料的基本性质试验

12.1.1 密度试验

1. 试验目的

测定材料的密度。

2. 主要仪器设备

密度瓶（图12.1，又名李氏瓶）、筛子（900孔/cm²）、量筒、烘箱、干燥器、天平（500g，感量0.01g）、温度计、盛水容器、漏斗和小勺等。

3. 试验步骤

（1）试样制备将试样研磨后，用筛子筛分，除去筛余物，放在105～110℃的烘箱中烘至恒量，再放入干燥器中冷却至室温备用。

（2）在密度瓶中注入与试样不发生化学反应的液体至突颈下部刻度线处。将李氏瓶放在盛水的容器中，调整水温到20℃，记录刻度示值 V_0。

（3）用天平称取60～90g试样，精确到0.01g。用小勺和漏斗小心地将试样徐徐送入密度瓶中，直至液面上升到20mL刻度左右为止。再称剩余的试样质量，计算出装入瓶内的试样质量 m。

（4）用瓶内的液体将粘附在瓶颈和瓶壁上的试样洗入瓶内液体中，转动密度瓶，使液体中的气泡排出，记下液面刻度 V_1，根据前后两次液面读数，算出液面上升的体积，即为瓶内试样所占的绝对体积 $V(V = V_1 - V_0)$。

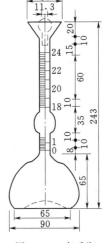

图12.1 李氏瓶
（单位：mm）

注意：试验过程中始终保持盛水容器中的水温为 20℃。

4. 试验数据计算与评定

按式（12.1）计算材料密度 ρ：

$$\rho = \frac{m}{V} \tag{12.1}$$

式中　ρ——材料的密度，g/cm^3（精确至 $0.01g/cm^3$）；

　　　m——装入瓶中试样的质量，g；

　　　V——装入瓶中试样的绝对体积，cm^3。

密度试验用两个试样平行进行，以其计算结果的算术平均值作为最后结果。但两个试验结果之差不应大于 $0.02g/cm^3$，否则应重新测试。

12.1.2　表观密度试验

1. 试验目的

测定材料的表观密度，评定材料的质量。

2. 主要仪器设备

游标卡尺（精度 0.1mm）、天平（感量 0.1g）、烘箱、干燥器、漏斗、直尺等。

3. 试验步骤

（1）将形状规则的欲测材料试件放入 105～110℃ 烘箱中烘至恒量，取出置入干燥器中，冷却至室温备用。

（2）用直尺或游标卡尺量出试件尺寸，并计算出试件的体积 V_0，再用天平称试样质量 m。

注意：①当试件为平行六面体时，则应在每边的上、中、下 3 个位置分别测量，以 3 次所测的算术平均值作为试件尺寸计算体积，当试件为圆柱体时，按两个互相垂直的方向测其直径，各方向上、中、下各测量 3 次，以 6 次数据的平均值作为试件直径，再在互相垂直的两直径与圆周交界的四点上量其高度，取 4 次测量的平均值作为试件的高度；②对形状不规则的材料，可用排液法或水中称重法测量其体积 V_0，但在测定前，待测材料表面应用薄蜡层密封，以免测液进入材料内部开口孔隙而影响测定值。

4. 试验数据计算与评定

按式（12.2）计算材料的表观密度：

$$\rho_0 = \frac{m}{V_0} \tag{12.2}$$

式中　ρ_0——材料的表观密度，g/cm^3；

　　　m——材料的质量，g；

　　　V_0——试件的体积，（包括材料在绝对密实状态下的体积加上开口孔隙体积再加上闭口孔隙体积），cm^3。

以 5 次试验结果的平均值为最后结果，精确至 $10kg/m^3$。

12.1.3　堆积密度试验

1. 试验目的

测定材料的堆积密度，计算材料的空隙率。

2. 主要仪器设备

标准容器（容积为 1L）、天平（感量 1g）、烘箱、干燥器、漏斗、料勺、直尺等。

3. 试验步骤

（1）试样制备。将试样放在 105～110℃ 的烘箱中，烘至恒量，再放入干燥器中冷却至室温。

（2）松散堆积密度的测定。称标准容器的质量 m_1，用标准漏斗和料勺将试样徐徐地装入容器内，漏斗出料口距容器口为 5cm，待容器顶上形成锥形，将多余的材料用直尺沿容器口中心线向两个相反方向刮平，称容器和材料总质量 m_2。

（3）紧密堆积密度的测定。称标准容器的质量 m_1，将试样分两层装入标准容器内，装完一层后，在筒底垫放一根 $\phi 10mm$ 的钢筋，用手扶住标准容器，左右交替颠击地面各 25 下；再装第二层，将垫着的钢筋转动 90°，同法颠击；再加料至试样超出容器口，用直尺沿容器中心线向两个相反方向刮平，称其总质量 m_2。

注意：每次称量时，精确至 1g。

4. 试验数据计算与评定

堆积密度按式（12.3）计算：

$$\rho'_0 = \frac{m_2 - m_1}{V'_0} \tag{12.3}$$

式中　m_1——标准容器的质量，kg；

m_2——容器和试样总质量，kg；

ρ'_0——材料的堆积密度，kg/m³；

V'_0——容器的容积，m³。

以两次试验结果的算术平均值作为堆积密度测定的结果。

注：容量筒的校准方法是：将温度为（20±2）℃ 的饮用水装满容量筒，用一块玻璃沿筒推移，使其紧贴水面。擦干筒外壁水分，然后称出其重量，精确至 1g。容量筒容积按式（12.4）计算，精确至 1mL。

$$V = G_1 - G_2 \tag{12.4}$$

式中　V——容量筒容积，mL；

G_1——容量筒、玻璃板和水的总质量，g；

G_2——容量筒和玻璃板的总质量，g。

12.1.4　吸水率试验

1. 试验目的

测定材料的吸水率，评定材料的质量。

2. 主要仪器设备

天平（称量 1000g，感量 0.1g）、水槽、烘箱等。

3. 试验步骤

（1）将试件置于温度不超过 110℃ 的烘箱中烘至恒量，称其质量 m。

（2）将试件放入水槽中，并在槽底放置玻璃垫条，使试样底面与槽底不至紧贴，使水能自由进入。

（3）在水槽中加水至试件高度的 1/4 处，2h 后加水至试件高度的 1/2 处，隔 2h 再加水至试件高度的 3/4 处，又隔 2h 加水至高出试件 1～2cm，再经 1d 后取出试件。

注意：这样逐次加水的目的在于使试件孔隙中的空气能够逐渐逸出。

（4）取出试件后，用拧干的湿毛巾轻轻抹去试件表面的水分（不得来回擦拭），称其质量，称量后仍放回槽中浸水。以后每隔 1 昼夜用同样方法称取试样质量，直至试件浸水至恒定质量为止（质量相差不超过 0.05g），此时称得的试件质量为 m_1。

4. 试验数据计算与评定

按式（12.5）计算质量吸水率 $W_质$ 及式（12.6）计算体积吸水率 $W_体$：

$$W_质 = \frac{m_1 - m}{m} \times 100\% \tag{12.5}$$

$$W_体 = \frac{V_1}{V_0} \times 100\% = \frac{m_1 - m}{m} \frac{\rho_0}{\rho_{H_2O}} \times 100\% = W_质 \rho_0 \tag{12.6}$$

式中　m——材料在干燥状态下的质量，g；

　　　m_1——材料在吸水饱和状态下的质量，g；

　　　V_1——材料吸水饱和状态下吸收水分的体积，cm^3；

　　　V_0——干燥材料自然状态下的体积，cm^3；

　　　ρ_0——试样的表观密度，g/cm^3；

　ρ_{H_2O}——水的密度，常温时 $\rho_{H_2O} = 1g/cm^3$。

材料的吸水率应用 3 个试样平行进行，并以 3 个试样吸水率的算术平均值作为测试结果。

12.2　水　泥　试　验

12.2.1　一般规定

12.1.1.1　取样方法

袋装水泥以同品种、同强度等级、同出厂编号的水泥 200t 为一取样单位，不足 200t 仍作为一取样单位。散装水泥以同一出厂编号的 500t 为一取样单位，取样应具有代表性，可连续取样，也可随机在 20 个以上不同部位抽取等量样品，样品总量至少 12kg。

12.1.1.2　试验条件

1. 试样制备

取得的水泥试样应充分混合均匀，分成两等份，一份进行试验另一份密封保存 3 个月，供作仲裁检验时使用。

试验前，应将水泥试样用 0.9mm 方孔筛过筛，并记录筛余量。

当试验水泥从取样至试验要持续 24h 以上时，应把它储存在基本装满和气密的容器里，该容器应不与水泥起反应。

试验用水必须是洁净的饮用水，有争议时应以蒸馏水为准。

2. 检测环境

试验室的温度应保持在（20±2）℃，相对湿度应不低于 50%；水泥试样、标准砂、拌和水及试模等仪器用具的温度应与试验室温度相同。

湿气养护箱的温度应保持在 (20±1)℃，相对湿度应不低于 90%，水泥试体养护池的水温应控制在 (20±1)℃内。

12.2.2　水泥细度测定（筛析法）

水泥细度是将水泥试样通过 80μm 方孔筛，筛分后用筛网上筛余物的质量与试样原始质量的百分数来表示水泥样品的细度。水泥细度常用检测方法有负压筛法、水筛法和干筛法。当有争议时，以负压筛法为准。

12.2.2.1　试验目的

检验水泥颗粒的粗细程度，以它作为评定水泥质量的依据之一。

12.2.2.2　主要仪器设备

（1）试验筛（图 12.2）。80μm 方孔筛，分负压筛、水筛和干筛三种。负压筛应附有透明筛盖，并与筛上口有良好的密封性。试验筛每使用 100 次后需重新标定。

（2）负压筛析仪（图 12.3）。由筛座、负压筛、负压源及吸尘器组成。筛座由转速为 (30±2) r/min 的喷气嘴、负压表、电机及机壳组成。

（3）水筛架和喷头（图 12.4）。水筛架上筛座内径 140^{+0}_{-3}mm，下部有叶轮可在水流作用时使筛座旋转。喷头直径 55mm，面上均匀分布 90 个孔，孔径 0.5～0.7mm。

（4）天平。感量应不大于 0.01g。

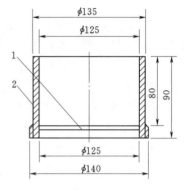

图 12.2　试验筛（单位：mm）
1—筛网；2—筛框

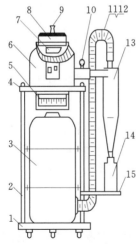

图 12.3　负压筛析仪示意图
1—底座；2—立柱；3—吸尘器；4—面板；
5—真空负压筛；6—筛析仪；7—喷嘴；
8—试验筛；9—筛盖；10—气压接头；
11—吸法软管；12—气压调节阀；
13—收尘筒；14—收集容器；
15—把座

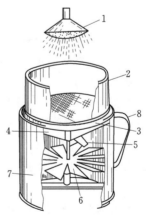

图 12.4　水筛法装置系统图
1—喷头；2—标准筛；3—旋转
托架；4—集水斗；5—出水口；
6—叶轮；7—外筒；8—把手

12. 2. 2. 3 试验步骤

1. 负压筛法

（1）仪器设备检查。置负压筛于筛座上并盖上筛盖，接通电源，调节负压至 4～6kPa，检查控制系统。

（2）筛分。称取试样 25g 置于洁净的负压筛中，盖上筛盖，开动负压筛析仪，连续筛析 2min。筛毕，称量筛余物 R_S。

注：①筛分中，如有试样附在筛壁筛盖上，应轻敲筛盖使试样下落；②筛析过程中，负压应保持在 4～6kPa 之间。

2. 水筛法

（1）仪器设备检查。检查水中有无泥砂，调整水压（0.05MPa）及水筛架的位置，使其能正常运转。喷头底面距筛网 35～70mm。

（2）筛分。称取试样 50g，置于洁净水筛中，立即用洁净淡水冲洗至大部分细粉通过后，再将水筛置于水筛架上，打开喷头连续冲洗 3min。筛毕，用少量水将筛余物冲至蒸发皿中，沉淀后，小心倒出清水，烘干后，称量筛余物 R_S。

3. 干筛法

（1）仪器检查。筛框有效直径 150mm、高 50mm，并附有筛盖、筛底。

（2）筛分。称取水泥试样 50g 倒入干筛内，用一只手执筛往复摇动，另一只手轻轻拍打，拍打速度每分钟 120 次，每 40 次向同一方向转动 60°，直至每分钟通过试样量不超过 0.03g 为止，称量筛余物 R_S。

12. 2. 2. 4 试验数据计算与评定

按式（12.7）计算水泥筛余百分率：

$$F = \frac{R_S}{m} \times 100\% \tag{12.7}$$

式中　F——水泥试样的筛余百分数；

R_S——水泥筛余物的质量，g；

m——水泥试样的质量，g。

评定被测水泥是否合格时，每个样品应称取两个试样分别筛析，取筛余平均值作为结果。若两次筛余结果绝对误差大于 0.5% 时（筛余值大于 5.0% 时可放至 1.0%），须再做一次试验，取两次相近结果的算术平均值，作为最终结果。

12. 2. 3　水泥标准稠度用水量测定

12. 2. 3. 1　试验目的及原理

通过试验测定水泥净浆达到标准稠度的需水量，作为水泥凝结时间、安定性试验的用水量标准。

水泥净浆对标准试杆（或试锥）的沉入具有一定阻力，通过试验含有不同水量的水泥净浆对试杆阻力的不同，可确定水泥净浆达到标准稠度时所需的水量。

水泥标准稠度用水量测定方法有标准法和代用法。有争议时，以标准法为准。

12. 2. 3. 2　主要仪器设备

（1）标准稠度与凝结时间测定仪（图 12.5）。由铁座、可以自由滑动的金属滑杆〔下部可旋接测定标准稠度用的试杆、试锥和试针，滑动部分的总质量为（300±1）g]、松紧螺丝、标尺和指针组成。

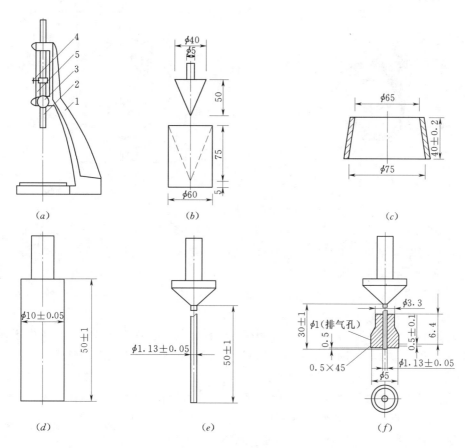

图 12.5　标准稠度与凝结时间测定仪（单位：mm）

（a）维卡仪；（b）试锥和锥模；（c）圆模；（d）标准稠度试杆；（e）初凝用试针；（f）终凝用试针

1—铁座；2—金属滑杆；3—松紧螺丝；4—指针；5—标尺

（2）圆模（图 12.5）。由耐腐蚀、有足够硬度的金属制成，每个圆模应配备一个大于圆模并且厚度不小于 2.5mm 的平板玻璃底板。

（3）水泥净浆搅拌机（图 12.6）。由搅拌锅、搅拌锅座、搅拌叶片、电机和控制系统组成。搅拌锅座可以在垂直方向升降，控制系统具有自动控制和手动控制两种功能。

（4）其他。天平（最大称量不小于 1000g，分度值不大于 1g）、量筒（最小刻度为 0.1mL，精度 1‰）等。

12.2.3.3　试验步骤

1. 标准法

（1）仪器设备检查。

1）维卡仪的金属滑杆能靠自重自由下落，不得有紧涩和晃动现象。

2）搅拌机运行正常。

3）将标准稠度试杆旋接在金属滑杆下部，调整滑杆，使试杆接触玻璃板时指针对准零点。

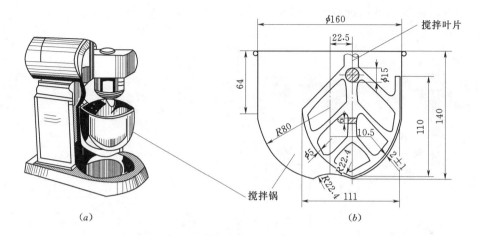

图 12.6 水泥净浆搅拌机示意图 (单位：mm)
(a) 水泥净浆搅拌机；(b) 搅拌锅与搅拌叶片

(2) 水泥净浆拌制。用湿抹布润湿水泥浆将要接触的仪器表面及用具，将拌和水 (水量按经验确定) 倒入搅拌锅中，在 5～10s 内将称好的 500g 水泥加入水中，放置在搅拌机锅座上，升至搅拌位置，启动搅拌机，低速搅 120s，停 15s，高速搅 120s，停机。

注：在搅拌机停用的 15s 中，可将叶片和锅壁上的水泥浆刮入锅内。

(3) 标准稠度用水量的测定。将拌制好的试样，装入已置于玻璃板上的圆模中，用小刀插捣并轻轻振动数次，刮去多余净浆抹平，迅速移到维卡仪上，并将其中心位于试杆下方。降低试杆使其底端与净浆表面接触，拧紧螺丝 1～2s 后，突然放松，使试杆自由沉入。在试杆停止沉入或释放试杆 30s 时记录试杆距底板间的距离。以试杆沉入净浆并距底板 (6±1) mm 的水泥净浆为标准稠度净浆。其拌和水量为该水泥的标准稠度用水量 (P)，以水泥质量的百分比计。

注：整个操作应在 1.5min 内完成。

2. 代用法 (分为调整水量法和不变水量法)

(1) 仪器设备检查。

1) 维卡仪的金属滑杆能自由滑动。

2) 将试锥旋接在金属滑杆下部，调整滑杆使锥尖接触锥模顶面时指针对准零点。

3) 搅拌机运行正常。

(2) 水泥净浆拌制。采用调整水量法，水量按经验确定；采用不变水量法，拌和水量用 142.5mL。拌制过程同标准法。

(3) 标准稠度用水量的测定。将拌制好的试样装入锥模中，用小刀插捣，轻轻振动数次，刮去多余的净浆；抹平后迅速放到维卡仪的固定位置上。将试锥降至锥尖与净浆表面接触，拧紧螺丝 1～2s 后，突然放松，使试锥自由沉入净浆。到试锥停止下沉或释放试锥 30s 时记录试锥下沉深度 (S)。

注：①整个操作应在搅拌后 1.5min 内完成；②用调整水量法，以试锥下沉深度 (28±2) mm 时的净浆为标准稠度净浆；③用不变水量法测定时，按式 (12.9) 计算标准稠度用水量，若试锥下沉深度小于 13mm，应改用调整水量法测定。

12.2.3.4　试验数据计算与评定

（1）用标准法和调整水量法测定时，水泥的标准稠度用水量 P 以水泥质量的百分数计。按式（12.8）计算：

$$P = \frac{m_1}{m_2} \times 100\% \tag{12.8}$$

式中　P——标准稠度用水量；

　　m_1——水泥净浆达到标准稠度时的拌和用水量，g；

　　m_2——水泥试样质量，g。

（2）用不变水量法测定时，按式（12.9）计算标准稠度用水量 P：

$$P = 33.4 - 0.185S \tag{12.9}$$

式中　P——标准稠度用水量，%；

　　S——试锥下沉深度，mm。

12.2.4　水泥净浆凝结时间试验

1. 试验目的及原理

测定水泥初凝及终凝时间，评定水泥质量。

凝结时间以试针沉入水泥标准稠度净浆至一定深度所需的时间表示。

2. 主要仪器设备

（1）湿气养护箱。温度控制在（20±1）℃，相对湿度不低于90%。

（2）其他。同标准稠度用水量测定试验。

3. 试验步骤

（1）仪器检查。将维卡仪金属滑杆下部旋接的试杆改为试针，调整试针高度，当试针尖接触玻璃板时，指针对准标尺零点。将圆模内侧少许涂一层机油，放在玻璃板上。

（2）试件制备。以标准稠度需水量的水，制成标准稠度净浆后，立即一次装入圆模，振动数次后刮平，立即放入湿气养护箱内。

注意：①记录水泥全部加入水中的时刻作为凝结时间的起始时刻（T_0）；②从加水30min后开始第一次测定。

（3）测定指针读数。从养护箱中取出圆模放在试针下方，调节试针高度使试针尖与净浆表面接触，拧紧螺丝，然后突然放松，试针自由沉入，观察试针停止下沉或放松30s时指针的读数。

（4）初凝时间测定。最初测定时应轻轻扶持试针上部的滑杆，以防试针撞弯，但初凝时间仍必须以自由降落的指针读数为准。当临近初凝时，再隔5min测定一次指针读数，当试针尖沉入距底板（4±1）mm时，为水泥达到初凝状态，记录初凝时刻 T_1。

（5）终凝时间测定。初凝时间测定后，立即将带浆圆模平移出玻璃板，翻转180°（直径大端向上），放在玻璃板上，继续养护。安装终凝针在仪器上，测定指针读数。当临近终凝时，再隔15min测定一次指针读数。当试针尖沉入距净浆表面0.5mm时，水泥浆达到终凝状态，记录终凝时刻 T_2（图12.7）。

注意：①当达到初凝或终凝状态时，应立即重复测定一次，以两次相同的结果为准；②试针沉入的位置至少要距试模内壁10mm，并且每次试针不得落入原有针孔；③每次测试完毕，须将试针擦净，并将试模放回养护箱内，整个过程中，圆模不得受到振动；④定期检查试针有无弯曲。

4. 试验数据计算与评定

凝结时间，按式（12.10）、式（12.11）计算：

初凝时间：　　$T_初 = T_1 - T_0$　　　（12.10）

终凝时间：　　$T_终 = T_2 - T_0$　　　（12.11）

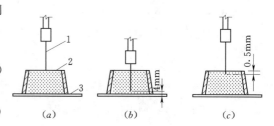

图 12.7　水泥凝结时间测定示意图
（a）开始时；（b）初凝状态；（c）终凝状态
1—试针；2—净浆面；3—玻璃板面

式中　$T_初$——水泥初凝时间；

　　　$T_终$——水泥终凝时间；

　　　T_1——水泥初凝时刻；

　　　T_2——水泥终凝时刻；

　　　T_0——起始时刻（水泥全部加入水中时）。

12.2.5　水泥安定性试验

1. 试验目的

检验水泥在硬化过程中体积变化是否均匀，用以评定水泥质量。

水泥安定性的测定方法有雷氏法和试饼法两种，有争议时以雷氏法为准。

2. 主要仪器设备

（1）雷氏沸煮箱（图 12.8）。箱内能保证试验用水在（30±5）min 内由室温升到沸腾，并能始终保持沸腾状态 3h 以上，整个试验过程中无需增加水量，箱内各部位温度应一致。

（2）雷氏夹（图 12.9）。

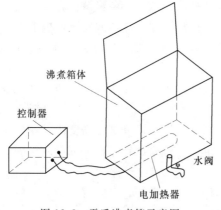

图 12.8　雷氏沸煮箱示意图

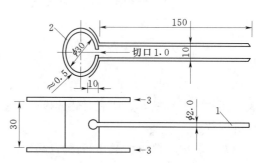

图 12.9　雷氏夹（单位：mm）
1—指针；2—环模；3—玻璃板

（3）雷氏夹膨胀值测量仪（图 12.10）。

（4）其他。水泥净浆搅拌机、湿气养护箱等。

3. 试验步骤

（1）仪器设备检查。检查沸煮箱能否正常工作，雷氏夹弹性满足要求。

（2）试饼法试件的制备。按该水泥的标准稠度用水量，拌制 500g 水泥的水泥净浆。取水泥净浆 150g，分成两份使之成球形，放在预先准备好的涂抹少许机油的玻璃板上，然后轻轻振动玻璃板，并用被湿布擦过的小刀由边缘向中央抹动，做成直径 70～80mm、中心厚约 10mm、边缘渐薄、表面光滑的试饼。接着将试饼放入湿气养护箱内，养护（24±2）h。

（3）雷氏夹试件的制备。将雷氏夹放在已稍擦油的玻璃板上，将已制好的标准稠度净浆装满试模。用宽约 10mm 的小刀播捣 15 次左右，抹平，盖上稍涂油的玻璃板，立即将试模移至湿气养护箱内养护（24±2）h。

注：雷氏夹装浆时，应用手轻扶雷氏夹，抹平不要用力，防止装浆过量，影响检测结果。

（4）沸煮。将养护好的试饼脱去玻璃板，检查试饼无缺陷的情况下，将试饼放在沸煮箱的水中篦板上；当采用雷氏法时，先测量雷氏夹指针尖端间的距离 A（精确到 0.5mm），然后将试件放入水中篦板上，指针向上，试件之间互不交叉。调整好沸煮箱内的水位，在（30±5）min 内加热至水沸，并恒沸 3h±5min。煮毕将热水放出，打开箱盖，待冷却到室温时，取出试件。测量煮后雷氏夹指针尖端间距离 C。

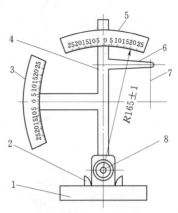

图 12.10　雷氏夹膨胀值
测量仪（单位：mm）
1—底座；2—模子座；3—测弹性标尺；
4—立柱；5—测膨胀值标尺；6—悬臂；
7—悬丝；8—弹簧顶钮

4. 试验数据计算与评定

（1）试饼法。煮后目测未发现裂缝，钢直尺检查没有弯曲的试饼为安定性合格；反之为不合格（图 12.11）。当两试饼判定结果有矛盾时，亦不合格。

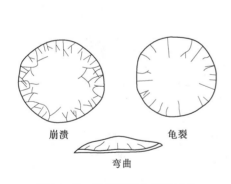

崩溃　　　　　龟裂

弯曲

图 12.11　安定性不合格的试样

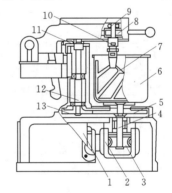

图 12.12　胶砂搅拌机构造示意图
1—电机；2—蜗杆；3—蜗轮；4—蜗轮轴；
5—齿轮；6—搅拌锅；7—搅拌机；8—齿
轮带；9—齿形带；10—搅拌轴；11—传
动轴；12—主轴；13—齿轮

（2）雷氏法：两个试件沸煮后增加距离（$C-A$）值相差超过 4.0mm 时应重做，再如此，则判定该水泥安定性为不合格。

12.2.6　水泥胶砂强度试验（ISO 法）

12.2.6.1　试验目的

检验水泥各龄期强度，以确定强度等级；或已知水泥强度等级，检验其水泥强度是否满足水泥标准要求。水泥胶砂强度检验主要是水泥强度抗折和抗压强度的检验。

12.2.6.2　主要仪器设备

（1）水泥胶砂搅拌机（图 12.12）。由搅拌锅、搅拌叶片及相应机构组成。

（2）水泥胶砂振实台（图 12.13）。由可以跳动的台盘和使其跳动的凸轮等组成。

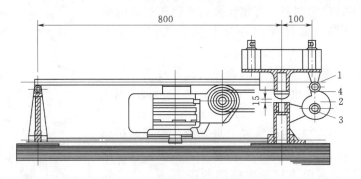

图 12.13　水泥胶砂振实台（单位：mm）

1—突头；2—凸轮；3—止动器；4—随动轮

（3）试模（图 12.14）。为可装卸的三联模，由隔板，端板和底座组成。

（4）下料漏斗（图 12.15）。由漏斗和套模组成。

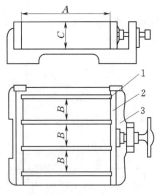

图 12.14　试模（A：160mm；
B：40mm；C：40mm）

1—隔板；2—端板；3—底座

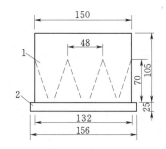

图 12.15　下料漏斗（单位：mm）

1—漏斗；2—套模

（5）抗折强度试验机（图 12.16）。

（6）抗压强度试验机（图 12.17）、抗压夹具（图 12.18）。

（7）其他。金属直尺、播料器、天平（精度±1g）、量筒（精度±1mL）等。

12.2.6.3　试验步骤

1. 仪器设备检查

检查各仪器设备能正常工作。将试模擦净用黄油等密封材料涂覆试模的外接缝，内表面刷一薄层机油。

2. 试体成型

（1）胶砂组成材料。标准砂、水泥、水。标准砂的湿含量是在 105～110℃ 温度下用

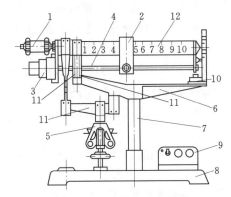

图 12.16　电动抗折试验机

1—平衡锤；2—游动砝码；3—电动机；4—传动
丝杠；5—抗折夹具；6—机架；7—立柱；
8—底座；9—电器控制箱；10—启动
开关；11—下杠杆；12—上杠杆

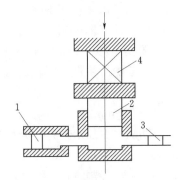

图 12.17　液压式压力机工作原理图

1—油泵柱塞；2—工作油缸；
3—测力活塞；4—试块

代表砂样烘 2h 的质量损失来测定，以干砂的质量百分数来表示，其值应小于 0.2%。

标准砂可以单级分包装，也可以各级预配合以（1350±5）g 量的塑料袋混合包装。试验可用饮用水，有争议时用蒸馏水。按水泥试验的一般规定取得水泥。

胶砂的质量配合比应为（水泥：标准砂：水＝1：3：0.5）。每锅材料成型三条试体，需要各材料质量为：水泥（450±2）g、标准砂（1350±5）g、水（225±1）g。精确称量各材料用量。

（2）胶砂搅拌。先把水倒入搅拌锅内，再加水泥，把锅放在固定架上，上升至固定位置后立即开动搅拌机，低速搅拌 30s 后，在第二个 30s 开始的同时均匀地将标准砂加入。当各级分装时，从最粗粒级开始，依次将所需的每级砂量加

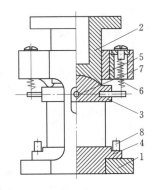

图 12.18　抗压夹具

1—框架；2—传压柱；3—上压板和球
座；4—下压板；5—铜套；6—吊簧；
7—定向销；8—定位销

完。再高速搅拌 30s，停拌 90s，（在停拌时间内可将锅壁和叶片上胶砂刮入锅内），再继续搅拌 60s。各搅拌阶段时间误差应在 1s 以内。

（3）胶砂装模振实成型。胶砂制备后应立即成型。把空试模和模套固定在振实台上，再放上下料漏斗，用一个小勺从搅拌锅里将胶砂分两层装入试模，装第一层时，每个模里约放 300g 胶砂，用大播料器播平胶砂，接着振实 60 次，再装入第二层胶砂，播平、振实 60 次。移走漏斗模套，从振实台上取下试模，用金属直尺以近似 90° 的角度架在试模模顶的一端，然后沿试模长度方向，以横向锯割动作慢慢向另一端移动，将超过试模的胶砂刮去，再用金属直尺在近似水平的情况下将试体表面抹平。

3. 试体养护

（1）试体编号、脱模。去掉试模四周的胶砂，在试模上作标记或用字条标明试体的编号。立即将作好标记的试模放入雾室或湿箱的水平架上养护，湿空气应能与试模各边接

触。养护到规定的脱模时间时取出脱模，脱模前用防水墨汁或颜料笔对试体进行编号。若有两个以上龄期的试体，在编号时应将同一试模中的三条试体分在两个以上龄期内。脱模时可用塑料锤、橡皮榔头或专门的脱模器小心脱掉模具。对于 24h 龄期的，应在破型试验前 20min 内脱模，对于 24h 以上龄期的，应在成型后 20～24h 之间脱模。

（2）标准养护。将做好标记的试体立即水平或竖直放在（20±1）℃的水中养护，水平放置时，刮平面应朝上。养护期间应让水与试件六个面充分接触，试件之间的间隔和上表面水深不得小于 5mm。

试件龄期从水泥加水搅拌，开始试验时算起，不同龄期的强度试验应在下列时间内进行：24h±15min、48h±30min、72h±45min、7d±2h、≥28d±8h。

注：①每个养护池只能养护同类型的水泥试体；②最初用自来水装满养护池（或容器），随后随时加水保持适当的恒定水位，不允许在养护期间完全换水；③除 24h 龄期或延长至 48h 脱模的试体外，任何到龄期的试体应在试验（破型）前 15min 从水中取出，抹去试体表面沉积物，并用湿布覆盖至强度试验。

4. 强度试验

（1）抗折强度试验。每龄期取出 3 条试体先做抗折强度试验（再做抗压强度试验）。试体放入前，应使杠杆成平衡状态。将试体长轴与支撑圆柱垂直并使两侧面与圆柱接触放入抗折夹具中。接通电源，圆柱以（50±10）N/s 的速度均匀地将荷载垂直地加在棱柱体相对侧面上，直至折断。

注：①折断后的两个半截棱柱体用湿布包裹直至抗压试验；②当不需要抗折强度数值时，抗折强度试验可以省去，但抗压强度试验应在不使试件受有害应力情况下折断的两截棱柱体上进行。

抗折强度按式（12.12）进行计算：

$$R_f = \frac{1.5 F_t L}{b^3} \tag{12.12}$$

式中　R_f——单块抗折强度测定值，MPa（精确至 0.1MPa）；

　　　F_t——折断时施加于棱柱体中部的荷载，N；

　　　L——支撑圆柱之间的距离，mm；

　　　b——棱柱体正方形截面的边长，mm。

以一组 3 个棱柱体抗折强度计算结果的平均值作为试验结果。当 3 个强度值中有超出平均值±10％时，应剔除后再取平均值作为抗折强度试验结果。

（2）抗压强度试验。抗压强度试验是通过标准规定的仪器，在半截棱柱体的侧面上进行。

将抗折强度试验后的 6 个半截试体立即进行抗压试验。试验时，应使抗压夹具对准压力机压板中心，使试件的侧面为受压面，试件的底面靠紧夹具定位销，接通电源，试验机以（2400±200）N/s 的速率均匀加荷直至破坏。

单块抗压强度 R_c 按式（12.13）计算（精确至 0.1MPa）：

$$R_c = \frac{F_c}{A} \tag{12.13}$$

式中　R_c——单块抗压强度测定值，MPa，精确至 0.1Mpa；

　　　F_c——破坏时的最大荷载，N；

　　　A——受压面积，mm²（40mm×40mm＝1600mm²）。

以一组 3 个棱柱体上得到的 6 个抗压强度测定值的算术平均值作为试验结果。当 6 个测定值中有一个超出 6 个平均值的 ±10％ 时，应剔除这个结果，而以剩下 5 个测定值的平均值作为试验结果；如果 5 个测定值中再有超过 5 个平均值的 ±10％ 时，则此组试验结果作废。

12.3　混凝土用集料性能试验

12.3.1　一般规定

1. 取样方法

砂或石的验收应按同产地、同规格、同类别分批进行，每批总量不超过 400m³ 或 600t。

在料堆上取料时，先将取样部位表面铲除，然后由均匀分布的各部位抽取大致相等的砂共 8 份，石子共 15 份组成一组样品；从皮带运输机上取样时，应在皮带运输机机尾的出料处用接料器定时抽取砂子 4 份，石子 8 份，组成一组样品；从火车、汽车、货船上取样时，应从不同部位深度抽取大致相等的砂子 8 份，石子 16 份，组成一组样品。每组样品的取样数量，对每一单项试验，应不小于表 12.1 所规定的最少取样数量。如果同一砂样需做几项试验时，若确能保证试样经一项试验后不致影响另一项试验的结果，可用同一试样进行几项不同的试验。

表 12.1　　　　　　　　　单项试验的最少取样数量

集料种类 试验项目	砂 (kg)	碎 石 或 卵 石 （kg）							
		集料最大粒径（mm）							
		9.5	16.0	19.0	26.5	31.5	37.5	63.0	75.0
颗粒级配	4.4	9.5	16.0	19.0	25.0	31.5	37.5	63.0	80.0
体积密度	2.6	8.0	8.0	8.0	8.0	12.0	16.0	24.0	24.0
堆积密度	5.0	40.0	40.0	40.0	40.0	80.0	80.0	120.0	120.0

砂样缩分可采用分料器法或人工四分法进行。

（1）分料器法。将样品拌和均匀，通过分料器，取接料斗中的其中一份再次通过分料器。重复以上过程，直至把样品缩分到试验所需数量为止。

（2）人工四分法。将所取样品置于平板上拌和均匀，并堆成厚度约为 20mm 的圆饼，于饼上画十字线，将其分成大致相等的四份，除去对角的两份，将其余两份照上述四分法缩分，如此持续进行，直到把样品缩分到试验所需数量为止。

石料缩分时，将所取样品置于平板上拌和均匀，并堆成锥体，于锥体上画十字线，将其分成大致相等的四份，除去对角两份，将其余两份照上述四分法缩分，如此持续进行，直到把样品缩分到试验所需数量为止。

2. 试验环境和试验用筛

试验室的温度应保持在 15～30℃，试验用筛采用规范规定的标准方孔筛。

12.3.2　砂的颗粒级配（筛分析）试验

1. 试验目的

测定砂子的颗粒级配和细度模数，为混凝土配合比设计提供依据。

2. 主要仪器设备

（1）试验筛孔径为 9.50mm、4.75mm、2.36mm、1.18mm、600μm、300μm、150μm 的方孔筛，并附有筛底和筛盖，筛框直径为 300mm 或 200mm。

（2）电动振筛机。

（3）烘箱。温度可控制在（105±5）℃。

（4）其他。天平（称量 1000g，感量 1g）等。

3. 试验步骤

（1）仪器设备检查。检查试验筛各筛中有无残留砂子，各筛孔是否通畅，振筛机、烘箱工作是否正常。

（2）准备试样。用人工四分法将样品缩分至 1100g 试样。放在烘箱中，在（105±5）℃下烘干至恒量（恒量是指试样在烘干 1~3h 的情况下，其前后质量之差不大于该项试验所要求的称量精度）。冷却至室温，筛去大于 9.5mm 颗粒（并计算出其筛余百分率）。

（3）筛分试样。称取试样 500g，将试样倒入按孔径大小从上到下组合的套筛（附筛底）最上层筛中，盖上筛盖，将套筛置于振筛机上，振 10min。取下套筛，去掉筛盖，从上到下逐个用手筛，筛至每分钟通过量小于试样总量的 0.1% 为止。通过的砂子并入下一号筛中，并和下一号筛中试样一起过筛。重复以上过程，直到各号筛全部筛完为止。

（4）称出各号筛的筛余量，同时称取筛底质量（精确至 1g），并记录。

注：①手筛过程中，不要将 500g 试样的砂粒丢失或添加；②如每号筛的筛余量与筛底的剩余量之和与原试样质量相对误差超过 1% 时，须重新试验；③试样在各号筛上的筛余量不得超过按式（12.14）计算出的质量，若超过，应按下列方法之一处理：

$$G = \frac{A\sqrt{d}}{200} \tag{12.14}$$

式中　G——某号筛上的筛余量，g；

　　　A——筛面面积，mm^2；

　　　d——筛孔尺寸，mm。

1）将该号筛上的试样分成小于按式（12.14）计算出的质量，分别筛分，并以各筛余量之和作为该号筛的筛余量。

2）将该粒级以下各粒级的筛余混合均匀，称出其质量（精确至 1g），再用四分法缩分为大致相等的两份，取其中一份，称出其质量（精确至 1g），继续筛分。计算该粒级和以下各粒级的分计筛余量时，应根据缩分比例进行修正。

试验要求做两次，即试验步骤（3）、（4）须重复做一次。

4. 试验数据计算与评定

（1）计算分计筛余百分率。各号筛的筛余量与试样总量之比，精确至 0.1%。

（2）计算累计筛余百分率（A_i）。某号筛的筛余量百分率加上该号筛以上各筛余百分率之和，精确至 0.1%。

（3）按式（12.15）计算砂的细度模数 M_x（精确至 0.01）：

$$M_x = \frac{(A_2 + A_3 + A_4 + A_5 + A_6) - 5A_1}{100 - A_1}$$ （12.15）

式中　　　　　　　　　M_x——细度模数；

A_1、A_2、A_3、A_4、A_5、A_6——4.75mm、2.36mm、1.18mm、$600\mu m$、$300\mu m$、$150\mu m$ 筛的累计筛余百分率。

累计筛余取两次试验结果的算术平均值，精确至 1%。细度模数取两次试验结果的算术平均值，精确至 0.1。如两次试验的细度模数之差超过 0.20 时，须重新取样进行试验。

将砂的细度模数、各累计筛余百分率与相应规范对照检查，进行结果评定。

12.3.3　砂的表观密度试验

1. 试验目的

评定砂的质量，为混凝土配合比设计提供依据。

2. 主要仪器

（1）容量瓶。500mL。

（2）烘箱。能使温度控制在（105±5）℃。

（3）天平。称量 1000g，感量 1g。

（4）其他。干燥器、滴管、毛刷等。

3. 试验步骤

（1）准备试样。将样品筛去大于 9.5mm 颗粒，四分法缩分至大约 660g，在 105℃ 烘箱中烘至恒量，冷却至室温后，分为大致相等的两份备用。

（2）称取烘干砂 300g（G_0），精确至 1g，装入容量瓶中，注入冷开水至接近 500mL 的刻度，用手旋转摇动容量瓶，使砂样充分摇动，排除气泡。塞紧瓶塞，静置 24h。然后用滴管小心加水至容量瓶 500mL 刻度处，塞紧瓶塞，擦干瓶外水分，称其质量（G_1）精确至 1g。

（3）倒出瓶内水和砂，洗净容量瓶，再向瓶内注冷开水至 500mL 刻度处，塞紧瓶塞，擦干瓶外水分，称出其质量（G_2），精确至 1g。

注：试验步骤（2）、（3）所用冷开水，水温应在 15～25℃ 范围内，并且两次水温误差不超过 2℃。

4. 试验数据计算与评定

砂的表现密度按式（12.16）计算（精确至 $10kg/m^3$）：

$$\rho_0 = \left(\frac{G_0}{G_0 + G_2 - G_1}\right)\rho_水$$ （12.16）

式中　ρ_0——砂的表观密度，kg/m^3；

$\rho_水$——水的密度，$1000kg/m^3$；

G_0——烘干后试样质量，g；

G_1——试样、水、容量瓶的总质量，g；

G_2——水及容量瓶的总质量，g。

表观密度取两次试验结果的算术平均值，精确至 $10kg/m^3$。如两次试验之差大于 $20kg/m^3$，须重新试验。

12.3.4　砂的堆积密度试验

1. 试验目的

测定砂的堆积密度，计算砂的空隙率，为混凝土配合比设计提供依据。

2. 主要仪器设备

(1) 鼓风烘箱。能使温度控制在 (105±5)℃。

(2) 容量筒。圆柱形金属筒，内径 108mm，净高 109mm，容积为 1L。

(3) 天平。称量 10g，感量 1g。

(4) 方孔筛 1 只。孔径为 4.75mm。

(5) 垫棒。直径 10mm、长 500mm 的圆钢。

(6) 其他。直尺、漏斗或料勺等。

3. 试验步骤

(1) 用搪瓷盘按规定方法取样约 3L，放在烘箱中于 (105±5)℃下烘干至恒量，待冷却至室温后，筛除大于 4.75mm 的颗粒，分为大致相等的两份备用。

(2) 松散堆积密度的测定。取一份试样，用漏斗或料勺将试样从容量筒中心上方 50mm 处徐徐倒入（让试样以自由落体落下），当容量筒上部试样呈锥体，且容量筒四周溢满时，停止加料。然后用直尺沿筒中心线向两边刮平，称出试样和容量筒总质量 G_1，精确至 1g。

注：试验过程应防止触动容量筒。

(3) 紧密堆积密度的测定。取一份试样分两层装入容量筒。装完第一层后，在筒底垫一根直径为 10mm、长 50mm 的圆钢，将筒按住，左右交替击地面各 25 次，然后装入第二层，第二层装满后用同样方法颠实（但筒底所垫钢筋的方向与第一层时的方向垂直）后，再加试样直至超过筒口，然后用直尺沿筒口中心线向两边刮平，称出试样和容量筒总质量 G_1，精确至 1g。

4. 试验数据计算与评定

松散或紧密堆积密度按式 (12.17) 计算（精确至 10kg/m^3）：

$$\rho_1 = \frac{G_1 - G_2}{V} \tag{12.17}$$

式中　ρ_1——松散堆积密度或紧密堆积密度，kg/m^3；

　　　G_1——容量筒和试样总质量，g；

　　　G_2——容量筒质量，g；

　　　V——容量筒的容积，L。

堆积密度取两次试验结果的算术平均值，精确至 10kg/m^3。

12.3.5　石子颗粒级配（筛分析）试验

1. 试验目的

测定石子的颗粒级配，作为混凝土配合比设计的依据。

2. 主要仪器设备

(1) 方孔筛。孔径为 2.36mm、4.75mm、9.50mm、16.0mm、19.0mm、26.5mm、31.5mm、37.5mm、53.0mm、63.0mm、75.0mm 及 90mm 的筛各一只，并附有筛底和

筛盖（筛框内径为 300mm）。

（2）标准烘箱。能使温度控制在（105±5）℃。

（3）台秤。（称量 10kg，感量 1g）。

（4）其他。振筛机等。

3. 试验步骤

（1）检查振筛机、烘箱能否正常工作，方孔筛筛孔是否通畅。

（2）按规定方法取样，并将试样缩分至略大于表 12.2 规定的数量，烘干或风干后备用。

表 12.2 颗粒级配试验所需试样数量

最大粒径（mm）	9.5	16.0	19.0	26.5	31.5	37.5	63.0	75.0
试样最少质量（kg）	1.9	3.2	3.8	5.0	6.3	7.5	12.6	16.0

（3）按规定称取试样一份，精确到 1g，将试样倒入按孔径大小从上到下组合的套筛（附筛底）最上层筛中。

（4）将套筛置于摇筛机上，振 10min；取下套筛，按筛孔大小顺序再逐个用手筛，筛至每分钟通过量小于试样总量 0.1% 为止。通过的颗粒并入下一号筛中，并和下一号筛中的试样一起过筛，按这样顺序进行，直至各号筛全部筛完为止。称量并记录号筛的筛余质量及筛底质量。

注：①筛分过程中，试样在各筛上的筛余层厚度不得大于试样最大粒径，超过时应将该筛余试样分为两份，分别进行筛分，并以两份筛余量之和作为该号筛的筛余量；②当筛余颗粒的粒径大于 19.0mm 时，在筛分过程中，允许用手指拨动颗粒；③筛分后，如每号筛的筛余量与筛底的筛余量之和同原试样质量之差超过 1% 时，须重做试验。

4. 试验数据计算与评定

（1）计算分计筛余百分率。各号筛的筛余量与试样总质量之比，计算精确至 0.1%。

（2）计算累计筛余百分率。某号筛的筛余百分率加上该号筛以上各分计筛余百分率之和，精确至 1%。

（3）根据各号筛的累计筛余百分率，评定试样的颗粒级配。

12.3.6 石子表观密度试验

石子表观密度测定的方法有液体密度天平法和广口瓶法两种。

12.3.6.1 试验目的

评定石子的质量，为混凝土配合比设计提供依据。

12.3.6.2 液体密度天平法

1. 主要仪器设备

（1）鼓风烘箱。能使温度控制在（105±5）℃。

（2）台秤。称量 5kg、感量 5g，其型号及尺寸应能将吊篮放在水中称量。

（3）吊篮。由孔径为 1～2mm 的筛网或钻有 2～3mm 孔洞的耐锈蚀金属板制成。

（4）方孔筛。孔径为 4.75mm。

（5）其他。盛水容器（有溢流孔）；天平（称量 2kg，感量 1g）；广口瓶（1000mL，磨口）带玻璃片；温度计、搪瓷盘、毛巾等。

2. 试验步骤

（1）准备试样。按规定方法取样，将样品筛去 4.75mm 以下的颗粒，并缩分至略大于表 12.3 规定的数量，洗刷干净，烘干后分为大致相等的两份备用。

表 12.3   表观密度试验所需试样数量

最大粒径（mm）	<26.5	31.5	37.5	63.0	75.0
试样最少质量（kg）	2.0	3.0	4.0	6.0	6.0

（2）将一份试样装入吊篮，并浸入盛水的容器内，液面至少高出试样表面 50mm。浸水 24h 后，移放到称量用的盛水容器中，上下升降吊篮，排除气泡（试样不得露出水面）。吊篮升降一次时间约 1s，升降高度为 30~50mm。

（3）测定水温后（此时吊篮应全浸在水中），准确称出吊篮及试样在水中的质量，精确至 5g。称量时盛水容器中水面的高度由容器的溢水孔控制。

（4）提起吊篮，将试样倒入浅盘，然后放在烘箱中于（105±5）℃下烘干至恒量，待冷却至室温时，称出其质量，精确至 5g。

（5）称出吊篮在同样温度中的质量，精确至 5g。称量时盛水容器的水面高度仍由溢流孔控制。

注：试验时各项称量可以在 15~25℃范围内进行，但从试样加水静止的 2h 起至试验结束，其温度变化不应超过 2℃。

3. 试验数据计算与评定

表观密度按式（12.18）计算：

$$\rho_0 = \left(\frac{G_0}{G_0 + G_2 - G_1} \right) \rho_\text{水} \tag{12.18}$$

式中 ρ_0——表观密度，kg/m^3（精确至 $10kg/m^3$）；

G_0——烘干后试样的质量，g；

G_1——吊篮及试样在水中的质量，g；

G_2——吊篮在水中的质量，g；

$\rho_\text{水}$——$1000kg/m^3$。

表观密度取两次试验结果的算术平均值，两次试验结果之差大于 $20kg/m^3$，须重做试验。对颗粒材质不均匀的试样，如两次试验结果之差超过 $20kg/m^3$，可取 4 次试验结果的算术平均值。

12.3.6.3 广口瓶法

本方法不宜用于测定最大粒径大于 37.5mm 的碎石或卵石的表观密度。

1. 主要仪器设备

（1）鼓风烘箱。能使温度控制在（105±5）℃。

（2）天平。称量 2kg，感量 1g。

（3）广口瓶。1000mL，磨口，带玻璃片。

（4）液体天平。称量 5kg，感量 5g。

（5）其他。温度计（50±1）℃；方孔筛（孔径为 4.75mm）一只；吊篮及盛水容器、搪瓷盘、毛巾等。

2. 试验步骤

（1）按规定方法取样，并缩分至略大于表 12.2 规定的数量，风干后筛除小于 4.75mm 的颗粒，然后洗刷干净，分为大致相等的两份备用。

（2）将试样浸水 24h，然后装入广口瓶中（装试样时，广口瓶应倾斜放置），注入清水，上下左右摇晃广口瓶排除气泡。

（3）向瓶中添加清水，直至水面凸出瓶口边缘。然后用玻璃片沿瓶口迅速滑行，使其紧贴瓶口水面。擦干瓶外水分后，称出试样、水、广口瓶和玻璃片总质量 G_1，精确至 1g。

（4）将瓶中试样倒入浅盘，放在烘箱中于（105±5）℃下烘干至恒量，待冷却至室温后，称出其质量 G_0，精确至 1g。

（5）将瓶洗净并重新注入清水，直至水面凸出瓶口边缘，用玻璃片紧贴瓶口水面，擦干瓶外水分后，称出水、瓶和玻璃片总质量 G_2，精确至 1g。

注：试验时各项称量可以在 15～25℃范围内进行，但从试样加水静止的 2h 起至试验结束，其温度变化不应超过 2℃。

3. 试验数据计算与评定

表观密度按式（12.19）计算：

$$\rho_0 = \left(\frac{G_0}{G_0 + G_2 - G_1} - \alpha_t \right)\rho_水 \tag{12.19}$$

式中　ρ_0——石子的表观密度，kg/m^3（精确至 $10kg/m^3$）；

G_0——烘干后试样的质量，g；

G_1——试样、水、瓶和玻璃片的总质量，g；

G_2——水、瓶和玻璃片的总质量，g；

$\rho_水$——$1000kg/m^3$。

α_t——考虑称量时的水温对水相对密度影响的修正系数，取值见表 12.4。

表 12.4 不同水温下石子的表观密度温度修正系数

水温（℃）	15	16	17	18	19	20	21	22	23	24	25
α_t	0.002	0.003		0.004		0.005		0.006		0.007	0.008

表观密度取两次试验结果的算术平均值，两次试验结果之差大于 $20kg/m^3$，须重做试验。对颗粒材质不均匀的试样，如两次试验结果之差超过 $20kg/m^3$，可取 4 次试验结果的算术平均值。

12.3.7 石子堆积密度试验

1. 试验目的

测定石子的堆积密度，作为混凝土配合比设计和一般使用的依据。

2. 主要仪器设备

(1) 台秤。称量 10kg，感量 10g。

(2) 磅秤。称量 50kg 或 100kg，感量 50g。

(3) 容量筒。规格见表 12.5。

(4) 垫棒。直径 16mm、长 600mm 的圆钢。

(5) 烘箱。温度可控制在 (105±5)℃。

(6) 其他。平头铁锹（或小铲）、直尺等。

表 12.5　　　　　　　　　容量筒的规格要求

最大粒径（mm）	容量筒容积（L）	容量筒规格		
		内径（mm）	净高（mm）	壁厚（mm）
9.5, 16.0, 19.0, 26.5	10	208	294	2
31.5, 37.5	20	294	294	3
53.0, 63.0, 75.0	30	360	294	4

3. 试验步骤

按规定方法取样，烘干或风干后，拌匀并把试样分为大致相等两份备用。

(1) 松散堆积密度。取试样一份，用铁锹将试样徐徐倒入容量筒，并使铁锹出口距容量筒上口保持在 50mm。让试样以自由落体落下，当容量筒上试样呈锥体，且容量筒四周溢满时，即停止加料。除去凸出容量筒口表面的颗粒，并以合适的颗粒填入凹陷部分，使表面凸起部分和凹陷部分的体积大致相等，称出试样和容量筒总质量。

注：试验过程应防止触动容量筒。

(2) 紧密堆积密度。取试样一份分三层装入容量筒中。装完第一层后，在筒底垫放一根直径为 16mm 的圆钢，将筒按住，左右交替颠击地面各 25 次，再装入第二层；第二层装满后用同样方法颠实（但筒底所垫钢筋的方向与第一层时的方向垂直），然后装入第三层，如上述方法颠实。再加试样直至超过筒口，用钢尺沿筒口边缘刮去高出的试样，并用适合的颗粒填平凹处，使表面凸起部分与凹陷部分的体积大致相等。称取试样和容量筒的总质量，精确至 10g。

(3) 试验数据计算与评定。松散或紧密堆积密度按式 (12.20) 计算：

$$\rho_1 = \frac{G_1 - G_2}{V} \tag{12.20}$$

式中　ρ_1——松散堆积密度或紧密堆积密度，kg/m^3（精确至 $10kg/m^3$）；

　　　G_1——容量筒和试样的总质量，g；

　　　G_2——容量筒质量，g；

　　　V——容量筒的容积，L。

堆积密度取两次试验结果的算术平均值，精确至 $10kg/m^3$。

4. 容量筒的校准方法

将温度为 (20±2)℃的饮用水装满容量筒，用一玻璃板沿筒推移，使其紧贴水面。擦干筒外壁水分，然后称出其质量，精确至 1g，容量筒容积按式 (12.21) 计算（精确至 1mL）：

$$V = G_1 - G_2 \tag{12.21}$$

式中　V——容量筒容积，mL；

　　G_1——容量筒、玻璃板和水的总质量，g；

　　G_2——容量筒和玻璃板质量，g。

12.4　普通混凝土试验

12.4.1　普通混凝土拌和物实验室拌和方法

12.4.1.1　试验目的

学会混凝土拌和物的拌制方法，为测试和调整混凝土的性能，进行混凝土配合比设计打下基础。

12.4.1.2　主要仪器设备

（1）混凝土搅拌机。容量 50～100L，转速为 18～22r/min。

（2）磅秤。称量 50kg，感量 50g。

（3）天平。称量 5kg，感量 1g。

（4）其他。拌和钢板等。

12.4.1.3　拌和方法

1. 人工拌和

（1）按所定配合比备料，以全干状态为准。

（2）在拌和前先将钢板、铁锹等洗刷干净并保持湿润。将称好的砂、水泥倒在钢板上，先用铁锹翻拌至颜色均匀，再放入称好的石子拌和，至少翻拌 3 次，然后堆成锥形。

（3）将中间扒开一凹坑，加入拌和用水，小心拌和，至少翻拌 6 次，每翻拌一次后，应用铁锹在全部拌和物面上压切一次。

（4）拌和时间从加水完毕时算起，应大致符合下列规定：拌和物体积为 30L 以下时，为 4～5min；拌和物体积为 30～50L 时，为 5～9min；拌和物体积为 51～75L 时，为 9～12min。

2. 机械拌和

（1）按所定的配合比备料，以全干状态为准。一次拌和量不宜少于搅拌机容积的 20%。

（2）在机械拌和混凝土时，应在拌和混凝土前预先拌适量的混凝土进行挂浆（与正式配合比相同），避免在正式拌和时水泥浆的损失，挂浆所多余的混凝土倒在拌和钢板上，使钢板也粘有一层砂浆。

（3）将称好的石子、水泥、砂按顺序倒入机内，干拌均匀，然后将水徐徐加入机内一起拌和 1.5～2min。

（4）将机内拌和好的拌和物倒在拌和钢板上，并刮出黏在搅拌机上的拌和物，用人工翻拌 1～2min。

人工或机械拌好后，根据试验要求，立即作坍落度测定和试件成型。从开始加水时算起，全部操作必须在 30min 内完成。

12.4.2　普通混凝土拌和物和易性测定

12.4.2.1　坍落度法

本方法适用于集料最大粒径不大于 40mm、坍落度不小于 10mm 的稠度测定。测定时需拌制拌和物约 15L。

1. 试验目的

测定混凝土拌和物的坍落度，观察其黏聚性和保水性，评定其和易性。

2. 将混凝土拌和物按规定方法搬运，分层装入坍落度筒内捣实，然后垂直提起坍落度筒，拌和物在自重作用下产生一定的坍落度，测其坍落后最高点与筒高的差，即为该混凝土拌和物的坍落度。

3. 主要仪器设备

（1）坍落度筒。由薄钢板或其他金属制成的圆台形筒，如图 12.19 所示。其内壁应光

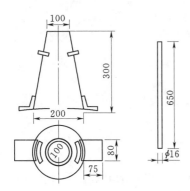

图 12.19　标准坍落度筒和捣棒
（单位：mm）

滑，无凹凸部位。底面和顶面应相互平行并与锥体的轴线垂直，在坍落度筒外部 2/3 高度处按两个把手，下端应焊上脚踏板。筒的内部尺寸为：底部直径（200±2）mm，顶部直径（100±2）mm，高度（300±2）mm，筒壁厚度不小于 1.5mm，如图 12.19 所示。

（2）小铲、钢尺、喂料斗等。

（3）捣棒。直径 16mm、长 600mm 的钢棒，端部应磨圆（图 12.19）。

4. 试验步骤

（1）湿润坍落度筒及其他用具，并把筒放在不吸水的刚性水平底板上，然后用脚踩住两个脚踏板，使坍落度筒在装料时保持位置固定。

（2）把按要求取得的混凝土试样用小铲分三层均匀地装入桶内，使捣实后每层高度为筒高的 1/3 左右。每层用捣棒沿螺旋方向在截面上由外向中心均匀插捣 25 次。插捣筒边混凝土时，捣棒可以稍稍倾斜。插捣底层时，捣棒应贯穿整个深度。插捣第二层和顶层时，捣棒应插透本层至下一层的表面。装顶层混凝土时应高出筒口。插捣过程中，如混凝土坍落到低于筒口，则应随时添加。顶层插捣完后，刮出多余的混凝土，并用抹刀抹平。

（3）清除筒边底板上的混凝土后，垂直平稳地提起坍落度筒。坍落度筒的提离过程应在 5~10s 内完成。从开始装料到提起坍落度筒的整个过程，应不间断地进行，并应在 150s 内完成。

（4）提起坍落度筒后，两侧筒高与坍落后混凝土试体最高点之间的高度差，即为混凝土拌和物的坍落度值（图 12.20）。

5. 结果评定

（1）坍落度筒提离后，如混凝土发生崩坍或一边剪坏现象，则应重新取样另行测定。如第二次试验仍出现上述现象，则表示该混凝土拌和物和易性差，应予记录备查。

（2）观察坍落度后混凝土试体的黏聚性和保水性。用捣棒在已坍落的混凝土锥体侧面

轻轻敲打，如果锥体逐渐下沉，表示黏聚性良好；如果锥体倒塌、部分崩裂或出现离析现象，表示黏聚性差。坍落度筒提起后，如有较多的稀浆从底部析出，锥体部分的拌和物也因失浆而集料外露，表明其保水性差。如坍落度筒提起后，无稀浆或仅有少量稀浆自底部析出，表明其保水性良好。

（3）混凝土拌和物坍落度以 mm 为单位，结果精确至 5mm。

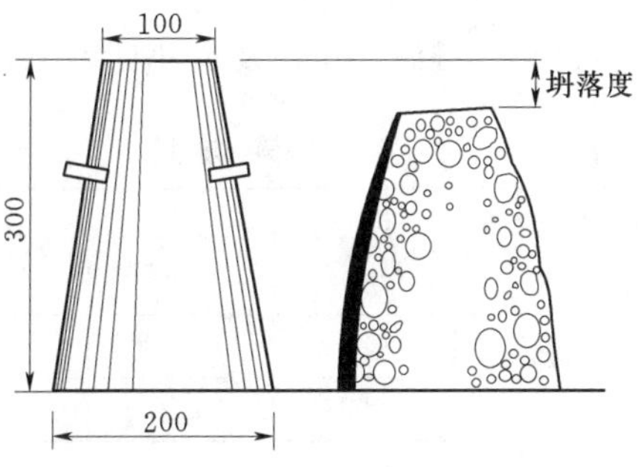

图 12.20　坍落度试验（单位：mm）

12.4.2.2　维勃稠度试验

1. 试验目的

本试验是用维勃时间来测定混凝土拌和物的稠度，适用于集料最大粒径不大于 40mm、V.B 稠度在 5～30s 之间的干硬性混凝土的稠度测定。

2. 试验原理

测量混凝土拌和物有圆锥载体被振动至透明圆盘的底面完全被水泥浆所布满瞬间的时间（s），即为该混凝土拌和物稠度的维勃时间。

3. 主要仪器设备

维勃稠度仪（图 12.21）、容器、坍落度筒、旋转架、连接测杆、喂料斗、透明圆盘、捣棒、小铲、秒表等。

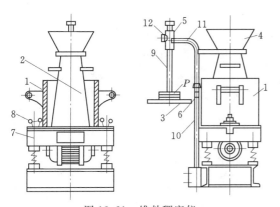

图 12.21　维勃稠度仪

1—容器；2—坍落度筒；3—透明圆盘；4—喂料斗；
5—套筒；6—螺丝；7—振动台；8，12—螺丝；
9—连接测杆；10—支柱；11—旋转架

4. 试验步骤

（1）用湿布润湿容器、坍落度筒等用具。

（2）将喂料斗提到坍落度筒上方扣紧，校正容器位置，使其中心与喂料斗中心重合，然后拧紧固定螺丝。

（3）装试样同测坍落度方法。

（4）提起坍落度筒，将 V.B 稠度仪上的透明圆盘转至混凝土锥体试样顶面。

（5）把透明圆盘转到混凝土圆台体顶面，放松测杆螺丝，小心地降下圆盘，使其轻轻地接触到混凝土顶面。

（6）开启振动台并启动秒表，在透明圆盘底面被试样布满的瞬间停表计时，关闭振动台。

（7）记录秒表上的时间（精确至 1s），即为该混凝土拌和物的 V.B 值。

12.4.3　普通混凝土拌和物的表观密度试验

1. 试验目的

测定混凝土拌和物捣实后的单位体积重量（即表观密度），以提供核实混凝土配合比计算中的材料用量之用。

2. 主要仪器设备

（1）容量筒。容积及尺寸见表12.6。

（2）台秤。称量50kg，感量50g。

（3）振动台。频度应为（50±3）Hz，空载时的振幅应为（0.5±0.1）mm。

（4）其他。捣棒等。

表12.6		容量筒选择	
集料最大粒径 （mm）	内径 （mm）	高度 （mm）	体积 （L）
40	186±2	186±2	5
80	267	267	15

3. 试验步骤

（1）用湿布把容量筒内外擦干净，称出其重量，精确至50g。

（2）混凝土的装料及捣实方法应视拌和物的稠度而定。一般来说，坍落度大于70mm的混凝土拌和物用捣棒捣实为宜；坍落度小于70mm的用振动台振实为宜。

采用捣棒捣实时，应根据容量筒的大小决定分层与插捣次数：用5L容量筒时，混凝土拌和物应分两层装入，每层的插捣次数应为25次；用大于5L的容量筒时，每层混凝土的高度不应大于100mm，每层插捣次数应按每10000mm² 截面不小于12次计算。

采用振动台振实时，应一次将混凝土拌和物灌满到稍高出容量筒口。装料时允许用捣棒稍加插捣，振捣过程中如混凝土高度沉落到低于筒口，则应随时添加混凝土。振动直至表面出浆为止。

（3）用刮刀将筒口多余的混凝土拌和物刮去，表面如有凹陷应将其填平。将容量筒外壁擦净，称出混凝土与容量筒总重，精确至50g。

4. 试验结果计算

混凝土拌和物的表观密度按式（12.22）计算（精确至1kg/m³）：

$$\gamma_h = \frac{m_2 - m_1}{V} \times 1000 \tag{12.22}$$

式中　γ_h——混凝土的表观密度，kg/m³；

m_1——容量筒的质量，kg；

m_2——容量筒和试样总质量，kg；

V——容量筒的容积，L。

12.4.4　普通混凝土抗压强度试验

1. 试验目的

测定其抗压强度，为确定和校核混凝土配合比、控制施工质量提供依据。

2. 试验原理

利用试验机测出混凝土试件破坏荷载值除以其有效受力面积即得立方体抗压强度值。

3. 主要仪器设备

（1）压力试验机。精度（示值的相对误差）至少为±2%，其量程应能使试件的预期破坏荷载值不小于全量程的20%，也不大于全量程的80%。

（2）钢尺。量程300mm，最小刻度1mm。

（3）试模。由铸铁或钢制成，应具有足够的刚度并便于拆装。试模内表面应刨光，其不平度应不大于试件边长的 0.05%。组装后各相邻面的不垂直度应不超过 ±0.5°。

（4）振动台。试验用振动台的振动频率应为（50±3）Hz，空载时振幅应约为 0.5mm。

（5）钢制捣棒。直径 16mm、长 600mm，一端为弹头。

（6）其他。小铁铲、镘刀等。

4. 试件的成型

（1）混凝土抗压强度试验一般以三个试件为一组，每一组试件所用的混凝土拌和物应由同一次拌和成的拌和物中取出。

（2）制作前，应将试模擦拭干净，并在试模内表面涂一薄层矿物油脂。

（3）所有试件应在取样后立即制作。试件成型方法应视混凝土稠度而定。一般坍落度小于 70mm 的混凝土，用振动台振实；大于 70mm 的用捣棒人工捣实。

1）采用振动台成型时，应将混凝土拌和物一次装入试模，装料时应用抹刀沿试模内壁略加插捣，并使混凝土拌和物高出试模上口。振动时，应防止试模在振动台上自由跳动。振动应持续到混凝土表面出浆位置，刮出多余的混凝土，并用抹刀抹平。

2）采用人工插捣时，混凝土拌和物应分两层装入试模，每层的装料厚度大致相等。插捣应按螺旋方向从边缘向中心均匀进行，插捣底层时，捣棒应达到试模表面，插捣上层时，捣棒应传入下层深度为 20～30mm，插捣使捣棒应保持垂直，不得倾斜。同时，还应用抹刀沿试模内壁插入数次。每层的插捣次数应根据试件的截面而定，一般每 100cm² 截面积不应少于 12 次。插捣完后，刮除多余的混凝土，并用抹刀抹平。

5. 试件养护

试件成型后，应覆盖表面，以防止水分蒸发，并应在温度为（20±5）℃情况下静停一昼夜（不得超过两昼夜），然后拆模。

（1）标准养护。拆模后的试件应立即放在温度为（20±3）℃、湿度为 90% 以上的标准养护室中养护。试件放在架上，彼此间隔为 10～20mm，并应避免用水直接冲淋试件。当无标准养护室时，试件可在温度为（20±3）℃的不流动水中养护，水的 pH 值不应小于 7。

（2）同条件养护。试件成型后，应覆盖表面。试件的拆模时间可与实际构件的拆模时间相同，拆模后，试件仍需保持同条件养护。

6. 试验步骤

（1）试件从养护地点取出后应尽快进行试验，以免试件内部的温度、湿度发生显著变化。

（2）先将试件擦拭干净，测量尺寸，并检查外观。试件尺寸测量精确至 1mm，并据此计算试件的承压面积。如实测尺寸与公称尺寸之差不超过 1mm，可按公称尺寸进行计算。

（3）将试件安放在试验机的下压板上，试件的承压面应与成型时的顶面垂直，试件的中心应与试验机下压板中心对准。开动试验机，当上板与试件接近时，调整球座，使接触均衡。

混凝土试件的试验应连续而均匀地加荷，混凝土强度等级小于 C30 时，其加荷速度为 0.3～0.5MPa/s；若混凝土强度等级大于等于 C30 时，则为 0.5～0.8MPa/s。当试件接近破坏而开始迅速变形时，停止调整试验机油门，直至试件破坏，然后记录破坏荷载。

　　7. 结果计算与评定

　　（1）混凝土立方体试件抗压强度（f_{cu}）按式（12.23）计算（精确至 0.1MPa）：

$$f_{cu} = \frac{F}{A} \tag{12.23}$$

式中　f_{cu}——混凝土立方体试件的抗压强度值，MPa；

　　　　F——试件破坏荷载，N；

　　　　A——试件承压面积，mm^2。

　　（2）以三个试件测值的算术平均只作为该组试件的抗压强度值。三个测值中的最大或最小值中如有一个与中间值的差值超过中间值的 15% 时，则把最大值及最小值一并舍去，取中间值作为该组试件的抗压强度值。如有两个测值与中间值的差均超过中间值的 15%，则该组试件的试验结果无效。

　　（3）取 150mm×150mm×150mm 试件的抗压强度值为标准值，用其他尺寸试件测得的强度值均乘以尺寸换算系数，其值对 200mm×200mm×200mm 试件的换算系数为 1.05，对 100mm×100mm×100mm 试件的换算系数为 0.95。

12.5　建 筑 砂 浆 试 验

12.5.1　试样制备

12.5.1.1　主要仪器设备

　　砂浆搅拌机、拌和铁板（约 1.5m×2m，厚约 3mm）、磅秤（称量 50kg，感量 50g）、台秤（称量 10kg，感量 5g）、拌铲、抹刀、量筒、盛器等。

12.5.1.2　拌和方法

　　1. 一般规定

　　（1）拌制砂浆所用的原材料，应符合质量标准，并要求提前运入试验室内，拌和时试验室的温度应保持在（20±5）℃

　　（2）水泥如有结块应充分混合均匀，以 0.9mm 筛过筛；砂以 5mm 筛过筛。

　　（3）拌制砂浆时，材料称量计量的精度：水泥、外加剂等为 ±0.5%；砂、石灰膏、黏土膏等为 ±1%。

　　（4）拌制前应将搅拌机、拌和铁板、拌铲、抹刀等工具表面用水润湿，注意拌和铁板上不得有积水。

　　2. 人工拌和

　　按设计配合比（质量比），称取各项材料用量，先把水泥和砂放到拌板上干拌均匀后，然后将混合物堆成堆，在中间做一凹坑，将称好的石灰膏（或黏土膏）倒入凹坑中，再倒入一部分水，将石灰膏或黏土膏稀释，然后充分拌和并逐渐加水，直至混合料色泽一致、观察和易性符合要求为止，一般需拌和 5min。

3．机械拌和

（1）先拌适量砂浆（应与正式拌和的砂浆配合比相同），使搅拌机内壁粘附一薄层砂浆，使正式拌和时的砂浆配合比成分准确。

（2）先称出各材料用量，再将砂、水泥装入搅拌机内。

（3）开动搅拌机，将水徐徐加入（混合砂浆须将石灰膏或黏土膏用水稀释至浆状），搅拌约 3min（搅拌的用量不宜少于搅拌容量的 20%，搅拌时间不宜少于 2min）。

（4）将砂浆拌和物倒至拌和铁板上，用拌铲翻拌两次，使之均匀。拌好的砂浆，应立即进行有关的试验。

12.5.2　砂浆的稠度试验

1．试验目的

测定达到要求稠度的用水量或控制现场砂浆的稠度。

2．试验原理

以砂浆稠度仪上标准质量和尺寸的圆锥体 10s 内自由沉入底部锥筒内的深度，即沉入度值来衡量砂浆的稠度。沉入度值愈大，则砂浆稠度愈小。

3．主要仪器设备

砂浆稠度仪（图 12.22）、捣棒（直径 10mm、长 350mm，一端呈半球形的钢棒）、台秤、拌锅、拌板、量筒、秒表等。

4．试验步骤

（1）将拌好的砂浆一次装入砂浆筒内，装至距筒口约 10mm 为止，用捣棒插捣 25 次，并将筒体振动 5～6 次，使表面平整，然后移置于稠度仪底座上。

（2）放松圆锥体滑杆的制动螺丝，使试锥尖端与砂浆表面接触，拧紧制动螺丝，使齿条测杆下端刚好接触滑杆上端，并将指针对准零点。

（3）拧开制动螺丝，同时计时。待 10s 后立即固定螺丝。从刻度盘上读出下沉深度（精确至 1mm）。

（4）圆锥筒内的砂浆，只允许测定一次稠度，重复测定时应重新取样。

5．结果评定

以两次测定结果的平均值作为砂浆稠度测定结果，如两次测定值之差大于 20mm，应重新配料测定。

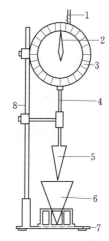

图 12.22　砂浆稠度测定仪
1—齿条测杆；2—指针；3—刻度盘；4—滑杆；5—圆锥体；6—圆锥桶；7—底座；8—支架

12.5.3　建筑砂浆分层度试验

1．试验目的

测定砂浆的分层度值，评定砂浆在运输存放过程中的保水性能。

2．试验原理

以砂浆拌和物静置 30min 前后的沉入度值的差值，即分层度来衡量砂浆保水性。分层度应适宜（10～20mm），过大及过小均不利于施工及满足砂浆质量要求。

3. 主要仪器设备

砂浆分层度测定仪（图 12.23）、砂浆稠度测定仪、木槌等。

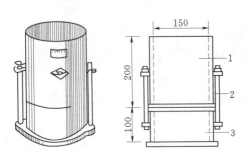

图 12.23 砂浆分层度测定仪（单位：mm）
1—无底圆筒；2—连接螺栓；3—有底圆筒

4. 试验步骤

（1）将拌和好的砂浆，经稠度试验后重新拌和均匀，一次注满分层度仪内。用木槌在容器周围距离大致相等的四个不同地方轻敲 1～2 次，并随时添加，然后用抹刀抹平。

（2）静置 30min，去掉上层 200mm 砂浆，然后取出底层 100mm 砂浆重新拌和均匀，再测定砂浆稠度。

（3）取两次砂浆稠度的差值，即为砂浆的分层度（以 mm 计）。

5. 结果评定

（1）应取两次试验结果的算术平均值作为该砂浆的分层度值。

（2）两次分层度试验值之差，大于 20mm 应重做试验。

12.5.4 建筑砂浆抗压强度试验

12.5.4.1 试验目的

以砂浆标准立方体试件经标准养护 28d 后的抗压极限强度作为该砂浆的立方体抗压强度，并可以一组标准砂浆试件的立方体抗压极限强度评定其强度等级。

12.5.4.2 主要仪器设备

压力试验机、试模（7.07cm×7.07cm×7.07cm，分无底试模与有底试模两种）、捣棒、垫板等。

12.5.4.3 试验步骤

1. 试件制作

（1）当制作用于多孔吸水基面的砂浆试件时，将无底试模放在预先铺上吸水性较好的湿纸的普通黏土砖上，砖的吸水率不小于 10%，含水率小于 2%。试模内壁应事先涂以机油，将拌好的砂浆一次倒满试模，并用捣棒均匀由外向内按螺旋方向插捣 25 次，使砂浆略高于试模口 6～8mm，待砂浆表面出现麻斑后（约 15～30min），用刮刀齐模口刮平抹光。

（2）当制作用于密实（不吸水）基底的砂浆试件时，用有底试模，涂油后将拌好的砂分两层装入，每层用捣棒插捣 12 次，然后用刮刀沿试模壁插捣数次，静停 15～30min，刮去多余部分、抹光。

2. 试件养护

装模成型后，在（20±5）℃环境下经（24±2）h 即可脱模，气温较低时，可适当延长时间，但不得超过 2d。然后，按下列规定进行养护：

（1）自然养护。放在室内空气中养护，混合砂浆在相对湿度 60%～80%、常温条件下养护；水泥砂浆在常温并保持试件表面湿润的状态下（如湿砂堆中）养护。

（2）标准养护。混合砂浆应在（20±3）℃、相对湿度为 60%～80% 条件下养护；水泥砂浆应在温度（20±3)℃、相对湿度为 90％以上的潮湿条件养护，试件间隔不小于 10mm。

12.5.4.4　抗压强度测定步骤

（1）经 28d 养护后的试件从养护地点取出后，应尽快进行试验，以免试件内部的温、湿度发生显著变化。先将试件擦干净，测量尺寸并检查其外观。试件尺寸测量精确至 1mm，并据此计算试件的承压面积。若实测尺寸与公称尺寸之差不超过 1mm，可按公称尺寸进行计算。

（2）将试件置于压力机的下压板上，试件的承压面应与成型时的顶面垂直，试件中心应与下压板中心对准。

（3）开动压力机，当上压板与试件接近时调整球座，使接触面均匀受压。加荷应均匀而连续，加荷速度应为 0.5～1.5kN/s（砂浆强度不大于 5MPa 时取下限为宜，砂浆强度大于 5MPa 时取上限为宜），当试件接近破坏而开始迅速变形时，停止调整压力机油门，直至试件破坏，记录破坏荷载。

12.5.4.5　结果计算

单个试件的抗压强度按下式计算（精确至 0.1MPa）：

$$f_{m,cu} = \frac{F}{A} \tag{12.24}$$

式中　$F_{m,cu}$——砂浆立方体抗压强度，MPa；

　　　F——立方体破坏荷载，N；

　　　A——试件承压面积，mm^2。

每组试件为 6 个，取 6 个试件测值的算术平均值作为该组试件的抗压强度值，平均值计算精确至 0.1MPa。

当 6 个试件的最大值或最小值与平均值的差超过 20％时，以中间 4 个试件的平均值作为该组试件的抗压强度值。

12.6　砌　墙　砖　试　验

1. 试验目的

通过测定砌墙砖的抗压强度，作为评定其强度等级的依据。

2. 试验原理

普通砖的抗压强度是指试件受压破坏时单位面积上所承受的荷载。

3. 主要仪器设备

（1）压力机（300～500kN）。试值误差不大于±1％，下压板应为球铰支座，预期破坏荷载应在量程的 20％～80％之间；抗压试件制作平台必须平整水平，可用金属材料或其他材料制成。

（2）锯砖机或切砖机、直尺、镘刀等。

4. 试件制备

（1）烧结普通砖试件数量为 10 块，将试样切断或锯成两个半截砖，断开的半截砖长不得小于 100mm，如图 12.24 所示。如果不足 100mm，应另取备用试件补足。

（2）在试件制备平台上，将已断开的半截砖放入室温的净水中浸 10～20min 后取出，并以断口相反方向叠放，两者中间抹以厚度不超过 5mm 的用强度等级为 32.5 或 42.5 的普通硅酸盐水泥调制的稠度适宜的水泥净浆来黏结。上下两面用厚度不超过 3mm 的同种水泥浆抹平。制成的试件上下两面须相互平行，并垂直于侧面，如图 12.25 所示。

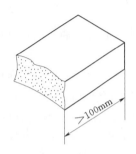

图 12.24　半截砖样

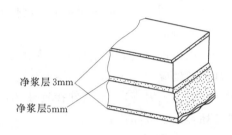

净浆层 3mm

净浆层 5mm

图 12.25　抹面试件

（3）多孔砖取 10 块试样，以单块整砖沿竖孔方向加压，空心砖以单块整砖大面、条面方向（各 5 块）分别加压。采用坐浆法制作试件：将玻璃板置于试件制作平台上，其上铺一张湿的垫纸，纸上铺不超过 5mm 厚的水泥净浆，在水中浸泡试件 10～20min 后取出，平稳地坐放在水泥浆上。在易受压面上稍加用力，使整个水泥层与受压面相互黏结，砖的侧面应垂直于玻璃板，待水泥浆凝固后，连同玻璃板翻放在另一铺纸、放浆的玻璃板上，再进行坐浆，用水平尺校正玻璃板的水平试验。

5. 试件养护

制成的抹面试件应置于不低于 10℃的不通风室内养护 3d，再进行试验。非烧结砖不需养护，直接试验。

6. 试验步骤

测量每个试件连接面或受压面的长 L（mm）、宽 b（mm）尺寸各两个，分别取其平均值，精确至 1mm，计算其受压面积。将试件平放在加压板的中央，垂直于受压面加荷，如图 12.26 所示，加荷应均匀平稳，不得发生冲击和振动。加荷速度以（5±0.5）kN/s 为宜，直至试件破坏为止，记录最大破坏荷载 P（N）。

7. 试验结果计算与评定

（1）每块试件的抗压强度按式（12.25）计算（精确至 0.1MPa）：

$$f_i = \frac{P}{Lb} \tag{12.25}$$

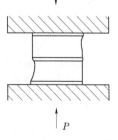

图 12.26　普通砖抗压
强度试验示意图

式中　f_i——第 i 块试样的抗压强度值，MPa；

　　　P——最大破坏荷载，N；

　　　L——试样受压面的长，mm；

　　　b——试样受压面的宽，mm。

（2）试验结果以试样抗压强度的算术平均值和单块最小值表示，精确至 0.1MPa。

（3）根据 GB/T 5101—1998《烧结普通砖》的规定，烧结普通砖的抗压强度的算术平均值和强度标准值分别按下式计算：

$$\bar{f} = \frac{1}{10} \sum_{i=1}^{10} f_i \tag{12.26}$$

$$f_K = \bar{f} - 1.8S \tag{12.27}$$

$$S = \sqrt{\frac{1}{9} \sum_{i=1}^{10} (f_i - \bar{f})^2} \tag{12.28}$$

$$\delta = \frac{S}{\bar{f}} \tag{12.29}$$

式中　f_i——单块砖样抗压强度测定值，精确至 0.01MPa；

　　　f_K——强度标准值，精确至 0.1MPa；

　　　S——10 块砖样的抗压强度标准差，MPa；

　　　$\bar{f}$——10 块砖样的抗压强度算术平均值，精确至 0.01MPa；

　　　δ——变异系数。

变异系数 $\delta \leqslant 0.21$ 时，按抗压强度平均值 $\bar{f}$ 和强度标准值 f_K 指标评定砖的强度等级；$\delta > 0.21$ 时，按抗压强度平均值 $\bar{f}$ 和单块最小抗压强度值 f_{min} 指标评定砖的强度等级。具体可对照表 12.7 进行评定。

表 12.7　　　　　　烧结普通砖的强度等级　　　　　　单位：MPa

强度等级	抗压强度平均值 $\bar{f} \geqslant$	$\delta \leqslant 0.21$	$\delta > 0.21$
		强度标准值 $f_K \geqslant$	单块最小抗压强度值 f_{min}
MU30	30.0	22.0	25.0
MU25	25.0	18.0	22.0
MU20	20.0	14.0	16.0
MU15	15.0	10.0	12.0
MU10	10.0	6.5	7.5

12.7　石　油　沥　青　试　验

12.7.1　沥青针入度试验

1. 试验目的

测定石油沥青针入度，评定沥青的黏滞性，同时针入度也是划分沥青牌号的主要指标。

2. 主要仪器设备

（1）针入度仪。其构造如图 12.27 所示。其中支柱上有两个悬臂，上臂装有分度为 360°的刻度盘及活动齿杆，其上下运动的同时使指针转动；下臂装有可滑动的针连杆（其

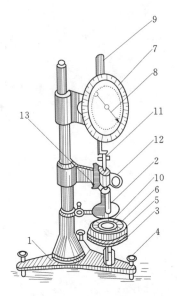

图 12.27　针入度仪
1—底座；2—小镜；3—圆形平台；4—调平
螺丝；5—保温皿；6—试样；7—刻度盘；
8—指针；9—活动尺杆；10—标准针；
11—连杆；12—按钮；13—砝码

下端安装标准针），总质量为（50±0.05）g，针入
度仪附带有（50±0.5）g 和（100±0.5）g 砝码各
一个。设有控制针连杆运动的制动按钮，基座上设
有放置玻璃皿的可旋转平台及观察镜。

（2）标准针。应由硬化回火的不锈钢制成，其
尺寸应符合规定。

（3）试样皿。金属圆柱形平底容器。针入度小
于 200 时，试样皿内径 55mm，内部深度 35mm；针
入度在 200～350 时，试样皿内径 70mm，内部深度
为 45mm。

（4）恒温水浴。容量不小于 10L，能保持温度
在试验温度的±0.1℃范围内。

（5）其他仪器。平底玻璃皿（容量不小于
0.5L，深度不小于 80mm）、秒表、温度计、金属皿
或瓷柄皿、孔径为 0.3～0.5mm 的筛子、砂浴或可
控温度的密闭电炉等。

3. 试样制备

（1）将预先除去水分的试样在砂浴或密闭电炉
上加热，再进行搅拌。加热温度不得超过估计软化
点 100℃，加热时间不得超过 30min，用筛过滤，除去杂质。

（2）将试样倒入预先选好的试样皿中，试样深度应大于预计穿入深度 10mm。

（3）试样皿在 15～30℃的空气中冷却 1～1.5h（小试样皿）或 1.5～2h（大试样皿），
防止灰尘落入试样皿。然后将试样皿移入保持规定试验温度的恒温水浴中。小试样皿恒温
1～1.5h，大试样皿恒温 1.5～2h。

4. 试验步骤

（1）调整针入度基座螺丝使之成水平，检查活动齿杆自由活动情况，并将已擦净的标
准针固定在连杆上，按试验要求条件放上砝码。

（2）将恒温 1h 的试样皿自槽中取出，置于水温严格控制为 25℃的平底保温玻璃皿
中，沥青试样表面以上水层高度不小于 10mm，再将保温玻璃皿置于针入度仪的旋转圆形
平台上。

（3）调节标准针使针尖与试样表面恰好接触，不得刺入试样。移动活动齿杆使之与标
准针连杆顶端接触，并将刻度盘指针调整至"0"。

（4）用手紧压按钮，同时开动秒表，使标准针自由地进入沥青试样，到规定时间放开
按钮，使针停止进入。

（5）再拉下活动齿杆使与标准针连杆顶端相接触。这时指针也随之转动，刻度盘指针
读数即为试样的针入度。在试样的不同点（各测点间及测点与金属皿边缘的距离不小于
10mm）重复试验 3 次，每次试验后，将针取下，用浸有溶剂（煤油、苯或汽油）的棉花
将针端附着的沥青擦干净。

（6）测定针入度大于 200 的沥青试样时，至少用 3 根针，每次测定后将针留在试样中，直至 3 次测定完成后，才能把针从试样中取出。

5. 试验结果

取 3 次测定针入度的平均值（取整），作为试验结果。3 次测定的针入度值相差不应大于表 12.8 中的数值。若差值超过表中数值，应重做试验。

12.7.2　延度试验

1. 试验目的

延度是沥青塑性的指标，通过延度测定可以了解石油沥青的塑性。

2. 主要仪器设备

延度仪及试样模具（图 12.28）、瓷皿或金属皿、孔径 0.3～0.5mm 的筛、温度计（0～50℃，分度 0.1℃、0.5℃各一支）、刀、金属板、砂浴等。

表 12.8　针入度测定允许最大值

针入度	0～49	50～149	150～249	250～350
最大差值	2	4	6	10

3. 试验步骤

（1）用甘油滑石粉隔离剂涂于磨光的金属板上及模具侧模的内表面，将模具置于金属板上。

（2）将预先除去水分的沥青试样放入金属皿，在砂浴上加热熔化、搅拌。加热温度不得比试样软化点高 100℃，用筛过滤，并充分搅拌至气泡完全消除。

（3）将熔化沥青试样缓缓注入模具中（自模具的一端至另一端往返多次），并略高出模具。试件在 15～30℃ 的空气中冷却 30min 后，放入（25±0.1）℃的水浴中，保持 30min 后取出，用高出模具的沥青刮去，使沥青面与模面齐平。沥青的刮法应自模具的中间刮向两边，表面应刮得十分光滑。将试件连同金属板再浸入（25±0.1）℃的水浴中保持 85～95min。

（4）检查延度仪滑板的移动速度是否符合要求，然后移动滑板使指针正对标尺的零点。

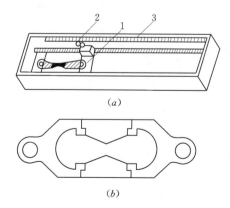

图 12.28　沥青延度仪及模具

(a) 延度仪；(b) 延度模具

1—滑板；2—指针；3—标尺

（5）试件移至延度仪水槽中，将模具两端的孔分别套在滑板及槽端的金属柱上，水面距试件表面应不小于 25mm，然后去掉侧模。

（6）测得水槽中水温为（25±0.5）℃时，开动延度仪，观察沥青的拉伸情况。在测定时，如发现沥青细丝浮于水面或沉入槽底时，则应在水中加入乙醇或食盐水，调整水的密度至与试样的密度相近后，再进行测定。

（7）试件拉断时指针所指标尺上的读数，即为试样的延度，以 cm 表示。在正常情况下，试件应拉成锥尖状，在断裂时实际横断面接近于零。如不能得到上述结果，则应报告在此条件下无测定结果。

4. 试验结果

取 3 个平行测定值的平均值作为测定结果。若 3 次测定值不在其平均值的 5% 以内，但其中两个较高值在平均值的 5% 之内，则弃去最低测定值，取两个较高值的平均值作为测定结果，否则重新测定。

12.7.3 沥青软化点试验

1. 试验目的

软化点是反映沥青在温度作用下的温度稳定性，是在不同温度环境下选用沥青的最重要的依据之一。

2. 主要仪器设备

软化点试验仪（图 12.29）、电炉或其他加热设备、金属板或玻璃板、刀、孔径 0.3～0.5mm 的筛、温度计、瓷皿或金属皿（熔化沥青用）、砂浴等。

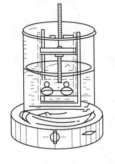

3. 试验步骤

（1）将黄铜环置于涂上甘油滑石粉隔离剂的金属板或玻璃板上，将预先脱水的试样加热熔化，石油沥青加热温度不得比试样估计软化点高 110℃，搅拌并过筛后注入黄铜环内至略高出环面为止，如估计软化点在 120℃ 以上时，应将铜环与金属板预热至 80～100℃，试样在空气（15～30℃）中冷却 30min 后，用热刀刮去高出环面上的试样，使与环面齐平。

图 12.29 软化点仪

（2）将盛有试样的黄铜环及板置于盛满水（估计软化点不高于 80℃ 的试样）或甘油（估计软化点高于 80℃ 的试样）的保温槽内，或将盛试样的环水平地安放在环架圆孔内，然后放在烧杯中，恒温 15min，水温保持（5±0.5）℃；甘油温度保持（32±1）℃，同时钢球也置于恒温的水或甘油中。

（3）烧杯内注入新煮沸并冷却至约（5±1）℃的蒸馏水（估计软化点不高于 80℃ 的试样）或注入预加热至约（30±1）℃的甘油（估计软化点高于 80℃ 的试样），使水面或甘油液面略低于连接杆的深度标记。

（4）从水或甘油保温槽中取出盛有试样的黄铜环放置在环架内承板的圆孔中，并套上钢球定位器把整个环架放入烧杯内，调整水面或甘油液面至深度标记，环架上任何部分均不得有气泡。将温度计由上承板中心孔垂直插入，使水银球底部与铜环下面齐平。

（5）将烧杯移至有石棉网的三脚架上或电炉上，然后将钢球放在试样上（须使各环的平面在全部加热时间内完全处于水平状态）立即加热，使烧杯内水或甘油温度在 3min 后保持每分钟上升（5±0.5）℃，在整个测定中如温度的上升速度超出此范围时，则试验应重做。

（6）试样受热软化下坠至与下承板面接触时的温度即为试样的软化点。

4. 试验结果

取平行测定两个结果的算术平均值作为测定结果。重复测定两个结果间的差数不得大于 1.2℃。

12.8　弹（塑）性体改性沥青防水卷材试验

12.8.1　取样方法、卷重、厚度、面积、外观试验

1. 试验目的

评定卷材的面积、卷重、外观、厚度是否合格。

2. 取样

以同一类型同一规格 10000m² 为一批，不足 10000m² 也可作为一批。每批中随机抽取 5 卷，进行卷重、厚度、面积、外观试验。

3. 试验内容

（1）卷重。用最小分度值为 0.2kg 的台秤称量每卷卷材的卷重。

（2）面积。用最小分度值为 1mm 的卷尺在卷材的两端和中部测量长度、宽度，以长度、宽度的平均值，求得每卷的卷材面积。若有接头时两段长度之和减去 150mm 为卷材长度测量值。当面积超出标准规定值的正偏差时，按公称面积计算卷重。当符合最低卷重时，也判为合格。

（3）厚度。使用 10mm 直径接触面、单位压力为 0.2MPa 时分度值为 0.1mm 的厚度计测量，保持时间为 5s。沿卷材宽度方向裁取 50mm 宽的卷材一条在宽度方向上测量 5 点，距卷材长度边缘（150±15）mm 向内各取一点，在这两点之间均分取其余 3 点。对于砂面卷材必须将浮砂清除，再进行测量，记录测量值，计算 5 点的平均值作为卷材的厚度。以抽取卷材的厚度总平均值作为该批产品的厚度，并记录最小值。

（4）外观。将卷材立放于平面上，用一把钢卷尺放在卷材的端面上，用另一把钢卷尺（分度值为 1mm）垂直伸入端面的凹面处，测得的数值即为卷材端面里进外出值。然后将卷材展开按外观质量要求检查，沿宽度方向裁取 50mm 宽的一条，胎基内不应有未被浸透的条纹。

4. 判定原则

在抽取的 5 卷中，各项检查结果都符合标准规定时，判定为厚度、面积、卷重、外观合格，否则允许在该批试样中另取 5 卷，对不合格项进行复查，如达到全部指标合格，则判为合格，否则为不合格。

12.8.2　物理力学性能试验

12.8.2.1　试验目的

评定卷材的物理性能是否合格。

12.8.2.2　试样制备

在面积、卷重、外观、厚度都合格的卷材中，随机抽取一卷，切除距外层卷头 2500mm 后，顺纵向切取长度为 800mm 的全幅卷材两块，一块进行物理力学性能试验，一块备用。按图 12.30 所示部位及表 12.9 中规定的数量，切取试件边缘与卷材纵向的距离不小于 75mm。

表 12.9　　　　　　　　　　　　　试　件　尺　寸

试验项目	试件代号	试件尺寸 （mm×mm）	数量（个）
可溶物含量	A	100×100	3
拉力及延伸率	B、B′	250×50	纵横各 5
不透水性	C	150×150	3
耐热度	D	100×50	3
低温柔度	E	150×25	6
撕裂强度	F、F′	200×75	纵横各 5

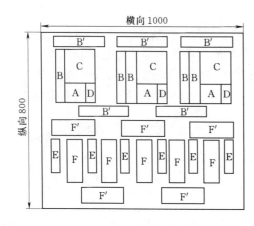

图 12.30　试件切取图（单位：mm）

12.8.2.3　**试验内容**

1. 可溶物含量试验

（1）溶剂。四氯化碳、三氯甲烷或三氯乙烯（工业纯或化学纯）。

（2）试验仪器。分析天平（感量 0.001g）、萃取器（500mL 索氏萃取器）、电热干燥箱（0～300℃，精度为±2℃）、滤纸（直径不小于 150mm）。

（3）试验步骤。将切好的三块试件（A）分别用滤纸包好，用棉线捆扎。分别称重，记录数据。将滤纸包置于萃取器中，溶剂量为烧瓶容量的 1/3～1/2，进行加热萃取，直至回流的液体呈浅色为止，取出滤纸包让溶剂挥发，放入预热至 105～110℃ 的电热干燥箱中干燥 1h，再放入干燥器中冷却至室温称量滤纸包。

（4）计算。可溶物含量按式（12.30）计算：

$$A = K(G-P) \tag{12.30}$$

式中　A——可溶物含量，g/m^2；

　　　G——萃取前滤纸包重量，g；

　　　P——萃取后滤纸包重量；g；

　　　K——系数，$1/m^2$。

以三个试件可溶物含量的算术平均值为卷材的可溶物含量。

2. 拉力及断裂延伸率试验

（1）试验设备及仪器——拉力试验机。能同时测定拉力及延伸率，测量范围 0～2000N，最小分度值为不大于 5 N，伸长率范围能使夹具 180mm 间距伸长一倍，夹具夹持宽度不小于 50mm。

（2）试验步骤。将切取好的试件放置在试验温度下不少于 24h；校准试验机（拉伸速度 50mm/min）将试件夹持在夹具中心，不得歪扭，上下夹具间距为 180mm；开动试验机，拉伸至试件拉断为止。记录拉力及最大拉力时的延伸率。

（3）最大拉力及最大拉力时的延伸率的计算。分别计算纵向及横向各 5 个试件的最大拉力的算术平均值，作为卷材纵向和横向的拉力（N/50mm）。最大拉力时的延伸率按式（12.31）计算：

$$E = \frac{(L_1 - L_0)}{L} \times 100\% \tag{12.31}$$

式中　E——最大拉力时的延伸率，%；

　　　L_1——试件拉断时夹具的间距，mm；

　　　L_0——试件拉伸前夹具的间距，mm；

　　　L——上下夹具间的距离，180mm。

分别计算纵向及横向各 5 个试件的最大拉力时的延伸率值的算术平均值，作为卷材纵向及横向的最大拉力时的延伸率。

3. 不透水性试验

（1）试验仪器——油毡不透水仪。具有三个透水盘（底盘内径为 92mm），金属压盖上有 7 个均匀分布的直径 25mm 的透水孔；压力表示值范围 0～0.6MPa，精度为 2.5 级。

（2）试验步骤。在规定压力、规定时间内，试件表面无透水现象为合格。卷材的上表面为迎水面；上表面为砂面、矿物粒料时，下表面作为迎水面；下表面为细砂时，在细砂面沿密封圈的一圈除去表面浮砂，然后涂一圈 60～100 号的热沥青，涂平、冷却 1h 后进行试验。

4. 耐热度试验

（1）试验仪器。主要设备有电热恒温箱。

（2）试验步骤。将 50mm×100mm 的试件垂直悬挂在预先加热至规定温度的电热恒温箱内，加热 2h 后取出，观察涂盖层有无滑动、流淌、滴落，任一端涂盖层不应与胎基发生位移，试件下端应与胎基平齐，无流挂、滴落。

5. 低温柔度试验

（1）试验仪器及用具。低温制冷仪（控温范围 0～30℃，精度为 ±2℃）、半导体温度计（量程 30～40℃，精度为 5℃）、柔度棒或柔度弯板（半径为 15mm 和 25mm 两种，示意图如图 12.31 所示）、冷冻液（不与卷材发生反应）等。

（2）试验步骤。

A 法（仲裁法）：在不小于 10L 的容器内放入冷冻液（6L 以上），将容器放入低温制冷仪中，冷却至标准规定的温度。然后将试件与柔度棒（板）同时放在液体中，待温度达到标准规定的温度时，至少保持 0.5h，将试件置于液体中，在 3s 内匀速绕柔度棒或弯板弯曲 180°。

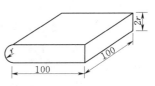

图 12.31　柔度弯板示意图
（单位：mm）

B 法：将试件和柔度棒（板）同时放入冷却至标准规定的低温制冷仪内的液体中，待温度达到标准规定的温度后，保持时间不少于 2h，在低温制冷仪中，将试件在 3s 内匀速绕柔度棒或弯板弯曲 180°。

柔度棒（板）的直径根据卷材的标准规定选取，6 块试件中，3 块试件上表面、另 3 块试件下表面与柔度棒（板）接触，取出试件后用目测，观察试件涂盖层有无裂缝。

6. 撕裂强度试验

(1) 试验仪器。拉力试验机（上下夹具间距为180mm）；试验温度（23±2）℃。

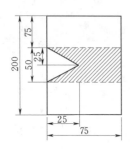

图 12.32　撕裂试件
（单位：mm）

(2) 试验步骤。将切好的试件用切刀或模具裁成如图 12.32 所示的形状，然后在试验温度下放置不少于 24h；校准试验机（拉伸速度 50mm/min）将试件夹持在夹具中心，不得歪扭，上下夹具间距为 130mm；开动试验机，进行拉伸直至试件拉断为止，记录拉力。

(3) 结果计算。分别计算纵向及横向各 5 个试件的最大拉力的算术平均值作为卷材纵向或横向撕裂强度，单位为 N。

12.8.2.4　物理性能评定

(1) 可溶物含量、拉力及拉伸强度、低温柔性、最大拉力时延伸率等各项结果的平均值达到规定时，判定为该项指标合格。

(2) 不透水性、耐热度每组 3 个试件分别达到标准规定时，判定为指标合格。

(3) 低温柔度 6 个试件中至少 5 个试件达到标准规定时，判定为该项指标合格。

12.9　钢　筋　性　能　试　验

12.9.1　拉伸试验

1. 试验目的

测定低碳钢的屈服强度、抗拉强度与延伸率；确定应力与应变之间的关系曲线；评定钢筋的强度等级。

2. 主要仪器设备

(1) 万能材料试验机。为保证机器安全和试验准确，其吨位的选择最好是使试件达到最大荷载时，指针位于指示度盘第三象限内。试验机的测力示值误差不大于 1%。

(2) 量爪游标卡尺（精确度为 0.1mm）、直钢尺、两脚扎规、打点机等。

3. 试件制作和准备

(1) 8~40mm 直径的钢筋试件一般不经车削。

(2) 如果受试验机吨位的限制，直径为 22~40mm 的钢筋可制成车削加工试件。

(3) 在试件表面用钢筋划一平行其轴线的直线，在直线上冲浅眼或划线标出标距端点（标点），并沿标距长度用油漆划出 10 等分点的分格标点。

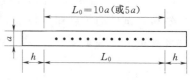

图 12.33　钢筋拉伸试件

(4) 测量标距长度 L_0（精确至 0.1mm），如图 12.33 所示。计算钢筋强度用横截面积采用表 12.10 所列公称横截面积。

4. 屈服强度和抗拉强度的测定

(1) 调整试验机测力度盘的指针，使对准零点，并拨动副指针，使与主指针重叠。

表 12.10　　　　　　　　　　　　　钢筋的公称横截面积

公称直径（mm）	公称横截面积（mm²）	公称直径（mm）	公称横截面积（mm²）
8	50.27	22	380.1
10	78.54	25	490.9
12	113.1	28	615.8
14	153.9	32	804.2
16	201.1	36	1018
18	254.5	40	1257
20	314.2	50	1964

（2）将试件固定在试验机夹头内，开动试验机进行拉伸，拉伸速度为：屈服前，应力增加速率按表 12.11 规定，并保持试验机控制器固定于这一速率位置上，直至该性能测出为止；屈服后或只需测定抗拉强度时，试验机活动夹头在荷载下的移动速度不大于 $0.5L_C/\min$（L_C 为式样平行长度）。

表 12.11　　屈服前的加荷速度

金属材料的弹性模量（MPa）	应力速度 [N/（mm²·s）]	
	最小	最大
<150000	1	10
≥150000	3	30

（3）拉伸中，测力度盘的指针停止转动时的恒定荷载，或第一次回转时的最小荷载，即为所求的屈服点荷载 F_S（N），按式（12.32）计算试件的屈服点：

$$\sigma_S = \frac{F_s}{A} \tag{12.32}$$

式中　σ_S——屈服点，MPa；

　　　F_S——屈服点荷载，N；

　　　A——试件的公称横截面积，mm²。

当 $\sigma_S > 1000$MPa 时，应计算至 10MPa；σ_S 为 $200 \sim 1000$MPa 时，计算至 5MPa；$\sigma_S \leqslant 200$MPa 时，计算至 1MPa。

（4）向试件连续施荷直至拉断，由测力度盘读出最大荷载 F_b（N）。按式（12.33）计算试件的抗拉强度：

$$\sigma_b = \frac{F_b}{A} \tag{12.33}$$

式中　σ_b——抗拉强度，MPa，计算精度的要求同 σ_S；

　　　F_b——最大荷载，N；

　　　A——试件的公称横截面积，mm²。

5. 伸长率的测定

（1）将已拉断试件的两段在断裂处对齐，尽量使其轴线位于一条直线上。如拉断处由于各种原因形成缝隙，则此缝隙应计入试件拉断后的标距部分长度内。

（2）如拉断处到邻近标距点的距离大于 $L_0/3$ 时，可用卡尺直接量出已被拉长的标距

长度 L_1（mm）。

（3）如拉断处到邻近标距端点的距离小于或等于 $L_0/3$，可按下述移位法确定 L_1：

在长段上，从拉断处 O 取基本等于短段格数，得 B 点，接着取等于长段所余格数 [偶数，图 12.34（a）] 的一半，得 C 点；或者取所余格数 [奇数，图 12.34（b）] 减 1 与加 1 的一半，得 C 与 C_1 点。移位后的 L_1 分别为 $AO+OB+BC$ 或者 $AO+OB+BC+BC_1$。

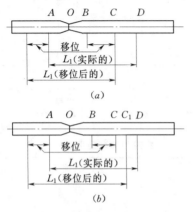

图 12.34　用移位法计算标距

如果直接量测所求得的伸长率能达到技术条件的规定值，则可不采用移位法。

（4）伸长率按式（12.34）计算（精确至 1%）：

$$\delta_{10}(\delta_5) = \frac{L_1 - L_0}{L_0} \times 100\% \qquad (12.34)$$

式中　δ_{10}、δ_5——$L_0 = 10d$ 或 $L_0 = 5d$ 时的伸长率；

　　　　L_0——原标距长度 $10d(5d)$，mm；

　　　　L_1——试件拉断后直接量出或按移位法确定的标距部分长度（测量精确至 0.1mm）。

（5）如试件在标距端点上或标距处断裂，则试验结果无效，应重做试验。

12.9.2　冷弯试验

1. 试验目的

检验钢筋承受弯曲程度的变形性能，从而确定其可加工性能，并显示其缺陷。

2. 主要仪器设备

压力机或万能试验机，具有不同直径的弯心。

3. 试验步骤

（1）钢筋冷弯试件不得进行车削加工，试样长度通常按式（12.35）确定：

$$L \approx 5a + 150 \qquad (12.35)$$

式中　L——试样长度，mm；

　　　　a——为试件原始直径，mm。

（2）半导向弯曲。试样一端固定，绕弯心直径进行弯曲，如图 12.35（a）所示。试样弯曲到规定的弯曲角度或出现裂纹、裂缝或断裂为止。

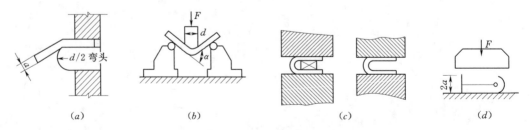

图 12.35　弯曲试验示意图

（3）导向弯曲。

1）试样放置于两个支点上，将一定直径的弯心在试样两个支点中间施加压力，使试样弯曲到规定的角度［图 12.35（b）］或出现裂纹、裂缝、断裂为止。

2）试样在两个支点上按一定弯心直径弯曲至两臂平行时，可一次完成试验，亦可先弯曲到图 12.35（b）所示的状态，然后放置在试验机平板之间继续施加压力，压至试样两臂平行。此时可以加上与弯心直径相同尺寸的衬垫进行试验，如图 12.35（c）所示。

当试样需要弯曲至两臂接触时，首先将试样弯曲到图 12.35（b）所示的状态，然后放置在两平板间继续施加压力，直至两臂接触，如图 12.35（d）所示。

3）试验应在平稳压力作用下，缓慢施加试验压力。两支辊间距离为 $(d + 2.5a) \pm 0.5d$，并且在试验过程中不允许有变化。

4）试验应在 10～35℃或控制条件(23±5)℃下进行。

4. 结果评定

弯曲后，按有关标准规定检查试样弯曲后的外表面，进行结果评定。若无裂纹、裂缝或裂断，则评定试样合格。

参 考 文 献

[1]　傅凌云. 建筑材料. 北京：中国水利水电出版社，2005.

[2]　李亚杰. 建筑材料. 北京：中国水利水电出版社，2007.

[3]　王春阳. 建筑材料. 北京：高等教育出版社，2002.

[4]　范文昭. 建筑材料. 武汉：武汉理工大学出版社，2004.

[5]　中国建筑材料科学研究院. 绿色建材与建材绿色化. 北京：化学工业出版社，2003.

[6]　王福川. 新型建筑材料. 北京：中国建筑工业出版社，2003.

[7]　黄政宇. 土木工程材料. 北京：高等教育出版社，2002.

[8]　吴科如. 土木工程材料. 上海：同济大学出版社，2003.

[9]　冯文元，张友民，冯志华. 建筑材料检验手册. 北京：中国建材工业出版社，2006.

[10]　田文玉. 建筑材料试验指导书. 北京：人民交通出版社，2005.

[11]　高琼英. 建筑材料. 武汉：武汉理工大学出版社，2006.

[12]　沈春林. 建筑材料. 北京：化学工业出版社，2002.

[13]　钱觉时. 建筑材料学. 武汉：武汉理工大学出版社，2007.

[14]　黄伟典. 建筑材料. 北京：中国电力出版社，2007.

[15]　郑 立. 新型墙体材料技术读本. 北京：化学工业出版社，2005.

[16]　中华人民共和国标准. GB 5101—2003 烧结普通砖. 北京：中国标准出版社，2003.

[17]　中华人民共和国标准. GB 13544—2000 烧结多孔砖. 北京：中国标准出版社，2000.

[18]　中华人民共和国标准. GB/T 15229—2002 轻集料混凝土小型空心砌块的等级. 北京：中国标准出版社，2002.

[19]　中华人民共和国标准. GB 11968—2006 蒸压加气混凝土砌块的规格尺寸. 北京：中国标准出版社，2006.

[20]　中华人民共和国标准. GB/T 4100—2006 陶瓷砖. 北京：中国标准出版社，2006.

[21]　中华人民共和国标准. GB/T 2705—2003 涂料产品分类、命名和型号. 北京：中国标准出版社，2003.

[22]　中华人民共和国标准. GB 175—2007 通用硅酸盐水泥. 北京：中国标准出版社，2007.

图书在版编目（CIP）数据

建筑材料/孙敬华，张思梅主编．—北京：中国水利水
电出版社，2008（2018.8重印）
21世纪高职高专教育统编教材
ISBN 978-7-5084-5586-0

Ⅰ．建…　Ⅱ．①孙…②张…　Ⅲ．建筑材料—高等学校：
技术学校—教材　Ⅳ．TU5

中国版本图书馆 CIP 数据核字（2008）第 067720 号

书　　　名	21世纪高职高专教育统编教材 **建筑材料**
作　　　者	主编　孙敬华　张思梅　　副主编　方崇　石云志
出 版 发 行	中国水利水电出版社 （北京市海淀区玉渊潭南路1号D座　　100038） 网址：www.waterpub.com.cn E-mail：sales@waterpub.com.cn 电话：（010）68367658（营销中心）
经　　　售	北京科水图书销售中心（零售） 电话：（010）88383994、63202643、68545874 全国各地新华书店和相关出版物销售网点
排　　　版	中国水利水电出版社微机排版中心
印　　　刷	天津嘉恒印务有限公司
规　　　格	184mm×260mm　16开本　16.5印张　391千字
版　　　次	2008年6月第1版　2018年8月第6次印刷
印　　　数	19001—21000册
定　　　价	**42.00元**

凡购买我社图书，如有缺页、倒页、脱页的，本社营销中心负责调换
版权所有·侵权必究